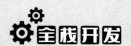

Spring Boot + Spring Cloud
微服务开发实战

曹军 / 编著

人民邮电出版社

北京

图书在版编目（CIP）数据

Spring Boot+Spring Cloud微服务开发实战 / 曹军编著. -- 北京：人民邮电出版社，2020.5（2023.7重印）
ISBN 978-7-115-53180-3

Ⅰ. ①S… Ⅱ. ①曹… Ⅲ. ①互联网络－网络服务器 Ⅳ. ①TP368.5

中国版本图书馆CIP数据核字(2019)第291749号

内 容 提 要

当前互联网在 Web 框架上已经发展到微服务体系架构。为了帮助广大开发人员快速开展微服务开发，本书主要从 Web 网站开发的基础知识、Spring Boot 相关知识、Spring Cloud 相关知识，以及微服务开发实战 4 个方面，系统地介绍微服务框架中常用的知识点、常用组件，以及程序案例。本书大多章节都先通过一个入门案例引导开发人员快速了解相关组件的功能，在此基础上再对每个知识点进行理论讲解与剖析，最后对该组件进行源码分析，帮助开发人员更加深入地了解每个组件的底层原理，以便更好地进行二次开发。

本书既是初学者学习微服务开发的技术宝典，又是中级开发人员了解微服务体系底层原理的手册。

◆ 编　著　曹　军
　　责任编辑　张天怡
　　责任印制　王　郁　马振武

◆ 人民邮电出版社出版发行　北京市丰台区成寿寺路 11 号
　　邮编　100164　电子邮件　315@ptpress.com.cn
　　网址　https://www.ptpress.com.cn
　　北京九州迅驰传媒文化有限公司印刷

◆ 开本：787×1092　1/16
　　印张：25.75　　　　　　　　　　2020 年 5 月第 1 版
　　字数：465 千字　　　　　　　　2023 年 7 月北京第 10 次印刷

定价：79.00 元

读者服务热线：(010)81055410　印装质量热线：(010)81055316
反盗版热线：(010)81055315
广告经营许可证：京东市监广登字 20170147 号

前言

对于企业 Web 开发，现在流行使用微服务框架，在微服务框架中，主要使用 Spring 框架。2014 年 Spring Boot 诞生，2018 年 Spring Boot 2.X 版本正式推出。

当前在企业 Web 开发中主要使用的技术有 Spring Boot 与 Spring Cloud。其中，Spring Boot 旨在简化创建产品级的 Spring 应用和服务，简化配置文件，使用嵌入式 Web 服务器，含有诸多开箱即用微服务功能。Spring Boot 是 Spring 的一套快速配置工具，可以基于 Spring Boot 快速开发单个微服务；Spring Cloud 是基于 Spring Boot 搭建的一个更高层次的大型项目，利用 Spring Boot 的便利性巧妙地简化了分布式系统基础设施的开发，如服务发现注册、配置中心、消息总线、负载均衡、断路器、数据监控等，且可以利用 Spring Boot 做到一键启动和部署，由 Spring Boot 风格进行再封装，屏蔽复杂的配置和实现原理，最终做成易部署和易维护的分布式系统开发工具包。

本书特色

1. 讲授符合初学者的认知规律，由浅入深

作为一本讲微服务开发实战的图书，本书内容由 4 个部分构成。几乎每一个章节都从入门案例帮助读者快速理解该组件的使用，在调通程序的基础上，本书加深对该组件的深入讲解，剖析知识点，并在最后，根据需要，对源码进行分析，这些知识点主要是针对对源码有兴趣，又不知道如何下手的读者。本书讲解由浅入深，可以帮助初学者快速构建知识体系。

2. 以实例引导全程，特别适合初学者学习

作为一个开发人员，我也是从初学者过来的，对如何学好一门技术有着比较深刻的认识。本书建议读者按照本书的实例，慢慢熟悉知识点，然后随着理解的加深，可以书写自己的程序。

3. 独有的框架截图，方便重现代码示例

在查找资料的过程中，很多读者难免遇到很多案例，但是学习过程中不能重现；很多时候，在查询的过程中，只能看到程序片段，缺少完整的框架介绍，在重现的时候更是无从下手，感觉程序应该是给有一定基础的开发人员看的。为了避免这种情况，本书在每个章节都会详细说明每段程序的包路径，然后通过每个学习模块的框架截图，直观地让读者认识实例中程序的层级关系，轻松重现书中案例，降低学习难度。

本书读者对象

- 微服务开发入门人员
- 入门编程的学员
- 中级编程的学员
- 在校学生
- 微服务框架研究人员

在当前技术迭代很快的情况下，本书从基础入门开始，然后一步步加深，希望可以把每个知识点描述清楚，希望读者可以快速上手，并加深对每个组件的理解。在本书的编写期间，我查找了很多资料，看过很多源码，使自己对技术的理解更加深刻。读者在学习的过程中可通过QQ（1098447804）获取更多项目源码。不过自己水平有限，本书难免存有疏漏和不当之处，敬请指正。若读者在学习时遇到困难或有任何建议，可发送邮件至zhangtianyi@ptpress.com.cn，希望和所有爱好技术的读者一起进步。

编　者

目录

第 1 篇　Web 基础知识

第1章　认识微服务..03
- **1.1　什么是微服务框架** 03
- **1.2　互联网框架的演变** 04
  - 1.2.1　ORM 框架 05
  - 1.2.2　MVC 框架 06
  - 1.2.3　RPC 框架 07
  - 1.2.4　SOA 框架 09
- **1.3　模块的拆分** 09
  - 1.3.1　拆分中的问题 10
  - 1.3.2　拆分原则 10
- **1.4　当前主流微服务框架** 12
  - 1.4.1　Dubbo 简介 12
  - 1.4.2　Spring Cloud 简介 13
  - 1.4.3　HTTP 与 RPC 简介 14
  - 1.4.4　Spring Boot 与 Spring Cloud 的关系 15

第2章　快速搭建一个微服务框架..........................16
- **2.1　Spring Boot 框架搭建** 16
  - 2.1.1　使用 STS 搭建开发环境 16
  - 2.1.2　使用 IntelliJ IDEA 搭建开发环境 19
- **2.2　实现安全登录的微服务框架** 21
  - 2.2.1　功能描述与最终目标 22
  - 2.2.2　功能结构 22
- **2.3　微服务框架搭建** 23
  - 2.3.1　搭建模块 23
  - 2.3.2　启动 Demo 31
  - 2.3.3　打包发布 34

第3章 Restful 风格的编程 36

3.1 Restful 简介 36
3.2 查询用户以及用户详情 37
- 3.2.1 编写测试类程序 37
- 3.2.2 常用注解 40
- 3.2.3 查询用户详情 47

3.3 处理创建请求 50
- 3.3.1 @RequestBody 注解 51
- 3.3.2 日期类型的处理 52
- 3.3.3 @Valid 注解 54
- 3.3.4 BindingResult 验证参数合法性 55

3.4 用户信息修改与删除 56
- 3.4.1 用户信息修改 56
- 3.4.2 用户信息删除 58

第 2 篇　Spring Boot

第4章 Spring Boot 中的 IOC 61

4.1 IOC 原理简介 61
- 4.1.1 IOC 小案例 61
- 4.1.2 IOC 简介 64

4.2 装配 Bean 67
- 4.2.1 @ComponentScan 简介 67
- 4.2.2 @ComponentScan 使用实例 69

4.3 依赖注入 ID 75
- 4.3.1 常用注解 75
- 4.3.2 @Autowired 注解 76

4.4 Bean 的生命周期 82
- 4.4.1 Bean 的初始化过程 82
- 4.4.2 Bean 的延迟初始化 85
- 4.4.3 Bean 的生命周期 86

4.5 配置文件 90

4.5.1　配置文件的使用方式 90
　　4.5.2　Yml 配置文件的使用 95

第5章　Spring Boot 中的 AOP 97

5.1　AOP 简介 97
　　5.1.1　AOP 小案例 97
　　5.1.2　AOP 术语 101
5.2　AOP 开发详解 102
　　5.2.1　连接点与两种代理 102
　　5.2.2　切面 106
　　5.2.3　切点 107
　　5.2.4　多切面与 @Order 111
5.3　AOP 原理 114
　　5.3.1　AOP 代理原理讲解 114
　　5.3.2　ProxyCreatorSupport 核心代理类 116
　　5.3.3　通知和通知器 118
5.4　AOP 后置处理器 120
　　5.4.1　AnnotationAwareAspectJAutoProxyCreator 方式 120
　　5.4.2　后置处理器的注册 122
　　5.4.3　后置处理器处理 @Aspect 的 Bean 123

第6章　Spring Boot 中的数据源 125

6.1　配置数据源 125
　　6.1.1　默认数据源 125
　　6.1.2　自定义数据源 126
6.2　JdbcTemplate 的使用 131
　　6.2.1　JdbcTemplate 实例 131
　　6.2.2　JdbcTemplate 原理说明 134
6.3　JPA 的使用 135
　　6.3.1　JPA 概述 135
　　6.3.2　JPA 使用实例 135
6.4　Spring Boot 与 MyBatis 集成 140

        6.4.1　MyBatis 原理 140
        6.4.2　Spring Boot 与 MyBatis 集成 141

第7章　Spring Boot 中的事务 148

7.1　隔离级别 148
        7.1.1　数据库的隔离级别 148
        7.1.2　Spring Boot 中的隔离级别 151
7.2　声明式事务 152
        7.2.1　@Transaction 注解 152
        7.2.2　事务管理器 153
7.3　JPA 下的事务 155
        7.3.1　普通的数据库访问 155
        7.3.2　事务 159
7.4　JDBC 下的事务 161
7.5　事务传播行为 164

第8章　Spring Boot 中的 Redis 167

8.1　Redis 的简单使用 167
        8.1.1　Spring-boot-starter-data-redis 介绍 167
        8.1.2　Redis 的使用 168
        8.1.3　使用配置类建立 Redis 工厂 170
8.2　对 Redis 数据类型的操作 172
        8.2.1　StringRedisTemplate 的使用 172
        8.2.2　模板 template 175
        8.2.3　数据类型的操作 177
8.3　序列化 181
        8.3.1　序列化实例 181
        8.3.2　序列化讲解 185
8.4　缓存 186
        8.4.1　缓存的使用 186
        8.4.2　缓存的注解 191

第9章 Spring Boot 中的 Security 200

9.1 基本原理 200
9.1.1 默认安全登录 201
9.1.2 Security 原理说明 202

9.2 自定义用户认证逻辑 204
9.2.1 处理用户获取逻辑 204
9.2.2 处理用户校验逻辑 206
9.2.3 密码加密与解密 208

9.3 自定义用户认证流程 210
9.3.1 自定义登录页面 210
9.3.2 优化自定义登录页面 213
9.3.3 登录成功之后的处理 218
9.3.4 登录失败之后的处理 220

第 3 篇　Spring Cloud

第10章 服务治理 Spring Cloud Eureka 225

10.1 Eureka 快速入门 225
10.1.1 服务治理 225
10.1.2 Eureka 的服务治理 227
10.1.3 Eureka 的服务注册中心搭建 228
10.1.4 Eureka 的服务提供者 232
10.1.5 Eureka Server 的高可用 235

10.2 Eureka 的消费 237
10.2.1 RestTemplate 直接调用 237
10.2.2 LoadBalancerClient 调用 239
10.2.3 @LoadBalanced 注解 240

10.3 Eureka 原理详解 241
10.3.1 基础框架 241
10.3.2 机制 242

10.4 进阶配置项说明 244
10.4.1 服务注册类的配置 244

10.4.2　服务实例类的配置 246
　　　10.4.3　服务注册中心配置 248
　　　10.4.4　服务注册中心仪表盘配置 249
　10.5　Eureka 源码分析 249
　　　10.5.1　DiscoveryClient 实例 250
　　　10.5.2　服务发现 251

第11章　负载均衡 Spring Cloud Ribbon 254

　11.1　Ribbon 使用 254
　　　11.1.1　客户端负载均衡 254
　　　11.1.2　Ribbon 实例 255
　　　11.1.3　Ribbon 用法总结 258
　11.2　RestTemplate 的详细使用方法 259
　　　11.2.1　RestTemplate 功能 259
　　　11.2.2　GET 请求 API 261
　　　11.2.3　POST 请求 API 265
　　　11.2.4　PUT 请求 API 271
　　　11.2.5　DELETE 请求 API 271
　11.3　Ribbon 的负载均衡入口 272
　11.4　Ribbon 的负载均衡器 274
　　　11.4.1　AbstractLoadBalancer 类 274
　　　11.4.2　BaseLoadBalancer 类 275
　　　11.4.3　DynamicServerListLoadBalancer 类 277
　　　11.4.4　服务注册 282

第12章　声明式服务调用 Spring Cloud Feign 285

　12.1　Feign 的使用实例 285
　　　12.1.1　Feign 演示实例 285
　　　12.1.2　Feign 与 Spring MVC 290
　12.2　Feign 中 Ribbon 的配置 294
　　　12.2.1　全局配置与指定服务的配置 294
　　　12.2.2　重试机制 295

12.3　Feign 的配置..296
12.3.1　日志配置..296
12.3.2　其他配置..298
12.3.3　自定义配置..299

第13章　服务容错保护 Spring Cloud Hystrix....................... 303
13.1　Hystrix 的使用...303
13.1.1　服务降级..303
13.1.2　超时设置..308
13.1.3　服务熔断..313
13.2　Hystrix 的原理...314
13.2.1　Hystrix 产生背景...315
13.2.2　Hystrix 实现原理...316
13.3　Hystrix 的应用...318
13.3.1　Hystrix 工作流程...318
13.3.2　自定义使用 Hystrix...320
13.4　Hystrix 的配置...322
13.4.1　属性配置说明..322
13.4.2　属性配置..323
13.4.3　Command 属性...325

第14章　配置中心 Spring Cloud Config.................................. 328
14.1　Config 的原理..328
14.2　Config 的服务端使用..329
14.2.1　搭建配置中心..329
14.2.2　配置中心测试..333
14.2.3　本地 Git...336
14.3　Config 的客户端使用..337
14.3.1　配置客户端..337
14.3.2　客户端测试..338
14.3.3　Config 的高可用性...340
14.4　Config 的知识点..341

14.4.1 Config 的 Git 介绍 341
14.4.2 动态刷新配置 342

第15章 网关 Spring Cloud Zuul 343

15.1 Zuul 路由 343
15.1.1 基本的网关功能 343
15.1.2 自定义路由 348
15.1.3 Cookie 头信息控制 349

15.2 Zuul 请求过滤 351
15.2.1 应用场景 351
15.2.2 鉴权 352
15.2.3 限流 355

15.3 Zuul 其他知识点 356
15.3.1 过滤器 356
15.3.2 高可用 356

第 4 篇 微服务开发实战

第16章 点餐管理系统实战 359

16.1 点餐管理系统框架说明 359
16.1.1 系统使用的技术 359
16.1.2 系统功能模块 361
16.1.3 系统搭建 361

16.2 点餐管理系统框架设计 372
16.2.1 具体需求分析 372
16.2.2 数据库设计 372
16.2.3 对外接口设计 373

16.3 商品模块开发 374
16.3.1 基本的准备工作 374
16.3.2 接口开发 376
16.3.3 封装 Restful 接口 379

16.3.4　Restful 接口测试 380
16.4　订单模块开发 **382**
　　　16.4.1　基本的准备工作 382
　　　16.4.2　接口开发 384
　　　16.4.3　封装 Restful 接口 386
　　　16.4.4　Restful 接口测试 386

第17章　图书管理系统实战 **387**

17.1　图书管理系统框架说明 **387**
　　　17.1.1　需求分析 387
　　　17.1.2　技术说明 388
17.2　图书管理系统框架设计 **388**
　　　17.2.1　数据库设计 388
　　　17.2.2　接口设计 389
　　　17.2.3　环境搭建 390
17.3　借阅模块开发 **393**
　　　17.3.1　实体类 394
　　　17.3.2　Repository 接口 394
　　　17.3.3　Service 层 395
　　　17.3.4　Controller 层 395
　　　17.3.5　接口测试 395

第 1 篇　Web 基础知识

第1章 认识微服务

当今大部分互联网企业都使用 Java EE 技术开发自己的服务,随着框架技术的不断演变,从单体框架,到传统垂直应用框架,再到远程过程调用(Remote Procedure Call,RPC)框架,最后到目前的面向服务架构(Service Oriented Architecture,SOA)框架,互联网框架发展的路已经走了很远。

在本章中,我们将讨论什么是微服务,为什么要使用微服务,以及在使用微服务的过程中将面对的挑战。在理解微服务之后,如果读者对之前的互联网框架发展过程不是很了解,就会觉得有点"晕"。所以,在本章中,会再介绍一下互联网服务框架的演变过程,通过这个过程,读者将会对微服务框架有一个更深的理解。

在介绍完概念后,本章会讲解模块的拆分,这也是开发一个微服务项目要学习的内容,最后会对当前主流的微服务框架进行介绍与总结。本书主要的着力点在于 Spring 的微服务框架,但是对于其他优秀的微服务框架,我们也需要有一些了解,因为技术是相通的。希望读者学完这本书,也可以做到快速使用其他框架进行业务开发。

1.1 什么是微服务框架

在互联网行业,微服务框架是目前最热门的框架之一。这个概念最早是由弗雷德·乔治(Fred George)提出的,然后经过马丁·福勒(Martin Fowler)的推广,微服务才渐渐广为人知。其实,微服务没有多么神秘。本小节会从微服务的定义、特点、优点与挑战方面介绍,带领大家走进微服务的世界。

1. 定义

微服务框架是将某个应用程序开发划分为对许多小型服务进行独立开发,这些服务一般围绕业务规则进行构建,可用不同的语言开发,使用不同的数据存储,最终使得每个服务运行在自己的进程中，并且，它们之间采用轻量级通信机制进行通信。

2. 特点

- 所有的微服务都能运行在自己的进程中。
- 独立运行的微服务共同构建整个应用系统。
- 独立运行的微服务具备独立进行业务开发的功能。
- 微服务之间通过轻量级通信机制完成通信。
- 可以使用不同的语言编程、多样化数据存储及全自动部署机制。

3. 优点与挑战

上面对微服务框架做了一个定义，我们大致可以看出微服务的优点，这里进行明确、系统的说明，优点如下。

- 易于开发和维护：一个微服务只关注一个特定的业务功能，所以它业务清晰，代码量较少，开发和维护单个微服务相对简单。
- 单个微服务启动较快：单个微服务代码量少，所以启动较快。
- 修改程序容易部署：只需要部署对应的微服务模块。
- 技术栈不受限：微服务框架中，结合业务及团队成员的特点选择合理的技术栈进行开发。
- 按需伸缩：可根据需求实现细粒度的扩展。

面临的挑战如下。

- 对多个微服务模块进行运维，复杂度高。
- 服务间的通信，网络成本高。
- 系统的集成测试不方便，没有引用依赖，不能断点调试。
- 数据一致性难保证。
- 性能监控复杂。

1.2 互联网框架的演变

对于互联网的框架，我们主要按照 Dubbo 官网曾经给出的一张图来说明互联网的演变。对于一本讲微服务的图书来说，了解框架的演变是必要的，因为只有了解"曾经"，才能更好理解当下的框架，做到"知其然知其所以然"。

图 1.1 是按照规模大小进行划分的框架图，对于每一个具体的框架，后面的章节都会具体描述。

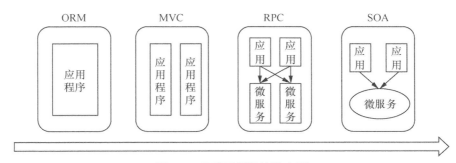

图 1.1　互联网框架的演变图

图 1.1 是互联网框架的演变图，目的是让我们更加方便地理解框架的变动。在对象关系映射（Object Relational Mapping，ORM）框架中，我们可以发现只有一个应用程序；模型 - 视图 - 控制器（Model View Controller，MVC）框架开始发展成垂直的应用框架；在 RPC 框架中，开始出现微服务；在 SOA 框架中，形成了应用与微服务中心交互的概念。

1.2.1　ORM 框架

互联网刚诞生时，服务器成本比较高，访问流量也不多，所有的应用程序被放在一起，然后发布到一台服务器上，如图 1.2 所示。

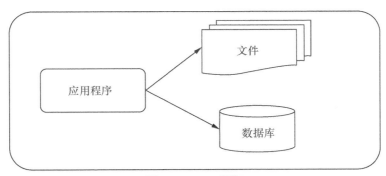

图 1.2　ORM 框架

在图 1.2 中，所有的应用程序都被放在一起，并且文件和数据库也与应用程序被放在一台服务器上。这样将所有功能都部署在一起，不仅可以减少节点部署和成本，而且可减少输入/输出（I/O）的操作，降低网络通信成本。

此时，这种框架可以满足需求。应用中用于简化"增删改查"工作，数据访问框架（ORM）是关键的一环，因此这种框架被我们称为ORM框架。

1.2.2　MVC 框架

当访问量开始增加时，单一应用ORM框架已经不能满足需求，从而成为互联网发展的瓶颈。此时，开发人员想到新的方式来解决，将原本的单个应用拆成互不相干的几个应用，以提升效率，分散流量压力。

通过图1.3可以看到，每个应用都是垂直的，因此，也被称为垂直应用框架。在这种情况下，通过增加机器，我们可以把曾经的单一应用系统分解成子模块，分到各个服务器上。每个子模块都是按照MVC框架进行分层的，就是常说的展示层、控制层以及数据库访问层。

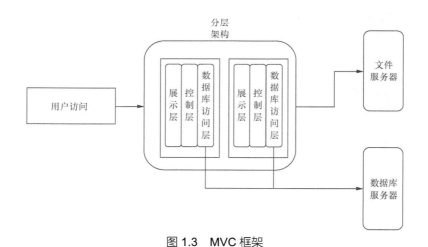

图 1.3　MVC 框架

此时，用于提高前端页面开发效率的互联网框架（MVC）是关键，所以，我们常称这种框架为MVC框架。经典的MVC垂直应用框架，通常分为三层。

- 数据库访问层（M）：包含业务数据和执行逻辑。
- 展示层（V）：向用户展示进行用户交互的界面。
- 控制层（C）：用于接收前端的请求，控制后台进行业务处理。

标准的MVC框架并不包括数据库访问层，这里不单独进行说明。通常，在MVC

框架中还有专门的 ORM 框架，这部分一般被放在数据库操作层中，用来屏蔽对底层数据源或者数据库连接池的实现，并直接提供给 Service 对数据库进行访问，以提升开发效率。

MVC 框架可以在单台服务器进行部署，也可以在多台服务器进行部署。但通常情况下，我们会遇到更复杂的并发场景，以及更大的访问流量，这时可使用多台服务器进行集群部署，并采用 Nginx 等技术进行负载均衡处理。虽然这个框架很不错，但也有其缺点。

- 在应付复杂的业务场景时，开发和维护的成本大大增加。
- 在每个应用中，公共功能重复开发，重复代码多，不利于团队合作。
- 系统的可靠性差，节点的故障会使得整个系统出现雪崩效应。
- 系统开发完成后，对其维护困难，并且在定制化的时候，修改代码会影响整个系统。

那是否还有更好的框架？

1.2.3 RPC 框架

在特定时期，MVC 框架扮演了重要的角色。上文说过，MVC 框架中有一些程序在几个垂直的应用中被重复开发，有些浪费。因此，当垂直应用越来越多时，重复的代码就会越多。所以，开发人员开始把核心业务抽取出来，作为独立的服务使用，并做成一个稳定的服务中心。同时除了核心业务之外，开发人员开始将更多的公共的应用程序接口（Application Programming Interface, API）抽取出来，作为独立的公共服务给调用者调用消费，最终实现服务的共享和重用。这样解决了垂直应用的代码重复问题，也使得前端能够更快地响应市场需求。

然后，根据上文的说法，我们可以抽象出两个重要的对象，分别是提供者和消费者。但实际上，图 1.4 才是常见的 RPC 框架，它多一个注册中心（Registry）。

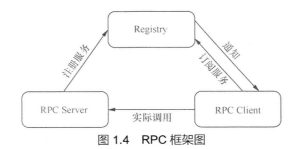

图 1.4 RPC 框架图

在普及 RPC 原理之后，很快就有很多 RPC 框架涌现，在后面介绍的 Dubbo 就是 RPC 框架中的典型代表。

RPC 这种通信方式的框架，屏蔽了底层的传输协议（TCP/UDP）、序列化技术（XML / Json / ProtoBuf）和通信细节。图 1.4 只是一幅抽象的原理框架图，那么底层的 RPC 原理是什么？

图 1.5 是 RPC 的底层原理图，学习它有利于帮助我们区分 HTTP 的通信方式。

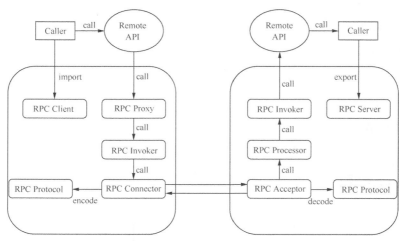

图 1.5　RPC 框架

在图 1.5 中可以看到，RP 框架主要分为 RPC Server 与 RPC Client 两个部分，这里没有注册中心，说明了"直接更加纯净"的原理。

在两个终端中，服务方通过 RPC Server 导出 export 远程接口方法，而消费方通过 RPC Client 引入 import 远程接口方法。在内部，RPC 框架采用接口的代理实现，具体也是两个方面，调用委托给代理 RPC Proxy，然后代理封装调用信息并将调用转交给 RPC Invoker 去实际执行。

在这里还有一个比较重要的点，就是服务方与消费方的通信。在客户端，RPC Invoker 通过连接器 RPC Connector 维持与服务端的通道 RPC Channel，并使用 RPC Protocol 进行协议编码，然后把编码后的请求消息由通道 RPC Channel 发送到服务方。在服务端，接收器 RPC Acceptor 接收来自客户端的调用请求，同样使用 RPC Protocol 执行协议解码，然后把解码后的调用信息传递到 RPC Processor 控制调用过程，最后委托调用给 RPC Invoker 执行并返回调用结果。

本地应用通过暴露接口和远程服务的方式去调用，但是在大规模服务时，会出现以下情况。

- 大量的服务配置难以管理。
- 服务间的依赖关系错综复杂，难以分清哪个应用要在哪个应用前启动。
- 服务的调用量越来越大，服务的容量难以估计。

1.2.4 SOA 框架

SOA 是一个组件模型，是一种粗粒度、松耦合，以服务为中心的框架，接口之间通过定义明确的协议和接口进行通信。

通过上面的定义，我们可以看到，这个框架的重点是以服务为中心。SOA 框架以服务为中心，应用直接变成分布式。大规模系统的框架设计原则就是尽可能地拆分，以达到更好的独立扩展与伸缩、更灵活的部署、更好的隔离和容错、更高的开发效率。其核心为分布式框架，拆分策略是横向拆分与纵向拆分。

为了方便说明 SOA 框架，这里展示其业务横向拆分的框架，如图 1.6 所示。

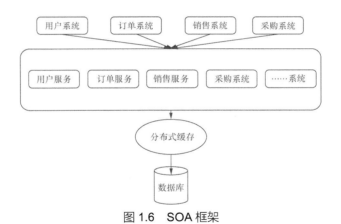

图 1.6　SOA 框架

从图 1.6 可以看出，上层是应用系统，中层是暴露的各种接口，底层则是数据库。读者可对比图 1.1 进行理解，外加上文的说明，就能知道 SOA 框架的优点。

1.3　模块的拆分

微服务的目的是有效地拆分应用，实现敏捷开发和部署。但在拆分中会遇到什么问题？我们需要按照什么样的原则进行拆分？本章主要说明在拆分中存在的问题，然后说明针对这些问题，我们采取什么样的原则进行处理。

1.3.1 拆分中的问题

从单体式结构转向微服务框架中会持续遇到服务边界划分的问题：如果服务的粒度划分过粗，会回到单体式结构的老路；如果过细，服务间调用的开销会变得无法忽视，管理难度也会指数级增加。

同时，如果业务间有太多的事务，使用微服务进行开发的难度的会增加。当然，如果迭代周期长，用户有限，则使用微服务框架没有什么意义。

到目前为止，还没有一个公认的服务边界划分的标准，我们只能根据不同的业务系统加以调节，一般来说，有一些原则可以参考。

1.3.2 拆分原则

在拆分原则中，有下面几个比较出名的原则。

1. AKF 扩展立方体

AKF 扩展立方体是《架构即未来：现代企业可扩展的 Web 架构、流程和组织（原书第 2 版）》一书中提出的可扩展模型，按照这个理论，我们可以将单体系统进行扩展。这个立方体有三条轴线，每条轴线描述扩展性的一个维度，如图 1.7 所示。

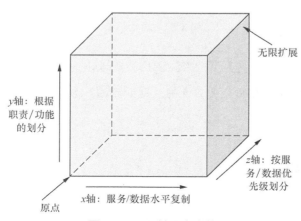

图 1.7　AKF 扩展立方体

x 轴——无限复制服务和数据。

y 轴——关注应用中职责的划分，比如数据类型、交易执行类型的划分。

z 轴——关注服务和数据的优先级划分。

2. 前后端分离

这种原则有很多公司在使用，优势是，在分离模式下，前后端交互使框架更加清晰，前后端得到高效开发；后端的服务简洁明了，方便维护。

前端可以采用多种技术，可以连接多种渠道，而后端服务无须变更，继续采用统一的数据和模型，就可以支撑 PC、App 等访问。

3. 无状态服务

在讲这个原则之前，首先介绍什么是无状态服务。如果一个数据需要被多个服务共享，才能完成一次业务，那么这个数据被称为状态数据。而依赖这个状态数据的服务被称为有状态服务，反之称为无状态服务。

无状态服务原则是要把有状态的业务服务改为无状态的服务，使状态数据也就相应地迁移到对应的有状态数据服务中。我们先看一个图，然后通过图进行说明，如图 1.8 所示。

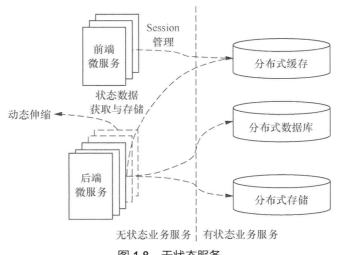

图 1.8 无状态服务

在图 1.8 中，可以看到服务已经前后端分离。这个原则即是把在本地内存中建立的数据缓存、Session 缓存数据迁移到分布式缓存中，使服务端变成无状态的节点。采用这个原则的好处是可以做到动态伸缩节点，而微服务应用动态增删节点，可避免考虑缓存数据如何同步的问题。

1.4 当前主流微服务框架

在认识了微服务之后，下面让我们看看当前的主流微服务框架的实现原理。下文主要介绍 Dubbo 与 Spring Cloud，在此基础上，还会说明底层的通信协议。最后，将针对 Spring Boot 与 Spring Cloud 的关系做一个介绍。

1.4.1 Dubbo 简介

Dubbo 是比较出名的框架，但这本书不会重点介绍，只做简单说明。

1. Dubbo 框架

相信很多人都听说过 Dubbo 框架，它是开源分布式服务框架，致力于提供高性能和透明化的 RPC 远程服务调用方案，以及 SOA 服务治理方案。图 1.9 是 Dubbo 官网上的一幅框架图，我们还是根据图进行说明。

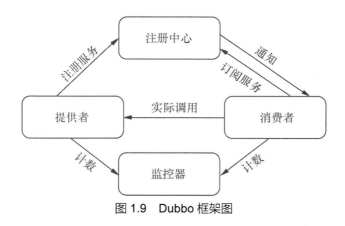

图 1.9　Dubbo 框架图

从图 1.9 中可以看出，Dubbo 主要分为四个部分（也有人说三个部分）。在框架中，提供者（Provider）提供服务，并将服务注册进注册中心（Registry），然后消费者

（Consumer）可以去注册中心订阅服务。同时，监控器（Monitor）可以进行监控，监控对服务的调用次数与耗时。

2. Dubbo 的特点

- 远程通信：对多种基于长连接的框架进行封装。
- 集群容错：远程过程调用透明，在集群容错中主要有软负载均衡、失败容错、地址路由、动态配置等策略。
- 自动发现：消费方能动态地查找服务提供方，地址透明。

3. 优势

- 使用 RPC 方式调用，调用性能更高。
- 支持多种序列化协议。
- Dubbo Admin 后台管理功能强大。
- 在国内影响力比较大。

1.4.2　Spring Cloud 简介

先用一句话描述什么是 Spring Cloud。Spring Cloud 提供全套的分布式系统解决方案，是一个"全家桶"。它在 Spring Boot 的基础上简化了分布式系统基础设施的开发。如服务发现和服务注册、配置中心、负载均衡、断路器、消息总线、数据监控等，都可以利用 Spring Boot 做到一键启动和部署。

Spring Cloud 并没有做重复性劳动，它只是将开发得比较成熟的服务框架"拿"过来，通过 Spring Boot 进行再封装，屏蔽复杂的配置和实现原理，最终做成易部署和易维护的分布式系统开发工具包。Spring Cloud 具有以下特点。

- 做到了良好的开箱即用，可扩展性机制覆盖。
- 包括服务发现和服务注册。
- 服务地址路由。
- 软负载均衡。
- 断路器。
- 分布式消息传递。

1.4.3 HTTP 与 RPC 简介

介绍了 Dubbo 与 Spring Cloud 之后，我们也已经知道 Dubbo 使用 RPC 进行服务之间的调用，以及 Spring Cloud 使用 HTTP 进行服务间通信。那么它们的特点和具体的使用场景是什么？

1. RPC 的特点

- RPC 的核心并不在于使用什么协议。
- RPC 可以在本地调用远程的方法，过程是无感的，调用是透明的，并不需要知道调用的方法是部署哪里。
- RPC 可以解耦服务接口。

2. 对比

HTTP 是超文本传输协议；RPC 是远程过程调用，RPC 包含传输协议和编码协议。RPC 也可以用 HTTP 作为传输协议，但一般是用 TCP 作为传输协议，用 JSON 作为编码协议。

RPC 主要用于系统间的服务通信。

3. 使用场景

HTTP 接口的使用场景：接口不多、系统与系统交互较少，是解决信息孤岛问题初期常使用的一种通信手段，这种接口简单、直接、开发方便，而且可以利用现有的 HTTP 进行传输。

然而，如果是一个大型网站，内部子系统较多、服务也非常多，RPC 的好处就显示出来了。RPC 采用的是长连接机制，不必每次通信都进行 3 次握手，大大减少网络开销；其次，RPC 一般都有注册中心，以及丰富的监控管理，如发布、下线接口、动态扩展等，对调用方来说是无感知、统一化的操作。

RPC 主要针对大型企业，而 HTTP 主要针对小型企业，因为 RPC 效率更高，而 HTTP 开发迭代会更快。了解它们的使用场景，可以让我们在项目选型中根据需要更好地进行选择。

1.4.4　Spring Boot 与 Spring Cloud 的关系

本书主要介绍微服务，而且是基于 Spring 的，这时就需要介绍 Spring Cloud，并讲解 Spring Cloud 的每一个模块。

Spring Cloud 是一个微服务开发工具包，提供分布式系统的配置管理、服务发现、断路器、智能路由、微代理、控制总线等功能，可降低分布式开发的成本。

首先看 Spring Boot 是什么。Spring Boot 旨在简化创建产品级的 Spring 应用和服务，可简化配置文件，使用嵌入式 Web 服务器，含有诸多开箱即用微服务功能。Spring Boot 是 Spring 提供的一套快速配置，可以基于 Spring Boot 快速开发单个微服务。同时，Spring Boot 也是 Spring 的引导，用于启动 Spring，使我们能够快速学习和使用 Spring。

Spring Boot 与 Spring Cloud 看起来似乎没有联系，其实不然。Spring Cloud 基于 Spring Boot，为微服务体系开发中的框架问题，提供了一整套的解决方案。

所以，Spring Cloud 是一个基于 Spring Boot 实现的云应用开发工具。Spring Boot 专注于快速、方便集成的个体，Spring Cloud 关注全局的服务治理框架；Spring Boot 使用默认大于配置的理念，集成方案已经默认选择，不配置也没问题，Spring Cloud 大部分是基于 Spring Boot 来实现的。

因此，微服务离不开 Spring Boot，也离不开 Spring Cloud。

第2章 快速搭建一个微服务框架

在本章中，我们将搭建两个框架，其一是 Spring Boot 框架，它是搭建各个模块的基础，所以，需要熟练地掌握搭建应用模块；其二是微服务框架，它由 4 个子项目构成。本章先讲一个案例，这个框架重点用于安全方面，在此处讲解，可加深读者对微服务框架的理解。

2.1 Spring Boot 框架搭建

在开发微服务之前，首先需要搭建 Spring Boot 框架。通过上一章的描述，我们已经知道 Spring Boot 适用于开发微服务模块。本章将介绍搭建 Spring Boot 框架的两种常用工具，即使用广泛的 STS 与 IntelliJ IDEA 开发工具进行搭建。

2.1.1 使用 STS 搭建开发环境

使用 STS 搭建开发环境是 Spring 对 Eclipse 的二次包装，不再需要安装 Spring 的插件，我们可以直接使用。

读者可自行上网检索并下载 STS，现在我们开始创建第一个项目。首先，从菜单栏开始，通过 File → New → Project，找到 Spring Boot，选择图 2.1 中的 Spring Starter Project。

图 2.1 创建 Spring Boot 项目

然后单击 Next，弹出图 2.2 所示的对话框，在图中的方框中可以根据需要自定义设置。在这里使用 War 的打包方式，因为这样可以生成一个带有 JSP 页面的包。

图 2.2　配置工程

在单击 Next 之后，又会弹出一个新的对话框，在这里分别选择 Core 中的 Aspects 与 Web 中的 Web，如图 2.3 所示。暂时引用这么多依赖，如果有需要，也可以在 pom.xml 中自行添加。

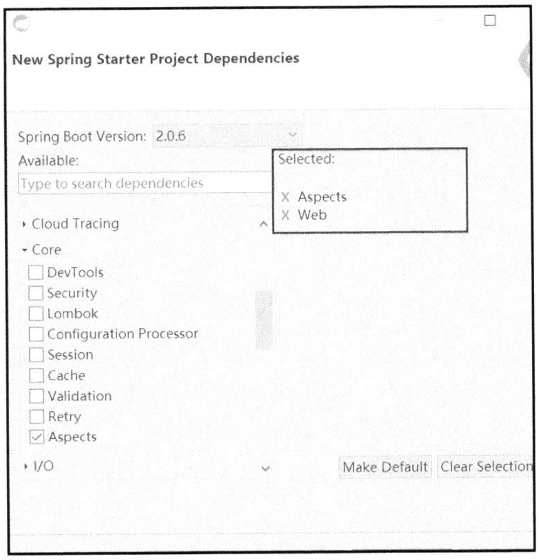

图 2.3　选择依赖

等待 Maven 依赖的下载，因为使用的是外国网站，所以下载时间会久一些，耐心等待即可。下载后，在项目提供的 SpringDemoApplication.java 类上单击右键就可以运行。下面我们看 pom 依赖文件。

```xml
    <name>SpringDemo</name>
        <description>Demo project for Spring Boot</description>
        <!-- 引用的 boot 父类 -->
        <parent>
            <groupId>org.springframework.boot</groupId>
            <artifactId>spring-boot-starter-parent</artifactId>
            <version>2.0.6.RELEASE</version>
            <relativePath/><!-- lookup parent from repository -->
        </parent>
        <properties>
            <project.build.sourceEncoding>UTF-8</project.build.sourceEncoding>
            <project.reporting.outputEncoding>UTF-8</project.reporting.outputEncoding>
            <java.version>1.8</java.version>
        </properties>
        <dependencies>
            <!--aop 依赖的引用 -->
            <dependency>
                <groupId>org.springframework.boot</groupId>
                <artifactId>spring-boot-starter-aop</artifactId>
            </dependency>
            <!--web 依赖的引用 -->
    <dependency>
                <groupId>org.springframework.boot</groupId>
                <artifactId>spring-boot-starter-web</artifactId>
            </dependency>
            <!--tomcatr 的引用 -->
            <dependency>
                <groupId>org.springframework.boot</groupId>
                <artifactId>spring-boot-starter-tomcat</artifactId>
                <scope>provided</scope>
            </dependency>
            <dependency>
                <groupId>org.springframework.boot</groupId>
```

```xml
            <artifactId>spring-boot-starter-test</artifactId>
            <scope>test</scope>
        </dependency>
    </dependencies>
    <build>
        <plugins>
            <plugin>
                <groupId>org.springframework.boot</groupId>
                <artifactId>spring-boot-maven-plugin</artifactId>
            </plugin>
        </plugins>
    </build>
```

2.1.2 使用 IntelliJ IDEA 搭建开发环境

我们已经学习了使用 STS 搭建 Spring Boot 的开发环境，下面开始学习如何使用 IntelliJ IDEA（简称 IDEA）搭建开发环境。当前很多公司都在使用 IDEA 开发业务，所以这部分内容很重要。其实 STS 与 IDEA 都是工具，搭建过程几乎相同。

首先，打开软件，进入软件的第一个界面，新建项目，如图 2.4 所示。

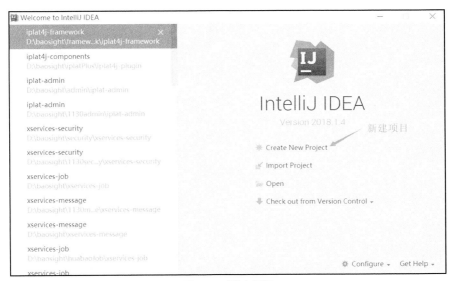

图 2.4　新建项目

选择 Create New Project，弹出图 2.5 所示的对话框，和使用 STS 一样，选择 Spring Initializr。

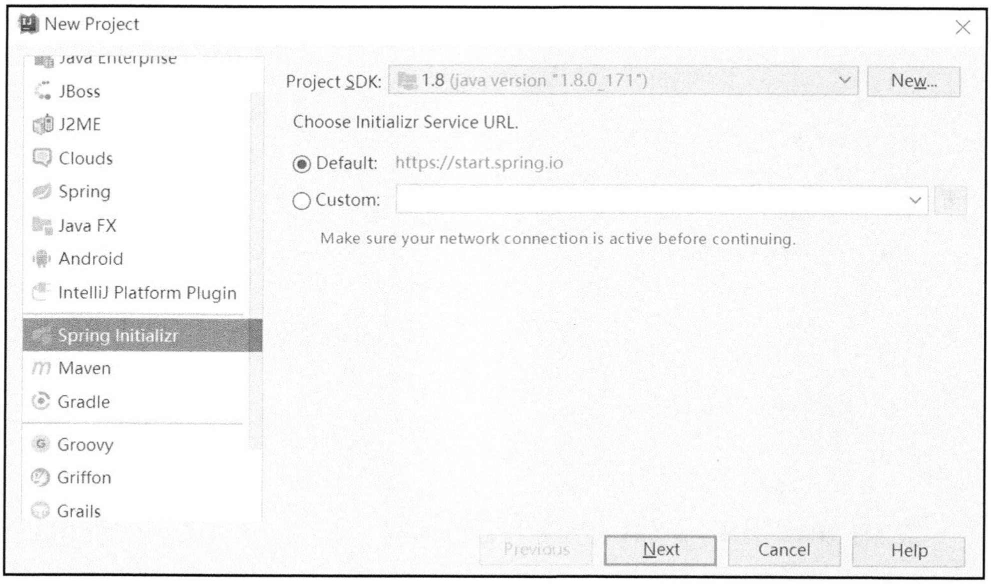

图 2.5　创建 Spring Boot 项目

和使用 STS 一样，这里填写项目的 Maven 定位信息，如图 2.6 所示。

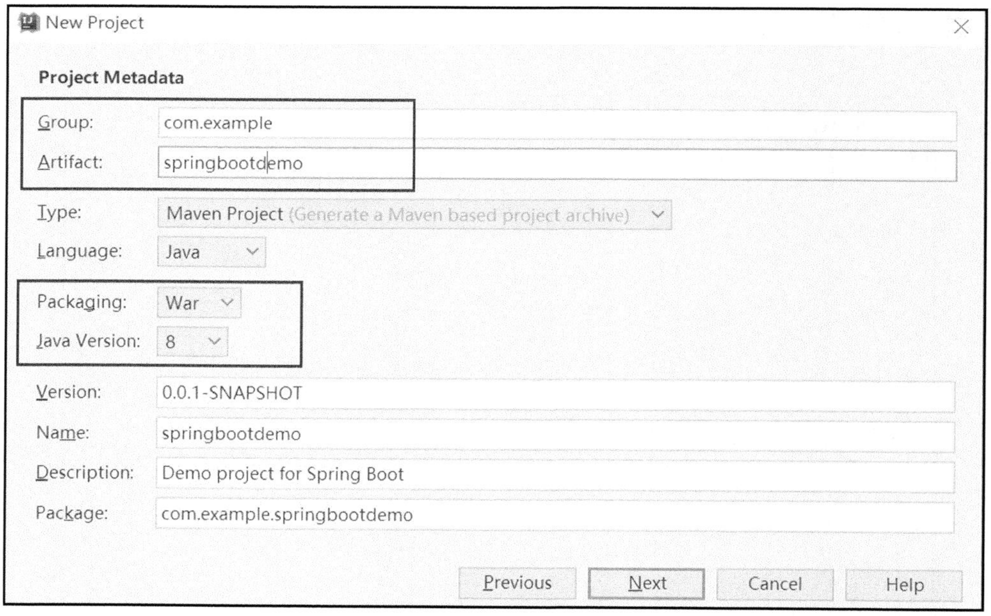

图 2.6　配置项目

在 Starter 的选项窗口中，选择 Core 中的 Aspects，再选中 Web 中的 Web，如图 2.7 所示，然后创建项目。

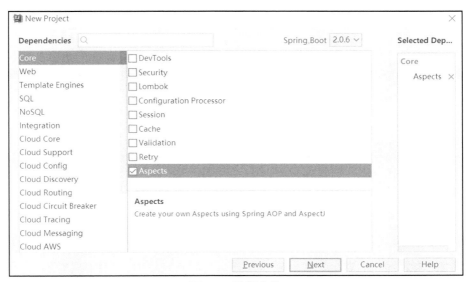

图 2.7 选择依赖

待选择创建的项目路径、依赖下载完成后，项目就创建完成了，图 2.8 是创建的项目。

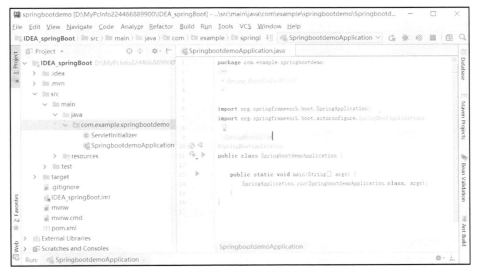

图 2.8 通过 IDEA 创建的 Spring Boot 项目

2.2 实现安全登录的微服务框架

上一节，学习了快速搭建 Spring Boot 框架，这是系统其中一个模块扩展出来需要做的操作步骤，在此基础上可以继续添加依赖、业务代码，进而完善成一个具有独立功能的模块。

但是，如果只讲一个模块的搭建可能会导致读者不知道多个模块如何产生联系，所以下面会搭建一个多模块并存的微服务系统。

2.2.1 功能描述与最终目标

原本的安全模块与其他业务模块存放在一起，是一种单体开发模块，后来演变成微服务时，安全认证与授权被单独作为一个模块进行开发。

现在将安全模块进行再次梳理、细分，形成微服务框架。本节的目标，就是搭建一个可以被通用、重复性高的安全系统。在一个互联网项目启动时，只需要修改一点程序，就可以将安全模块集成到新的项目中。

当然，这里只讲一个简单的案例，在后续的章节中，会直接进行程序讲解，不再搭建框架。在这里搭建微服务框架也会循序渐进地讲解将整个微服务的面貌介绍给大家。

2.2.2 功能结构

下面通过框架图，具体地介绍每个模块的功能，让微服务的功能清晰地展现在眼前。微服务框架需要多个模块，图2.9是整体框架图，其中箭头是依赖关系。接下来我们对每个小模块做具体分析。

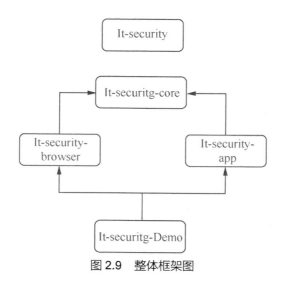

图2.9　整体框架图

It-security：这是父包，用于集成其他的子模块。一个项目有多个模块时，如何将各个模块集成，做成一个项目，就要靠这个模块。

It-security-core：一个微服务，需要通用的程序或工具类，这些程序或工具类都放在 core 包中。当每个服务都需要再写一遍程序时，我们就可以将这段程序抽取出来，单独作为一个程序，放在 core 包里。如果微服务模块引用 core 包，将直接引用程序。这个包也体现了微服务不需要多次重复相同劳动的优点。

It-security-browser：对于一个项目而言，它会通过 PC 端进入系统。本模块就是处理由 PC 端进入系统后的逻辑。

It-security-app：既然系统可以通过 PC 端进入，通过移动端也必然可以进入，这个模块是处理移动端进入的逻辑。

It-security-demo：实例模块，在这就是使用 browser、app 两个模块的程序。

2.3 微服务框架搭建

在上一节中，已经系统介绍了各个模块的内容与功能，也说明了整个系统的功能。下面我们搭建这个框架，并在最后让程序运行起来。

2.3.1 搭建模块

使用 Eclipse 进行搭建，搭建好的情况如图 2.10 所示。

图 2.10　项目框架

1. It-security

新建一个项目，注意 Packaging 是 pom 文件，是一个父项目，用于打包，将所有的子模块打成一个包，图 2.11 中所有项目的 Group Id 是同一个。

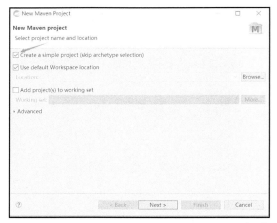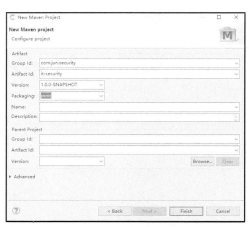

图 2.11　新建 it-security 项目

在 Maven 中，会引入依赖，在依赖中，不可忽略的就是版本的冲突问题。如何更好地管理依赖的版本？

这里采用 Spring IO、Spring Cloud 共同来管理、控制版本。同时，这里使用 dependency Management 标签，在 Maven 中 dependencyManagement 的作用其实相当于一个对所依赖的 jar 包进行版本管理的管理器。

如果 dependencies 里的 dependency 没有声明 version 元素，那 Maven 就会到 dependencyManagement 里面去找是否对 artifactId 和 groupId 进行过版本声明。如果有就继承它，如果没有就会报错，这说明必须为 dependency 声明 version。如果 dependencies 中的 dependency 声明了 version，那么无论 dependencyManagement 中有无对该 jar 包的 version 声明，都以 dependency 里的 version 为准。代码如下所示。

```
<!-- 抽象出来的公共引用变量 -->
 <properties>
<it.security.version>1.0.0-SNAPSHOT</it.security.version>
</properties>
<!-- 版本控制 -->
<dependencyManagement>
    <dependencies>
```

```xml
        <dependency>
            <groupId>io.spring.platform</groupId>
            <artifactId>platform-bom</artifactId>
            <version>Brussels-SR4</version>
            <type>pom</type>
            <scope>import</scope>
        </dependency>
        <dependency>
            <groupId>org.springframework.cloud</groupId>
            <artifactId>spring-cloud-dependencies</artifactId>
            <version>Dalston.SR2</version>
            <type>pom</type>
            <scope>import</scope>
        </dependency>
    </dependencies>
</dependencyManagement>
<!-- 打包编译 -->
<build>
    <plugins>
        <plugin>
            <groupId>org.apache.maven.plugins</groupId>
            <artifactId>maven-compiler-plugin</artifactId>
            <version>2.3.2</version>
            <configuration>
                <source>1.8</source>
                <target>1.8</target>
                <encoding>UTF-8</encoding>
            </configuration>
        </plugin>
    </plugins>
</build>
<!-- 子模块 -->
<modules>
    <module>../it-security-app</module>
    <module>../it-security-browser</module>
    <module>../it-security-core</module>
    <module>../it-security-demo</module>
</modules>
```

打包编译：Maven 是个项目管理工具，如果不告诉它我们的代码要使用什么版本的 JDK 编译的话，它就会用 maven-compiler-plugin 默认版本的 JDK 来进行处理，这样就容易出现版本不匹配，甚至可能导致编译不通过的问题。因此 pom 文件中使用 maven-compiler-plugin 插件指定项目源码的 JDK 版本、编译后的 JDK 版本以及编码。

子模块：说明 pom 文件下引用了哪几个子模块。

2. it-security-core

新建时 Packaging 为 jar，注意 Group Id 保持统一，如图 2.12 所示。

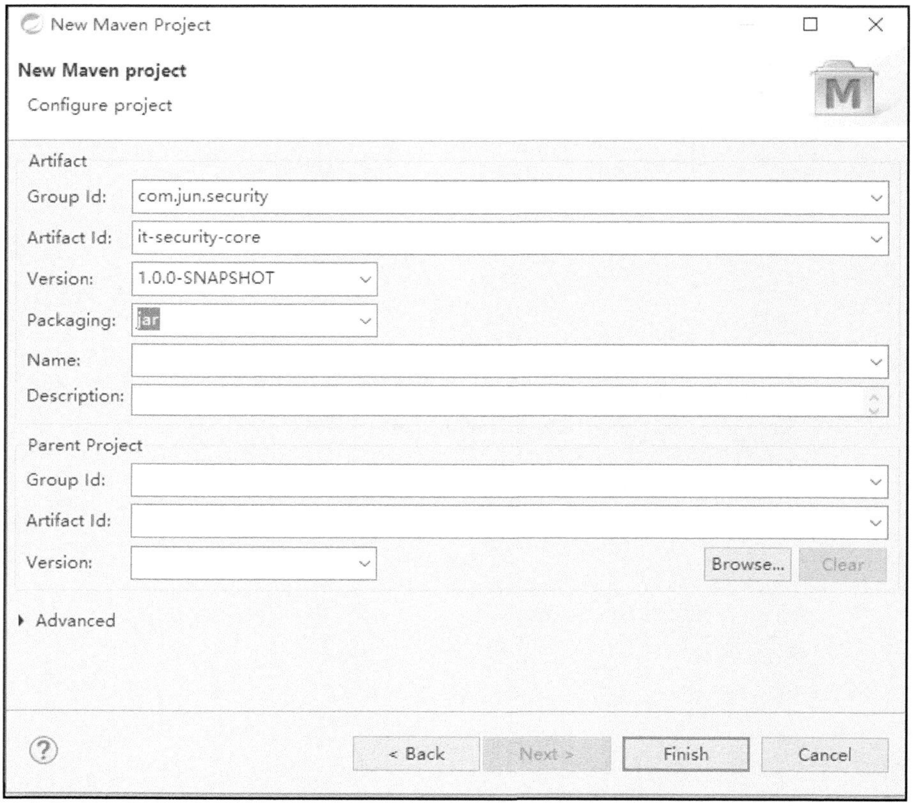

图 2.12　新建 it-security-core 项目

这个模块是核心模块，即 core 包，所以引用的依赖也最多。这里需要提供认证服务的包、Redis 的支持包、MySQL 的支持包以及社交网络需要的包，同时还需要添加 Java 开发中常使用的工具包，最后添加 Spring Boot 其他文件的读取支持。代码如下所示。

```
<dependencies>
```

```xml
<!-- 提供授权认证服务 -->
<dependency>
    <groupId>org.springframework.cloud</groupId>
    <artifactId>spring-cloud-starter-oauth2</artifactId>
</dependency>
<!-- 整合 redis，做缓存作用 -->
<dependency>
    <groupId>org.springframework.boot</groupId>
    <artifactId>spring-boot-starter-data-redis</artifactId>
</dependency>
<!-- 提供对数据源的操作 -->
<dependency>
    <groupId>org.springframework.boot</groupId>
    <artifactId>spring-boot-starter-jdbc</artifactId>
</dependency>
<!-- mysql 的连接 -->
<dependency>
    <groupId>mysql</groupId>
    <artifactId>mysql-connector-java</artifactId>
</dependency>
<!-- 社交网络，提供 Java 配置 -->
<dependency>
    <groupId>org.springframework.social</groupId>
    <artifactId>spring-social-config</artifactId>
</dependency>
<!-- 提供社交连接框架和 OAuth 客户端支持 -->
<dependency>
    <groupId>org.springframework.social</groupId>
    <artifactId>spring-social-core</artifactId>
</dependency>
<!-- 社交安全的一些支持 -->
<dependency>
    <groupId>org.springframework.social</groupId>
    <artifactId>spring-social-security</artifactId>
</dependency>
<!-- 管理 Web 应用程序的连接 -->
<dependency>
    <groupId>org.springframework.social</groupId>
    <artifactId>spring-social-web</artifactId>
</dependency>
<dependency>
```

```xml
        <groupId>commons-lang</groupId>
        <artifactId>commons-lang</artifactId>
    </dependency>
    <dependency>
        <groupId>commons-collections</groupId>
        <artifactId>commons-collections</artifactId>
    </dependency>
    <dependency>
        <groupId>commons-beanutils</groupId>
        <artifactId>commons-beanutils</artifactId>
    </dependency>
    <!--Spring 默认使用 yml 中的配置，但有时候要用传统的 xml 或 properties
配置 -->
    <dependency>
        <groupId>org.springframework.boot</groupId>
        <artifactId>spring-boot-configuration-processor</artifactId>
    </dependency>
</dependencies>
```

3. it-security-browser

新建时 Packaging 为 jar，如图 2.13 所示。

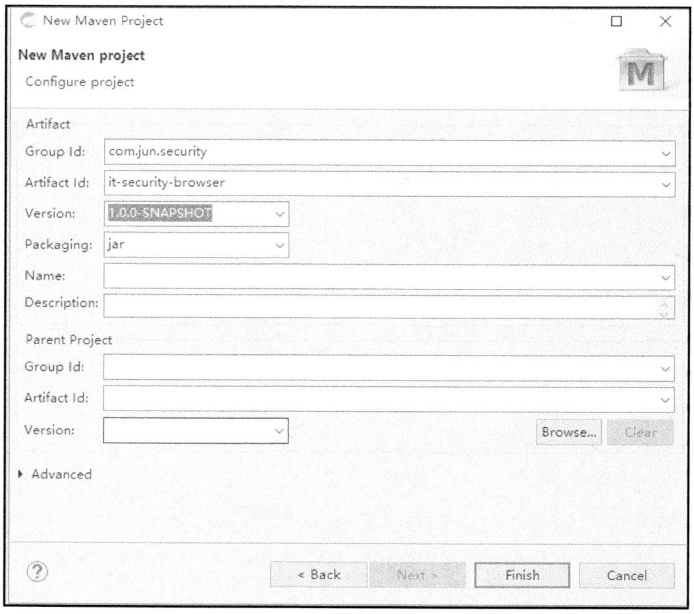

图 2.13　新建 it-security-browser 项目

这个项目主要用于浏览器，所以会有 session 管理的依赖包。代码如下所示。

```xml
<dependencies>
    <dependency>
        <groupId>com.jun.security</groupId>
        <artifactId>it-security-core</artifactId>
        <version>${it.security.version}</version>
    </dependency>
    <!-- 用于 session 管理 -->
    <dependency>
        <groupId>org.springframework.session</groupId>
        <artifactId>spring-session</artifactId>
    </dependency>
    <!-- 执行身份验证、授权、密码学和 session 管理 -->
    <dependency>
        <groupId>org.apache.shiro</groupId>
        <artifactId>shiro-core</artifactId>
        <version>1.2.2</version>
    </dependency>
</dependencies>
```

4. it-security-app

新建时 Packaging 为 jar。这个模块是用于移动端的登录，所以没有特殊的依赖，只需要引用 core 包即可。代码如下所示。

```xml
<dependencies>
    <dependency>
        <groupId>com.jun.security</groupId>
        <artifactId>it-security-core</artifactId>
        <version>${it.security.version}</version>
    </dependency>
</dependencies>
```

新建 Maven 项目，如图 2.14 所示。

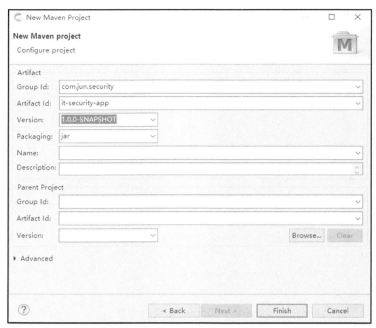

图 2.14　新建 it-security-app 项目

5. it-security-demo

新建时 Packaging 为 jar。新建 Maven 项目，如图 2.15 所示。

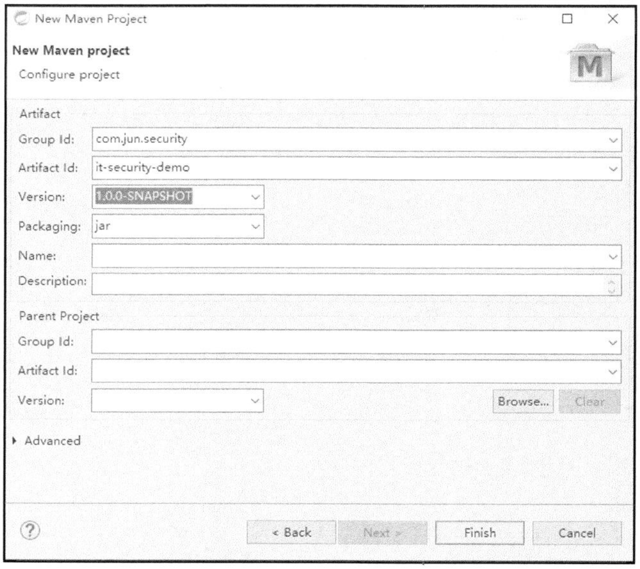

图 2.15　新建 it-security-demo 项目

代码如下所示。

```xml
<dependencies>
    <dependency>
        <groupId>com.jun.security</groupId>
        <artifactId>it-security-browser</artifactId>
        <version>${it.security.version}</version>
    </dependency>
</dependencies>
```

2.3.2 启动 Demo

此时，项目的所有依赖全部添加完成，框架也已经整理好，下面就准备启动 Demo。

1. Maven 更新

因为关联完子模块，编译的 JDK 还不是 1.8 版本，这里需要 Update Project，如图 2.16 所示。将模块的"！"报错去掉，最终可以从图 2.17 中看到 JRE System Library 为 JavaSE-1.8。

图 2.16　Update Project 更新 Maven

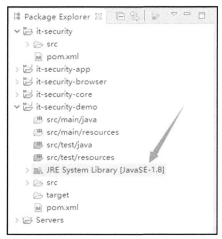

图 2.17　Update Project 效果

2. 新建类

我们的演示在 Demo 模块中进行，如图 2.18 所示。

图 2.18　demo 模块位置

开始写 ApplicationDemo.java，代码如下所示。

```
package com.cao;
import org.springframework.boot.SpringApplication;
import org.springframework.boot.autoconfigure.EnableAutoConfiguration;
import org.springframework.boot.autoconfigure.SpringBootApplication;
/**
 * @Description 模块启动类
 * @author dell
 */
```

```java
// 说明这是一个springboot项目
@SpringBootApplication
@EnableAutoConfiguration
public class ApplicationDemo {
    public static void main(String[] args) {
        //Spring标准启动方式
        SpringApplication.run(ApplicationDemo.class, args);
    }
}
```

3. 启动运行

如果启动运行时有图 2.19 所示的报错信息，说明缺少数据库信息。

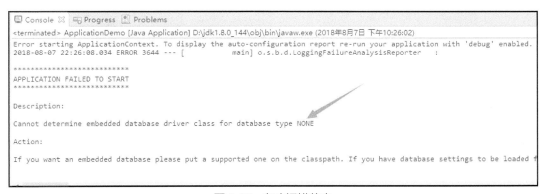

图 2.19　启动报错信息

解决方法：在 Spring Boot 中，可以使用 application.properties 进行配置项配置。所以，我们新建一个 application.properties，并且写入如下的数据库配置项，根据需要写自己的数据库链接信息，这里以 MySQL 为例，代码如下所示。

```
spring.datasource.driver-class-name = com.mysql.jdbc.Driver
spring.datasource.url=jdbc:mysql://127.0.0.1:3308/test?useUnicode=yes&characterEncoding=UTF-8&useSSL=false
spring.datasource.username = root
spring.datasource.password = 123456
```

再次启动，这里依旧会有报错信息，如图 2.20 所示。

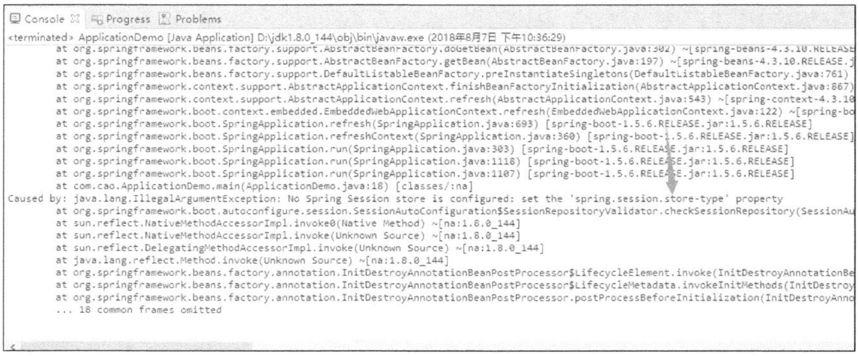

图2.20　启动报错信息

解决方法：因为使用了 session 依赖，但是类型还没有被设置。为了启动项目，暂时将 session 的类型设置为 none，如下所示。

```
spring.session.store-type=none
```

再次启动，这次将会启动成功，在控制台上没有报错信息。在浏览器中输入 http：// localhost:8080，将会弹出登录对话框，如图2.21所示。

图2.21　登录对话框

2.3.3　打包发布

这一节的重点是搭建微服务框架，但如何体现微服务框架的优点？在这里先进行打包部署，说明其部署的简单性。需特别注意的是，这里不需要 tomcat 进行部署，只需要有 JDK 的支持就可以进行发布。在 Demo 项目中的 pom.xml 中添加 build，代码如下所示。

```xml
<build>
    <plugins>
        <plugin>
            <groupId>org.springframework.boot</groupId>
            <artifactId>spring-boot-maven-plugin</artifactId>
            <version>1.3.3.RELEASE</version>
            <executions>
                <execution>
```

```xml
            <goals>
                <goal>repackage</goal>
            </goals>
        </execution>
    </executions>
</plugin>
</plugins>
<finalName>demo</finalName>
</build>
```

因为没有私服，所以需要先将 it-security、it-security-core、it-security-browser、it-securtiry-app 打包，将其 jar 包放到 Maven 仓库。具体的做法是在项目上单击右键选择 Run As → Maven clean → Maven install，然后再对 Demo 进行打包，最终效果如图 2.22 所示。

图 2.22 demo 的 jar 包

这个 jar 包在 D:\MyPcInfo224466889900\new_security\it-security-demo\target 目录下，我们可以直接通过 JDK 进行发布，发布成功如图 2.23 所示。

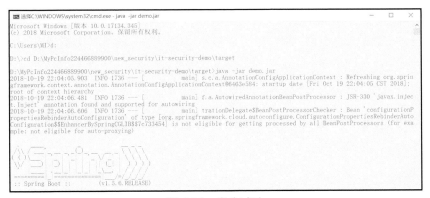

图 2.23 发布成功

第3章 Restful 风格的编程

前三章属于入门的章节，是一个帮助读者系统梳理 Spring 知识点的过程，更是后续章节的基础。因为 Restful 是 Spring 生态圈中服务之间通信的基石，所以这里，我们必须要认真讲解一下 Restful 风格的编程。

3.1 Restful 简介

现在 Restful 已经比较热门了，在这里具体说明，Spring 的微服务是基于 Restful 风格搭建的框架。其中 Restful 有以下几个特点。

- 用 URL 描述资源。
- 使用 HTTP 方法描述行为，使用 HTTP 状态码来表示不同的结果。
- 使用 JSON 交互数据。
- Restful 只是一种风格，不是强制标准。

看完了这些特点，现在通过对比进行说明。普通请求方式如表 3.1 所示。

表 3.1 普通请求方式

功能	请求	方式
查询	/user/query?name=bob	GET
详情	/user/getInfo?id=1	GET
创建	/user/create?name=bob	POST
修改	/user/update?id=1	POST
删除	/user/delete?id=1	GET

Restful 请求方式如表 3.2 所示。

表 3.2 Restful 请求方式

功能	请求	方式
查询	/user?name=bob	GET
详情	/user/1	GET
创建	/user	POST
修改	/user/1	PUT
删除	/user/1	DELETE

通过上面的对比，特点比较明显，在表 3.1 中，可以看到增、删、改、查操作都通过链接完成，这时链接主要的功能就是进行操作。

但表 3.2 中就看不到类似 query、create 这种操作单词。这里的 user 指定的是资源，例如 /user/1，指定某一个条件是 1 的资源。在表 3.2 中我们会看到三个 /user/1，那么服务器如何知道对资源进行什么操作？这时，HTTP 就起到重要的作用，HTTP 描述行为。

3.2 查询用户以及用户详情

最简单的，也最常用的方式是 GET 请求，用于查询全部数据或者其中一条数据的详情。下面先对 Restful 的 GET 请求进行介绍。

3.2.1 编写测试类程序

我们分两个小部分进行说明，如何写一个合格的测试类，以及测试类涉及的知识点。

1. 写测试类

如何保证自己的服务可以运行，其中最重要的方式是写测试类。在第 3 章中所有 Restful 服务都将通过测试类进行测试，所以在这一小节介绍如何写一个测试类，后面的测试类主要测试函数。首先引入测试的依赖。

```xml
<dependency>
    <groupId>org.springframework.boot</groupId>
    <artifactId>spring-boot-starter-test</artifactId>
</dependency>
```

在第 2 章的基础上讲解，所以仍然使用 Demo 项目。新建包并包括 UserControllerTest 类，测试类的大纲如图 3.1 所示。

然后，先写一个测试类程序，导入的包不另外添加，代码如下所示。

图 3.1　测试类的大纲

```java
// 如何运行程序
@RunWith(SpringRunner.class)
// 说明这是一个 Spring Boot 测试用例
@SpringBootTest
public class UserControllerTest {
    // 伪造测试用例，不需要执行 tomcat，运行速度会快一些
    @Autowired
    private WebApplicationContext wac;
    // 伪造一个 MVC 的环境
    private MockMvc mockMvc;
    @Before
    public void setUp() {
        mockMvc=MockMvcBuilders.webAppContextSetup(wac).build();
    }
    /**
     * @throws Exception
     * @Desciption 测试用例
     */
    @Test
    public void whenQuerySuccess() throws Exception {
        // 发送 GET 请求
        mockMvc.perform(MockMvcRequestBuilders.get("/user")
                .contentType(MediaType.APPLICATION_JSON_UTF8))
        // 判断是否符合预期
          .andExpect(MockMvcResultMatchers.status().isOk());
    }
}
```

最后我们运行测试。也许读者会很疑惑，控制类还没写，明知错误为什么还要运行？其实，这里的测试类也是一个程序，我们首先要保证程序正确，可以运行，如图 3.2 所示。

图 3.2　测试类运行效果

服务返回的 HTTP 状态值是 404。虽然报错，但还是符合预期，这说明测试类程序没有问题，后面会补充控制类，让这个测试类程序运行起来。

2. 知识点

解释一下测试类用到的知识点。MockMvc 是服务端 Spring MVC 测试支持的主入口点，可以用来模拟客户端请求。这里主要用于测试，因此需要引入 MockMvc。

注解 @RunWith：指定测试要运行的运行器，例如 SpringRunner.class。

注解 @Autowired：自动加载 Bean，在后文会仔细介绍。

WebApplicationContext：WebMVC 的 IOC 容器对象，需要声明并通过 @Autowired 自动装配进来。

MockMvcRequestBuilders：用于构建 MockHttpServletRequestBuilder。为什么要构建 MockHttpServletRquestBuilder？这是因为 MockHttpServletRequestBuilder 是用于构建 MockHttpRequest，作为 MockMvc 的请求对象。

MockMvc：通过 MockMvcBuilders 的 webAppContextSetup(WebApplicationContext context) 方法获取 DefaultMockMvcBuilder。再调用 build 方法，初始化 MockMvc。

perform 方法：perform(RequestBuilder requestBuilder) throws Exception 执行请求，需要传入 MockHttpServletRequest 对象，作为请求对象。

andExpect 方法：andExpect(ResultMatcher matcher) throws Exception，进行预期匹配。例如 MockMvcResultMatchers.status().isOk() 表示预期匹配响应成功。

3.2.2 常用注解

Spring Boot 的注解特别多，我们只介绍常用的注解。
- @RestController：表明此 Controller 提供的是 Restful 服务。
- @RequestMapping 及其变体：将 URL 映射到 Java。
- @RequestParam：映射请求参数到 Java 上的参数。
- @PageableDefault：指定分页参数的默认值。

下面，我们以查询全部用户为例，分别讲解这几个常用的注解。

1. @RestController 与 @RequestMapping 小测试

在图 3.2 中出现的报错还没有解决，在这个基础上讲解注解时，我们就顺便解决出现的 404 服务访问不到的问题，其中图 3.3 就是执行的效果。控制类代码如下所示。

```java
@RestController
public class UserController {
    @RequestMapping(value="/user",method=RequestMethod.GET)
    public List<User> query(){
        List<User> userList=new ArrayList();
        // 将 list 中添加了三个空的 user 对象，这里暂时没对 user 进行属性赋值
        userList.add(new User());
        userList.add(new User());
        userList.add(new User());
        return userList;
    }
}
```

测试类代码如下所示。

```java
/**
 * @throws Exception
 * @Desciption RestController 与 RequestMapping 的测试用例
 */
@Test
public void whenQuerySuccess() throws Exception {
    // 发送 GET 请求
```

```
        mockMvc.perform(MockMvcRequestBuilders.get("/user")
            .contentType(MediaType.APPLICATION_JSON_UTF8))
            // 判断是否符合预期
            .andExpect(MockMvcResultMatchers.status().isOk())
             andExpect(MockMvcResultMatchers.jsonPath("$.length()").value(3));
    }
```

其中，User.java 中的代码如下所示。

```
public class User {
    private String username;
    private String password;
    /**
    GET 与 SET 方法省略
    */
}
```

执行结果如图 3.3 所示。

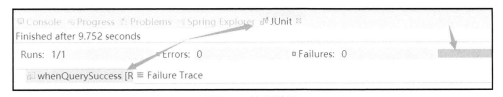

图 3.3　执行结果

在控制类中，使用了 @RestController 注解，说明当前的控制类可以提供 Restful 的服务。在 query 方法中添加了 @RequestMapping 注解，将 URL 映射到 Java 上，其参数 value 是请求资源 URL，method 是对该资源的操作行为。

在测试类中，模拟了一个 Restful 服务，使用 GET 方法，其访问的路径为 /user。根据规则，这个时候，程序会执行控制器中的 query 方法。

2. @RequestParam 测试

@RequestParam 测试的知识点稍微有点多，这里主要介绍接收单个参数值、其他的属性，以及接收多个参数值的不足。接收单个参数值，控制类代码如下所示。

```java
/**
 * @Desciption 测试 @RequestParam
 * @return
 */
@RequestMapping(value="/user",method=RequestMethod.GET)
public List<User> query2(@RequestParam String username){
    // 打印观察是否接收到 username 参数
    System.out.println("username is :"+username);
    List<User> userList=new ArrayList();
    // 将 list 中添加了三个空的 user 对象，这里暂时没对 user 进行属性赋值
    userList.add(new User());
    userList.add(new User());
    userList.add(new User());
    return userList;
}
```

测试类代码如下所示。

```java
/**
 * @throws Exception
 * @Desciption 主要用于测试 @RequestParam 的单个参数接收
 */
@Test
public void whenQuerySuccess2() throws Exception {
    // 发送请求
    mockMvc.perform(MockMvcRequestBuilders.get("/user")
            .param("username", "tom")
            .contentType(MediaType.APPLICATION_JSON_UTF8))
            .andExpect(MockMvcResultMatchers.status().isOk());
}
```

最终效果如图 3.4 所示。

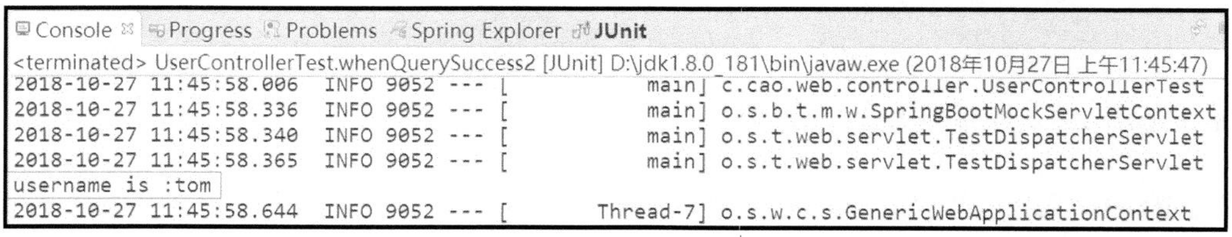

图 3.4　执行控制台

3. @RequestParam 的其他属性

其他属性如图 3.5 所示。

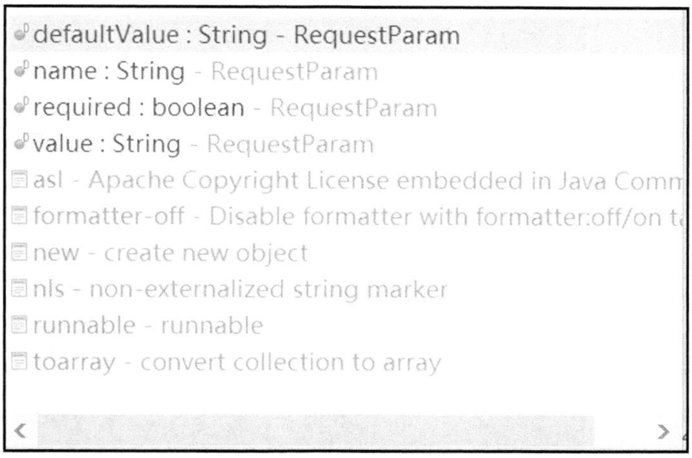

```
defaultValue : String - RequestParam
name : String - RequestParam
required : boolean - RequestParam
value : String - RequestParam
asl - Apache Copyright License embedded in Java Comm
formatter-off - Disable formatter with formatter:off/on t
new - create new object
nls - non-externalized string marker
runnable - runnable
toarray - convert collection to array
```

图 3.5 @RequestParam 的其他属性

defaultValue：参数的默认值。当存在这个参数的时候，如果访问的时候没有传递参数，程序中的参数会获取 defaultValue 中的值。

required：指定参数是否为必需传递的参数，默认是 true。

name 与 value：name 别名是 value，所以 name 与 value 等价。在程序中，如果我们使用这个属性，就可以不在控制类的程序中使用访问时的参数，可以使用其别名。下面是一个控制类程序的实例，测试时可以使用前面的测试类进行测试。

```
@RequestMapping(value="/user",method=RequestMethod.GET)
public List<User> query3(@RequestParam(name="username") String myname){
    // 打印观察是否接收到 username 参数
    System.out.println("username is :"+myname);
    List<User> userList=new ArrayList();
    // 将 list 中添加了三个空的 user 对象，这里暂时没对 user 进行属性赋值
    userList.add(new User());
    userList.add(new User());
    userList.add(new User());
    return userList;
}
```

4. @RequestParam 的不足

通过上面的实例，我们可以接收单个参数，但如果有多个参数怎么办？这明显不能满足需求，那么我们是否可以通过对象进行传递？这种情况下，控制类代码如下所示。

```java
/**
 * @Desciption 测试多参数传递
 * @return
 */
@RequestMapping(value="/user",method=RequestMethod.GET)
public List<User> query4(UserQuery userQuery){
    // 通过反射的方式进行打印效果
    System.out.println(ReflectionToStringBuilder.toString(userQuery,ToStringStyle.MULTI_LINE_STYLE));
    System.out.println("username:"+userQuery.getUsername());
    List<User> userList=new ArrayList();
    // 将 list 中添加了三个空的 user 对象，这里暂时没对 user 进行属性赋值
    userList.add(new User());
    userList.add(new User());
    userList.add(new User());
    return userList;
}
```

测试类代码如下所示。

```java
/**
 * @throws Exception
 * @Desciption 主要用于测试多个参数的传递
 */
@Test
public void whenQuerySuccess3() throws Exception {
    // 发送请求
    mockMvc.perform(MockMvcRequestBuilders.get("/user")
            .param("username", "tom")
            .param("age", "18")
            .param("toAge","20")
            .contentType(MediaType.APPLICATION_JSON_UTF8))
        .andExpect(MockMvcResultMatchers.status().isOk());
}
```

UserQuery.java 相关代码如下所示。

```java
public class UserQuery {
    private String username;
    private int age;
    private int ageTo;
    private String address;
    public String getUsername() {
        return username;
    }
    //get and set
}
```

执行结果如图 3.6 所示。

```
□ Console ⊠  ʰ╡ Progress  ᙜ Problems  ᙜ Spring Explorer  ᙜ JUnit
<terminated> UserControllerTest.whenQuerySuccess3 [JUnit] D:\jdk1.8.0_181\bin\javaw.exe (2018年10月27日 下午5:31:07)
2018-10-27 17:31:18.165  INFO 1724 --- [           main] o.s.b.t.m.w.SpringBootMockServletContext
2018-10-27 17:31:18.167  INFO 1724 --- [           main] o.s.t.web.servlet.TestDispatcherServlet
2018-10-27 17:31:18.225  INFO 1724 --- [           main] o.s.t.web.servlet.TestDispatcherServlet
com.cao.dto.UserQuery@6c995c5d[
  username=tom
  age=18
  ageTo=0
  address=<null>
]
username: tom
2018-10-27 17:31:18.478  INFO 1724 --- [       Thread-7] o.s.w.c.s.GenericWebApplicationContext
```

图 3.6　执行结果

在上面的程序中使用反射的方式输出了对象的属性，下面做一些分析。

ReflectionToStringBuilder 是 commons-lang 里的一个类，系统中一般都要打印日志，因为所有实体的 ToString 方法都用的是简单的"+"，而每"+"一个就会新建一个 String 对象，这样如果系统内存小就会爆内存（前提是系统实体比较多）。使用 ToStringBuilder 可以避免爆内存这种问题。

上面的输出是多行的，因为使用了多行输出的模式 MULTI_LINE_STYLE。默认是单行模式 NO_FIELD_NAMES_STYLE。其原理就是通过 Java 的反射功能获取值，然后组成一个 Buffer。

注意：transient 和 static 修饰的属性不能显示出来，但父类的可以显示出来。

5. @PageableDefault

控制类代码如下所示。

```java
@RequestMapping(value="/user",method=RequestMethod.GET)
    public List<User> query5(UserQuery userQuery,@PageableDefault Pageable pageable){
        // 通过反射的方式进行输出效果
        System.out.println(ReflectionToStringBuilder.toString(userQuery, ToStringStyle.MULTI_LINE_STYLE));
        //
        System.out.println(pageable.getPageNumber());
        System.out.println(pageable.getPageSize());
        System.out.println(pageable.getSort());
        //
        List<User> userList = new ArrayList();
        // 将list中添加了三个空的user对象,这里暂时没对user进行属性赋值
        userList.add(new User());
        userList.add(new User());
        userList.add(new User());
        return userList;
    }
```

测试类代码如下所示。

```java
/**
 * @throws Exception
 * @Desciption 主要用于测试 PageableDefault
 */
@Test
public void whenQuerySuccess4() throws Exception {
    // 发送请求
    mockMvc.perform(MockMvcRequestBuilders.get("/user")
            .param("username", "tom")
            // 分页参数,查询第三页,每页15条数据,按照age降序
            .param("page", "3")
            .param("size", "15")
            .param("sort", "age,desc")
            .contentType(MediaType.APPLICATION_JSON_UTF8))
```

```
            .andExpect(MockMvcResultMatchers.status().isOk());
}
```

执行结果如图 3.7 所示。

```
<terminated> UserControllerTest.whenQuerySuccess4 [JUnit] D:\jdk1.8.0_181\bin\javaw.exe (2018年10月27日 下午8:26:54)
2018-10-27 20:27:04.595  INFO 6632 --- [           main] o.s.t.web.servlet.TestDispatcherServlet
2018-10-27 20:27:04.651  INFO 6632 --- [           main] o.s.t.web.servlet.TestDispatcherServlet
com.cao.dto.UserQuery@61911947[
  username=tom
  age=0
  ageTo=0
  address=<null>
]
3
15
age: DESC
2018-10-27 20:27:05.000  INFO 6632 --- [       Thread-7] o.s.w.c.s.GenericWebApplicationContext
```

图 3.7　执行结果

3.2.3　查询用户详情

本小节在讲解查询用户详情时，需要结合 @PathVariable 注解。不过考虑到一些情况，也会讲解一下 @JsonView 注解。

1. @PathVariable

@PathVariable 是映射 URL 片段到 Java 的注解。这里的注解也是获取 URL 中的参数，那么它与 @RequestParam 注解有什么区别？

举例子说明，使用 @RequestParam 注解时，URL 是 http://host:port/path? 参数名 = 参数值，这个注解获取的是这里的参数值；使用 @PathVariable 注解时，URL 是 http://host:port/path/ 参数值。控制类代码如下所示。

```
/**
 * @Desciption 查询用户详情
 */
@RequestMapping(value="/user/{id}",method=RequestMethod.GET)
public User getInfo(@PathVariable(value="id") String idid) {
    System.out.println("id is :"+idid);
    User user=new User();
    user.setUsername("tom");
```

```
        return user;
    }
```

测试类代码如下所示。

```
/**
 * @throws Exception
 * @Desciption 主要用于测试 PageableDefault
 */
@Test
public void whenGetInfoSuccess() throws Exception {
    // 发送请求
    mockMvc.perform(MockMvcRequestBuilders.get("/user/2")
        .contentType(MediaType.APPLICATION_JSON_UTF8))
        .andExpect(MockMvcResultMatchers.status().isOk())
            .andExpect(MockMvcResultMatchers.jsonPath("$.username").value("tom"));
}
```

控制台内容如下所示。

```
id is :2
```

通过控制类，我们需要学会如何使用 @PathVariable 注解，通过注解可以获取路径中参数，这个参数是用户资源的一个查询条件，通过获取具体的条件就可以查询到具体的信息。上面的程序中没有使用数据库连接操作数据库，而是使用静态的方式模拟了这个效果。

2. @JsonView

@JsonView 是 Jackson Json 中的一个注解，Spring webmvc 也支持这个注解，它的作用就是控制输入/输出后的 Json。使用步骤如下。

（1）使用接口声明多个视图。
（2）在值对象的 GET 方法上指定视图。
（3）在 Controller 方法上指定视图。

程序前两步代码如下所示。

```java
public class User {
    /*
        创建两个接口,
            一个为用户简单视图, 即精简版的Json数据视图。
            另一个为用户详细视图, 即完整版的Json数据视图
    */
    public interface UserSimpleView{};
    public interface UserDetailView extends UserSimpleView{};
    private String username;
    private String password;
    // 在对象的GET方法上指定视图
    @JsonView(UserSimpleView.class)
    public String getUsername() {
        return username;
    }
    public void setUsername(String username) {
        this.username = username;
    }
    @JsonView(UserDetailView.class)
    public String getPassword() {
        return password;
    }
    public void setPassword(String password) {
        this.password = password;
    }
}
```

程序第三步代码如下所示。

```java
/**
 * @Desciption 查询用户详情, 测试JsonView的功能
 */
@RequestMapping(value="/user/{id:\\d+}")
@JsonView(User.UserSimpleView.class)
public User getInfo2(@PathVariable(value="id") String id) {
    System.out.println("id is :"+id);
    User user=new User();
```

```java
        user.setUsername("tom");
        user.setPassword("123456");
        return user;
    }
```

测试类代码如下所示。

```java
    /**
     * @Desciption 查询用户详情，测试 JsonView 的功能
     */
    @RequestMapping(value="/user/{id:\\d+}")
    @JsonView(User.UserSimpleView.class)
    public User getInfo2(@PathVariable(value="id") String id) {
        System.out.println("id is :"+id);
        User user=new User();
        user.setUsername("tom");
        user.setPassword("123456");
        return user;
    }
```

执行结果如下所示。

```
id is :1
result: {"username":"tom"}
```

从结果上可以看出，虽然 user 对象中已经有了 password 字段的值，但是在返回的值中却没有这个字段，很明显 @JsonView 注解过滤了这个字段。

所以，在一些场景中，我们可以使用这个注解来过滤返回的字段。同时，在上文的控制类程序中我们可以看到 @RequestMapping(value="/user/{id:\\d+}")，这里是 URL 声明的正则表达式，当需要参数满足一定的要求时，可以考虑使用。

3.3　处理创建请求

在介绍 GET 请求之后，开始介绍如何使用 POST 请求。在 Restful 接口开发中，

POST 请求的接口几乎是使用比较多的一种，因此在本章也会比较重要。在本小节中，将会说明 @RequestBody 注解的使用方法，然后，将对一些常用的知识点进行介绍。

3.3.1 @RequestBody 注解

@RequestBody 注解：可以将请求体中的 JSON 字符串绑定到相应的 Bean 上，当然也可以将其分别绑定到对应的字符串上。

这个注解常用来处理 content-type 不是默认的 application/x-www-form-urlcoded 编码的内容，比如，application/Json 或者 application/xml 等。一般情况下常用来处理 application/Json 类型。控制类代码如下所示。

```
@PostMapping("/user")
    public User createInfo(@RequestBody User user) {
        System.out.println(user.getUsername());
        System.out.println(user.getPassword());
        user.setUsername("Bob");
        return user;
    }
```

测试类代码如下所示。

```
@Test
    public void whenCreateSuccess() throws Exception {
        String content="{\"username\":\"tom\",\"password\":\"123\"}";
        String result=mockMvc.perform(MockMvcRequestBuilders.post("/user")
                .contentType(MediaType.APPLICATION_JSON_UTF8)
                .content(content))
            .andExpect(MockMvcResultMatchers.status().isOk())
            .andReturn().getResponse().getContentAsString();
        System.out.println("result: "+result);
    }
```

执行结果如图 3.8 所示。

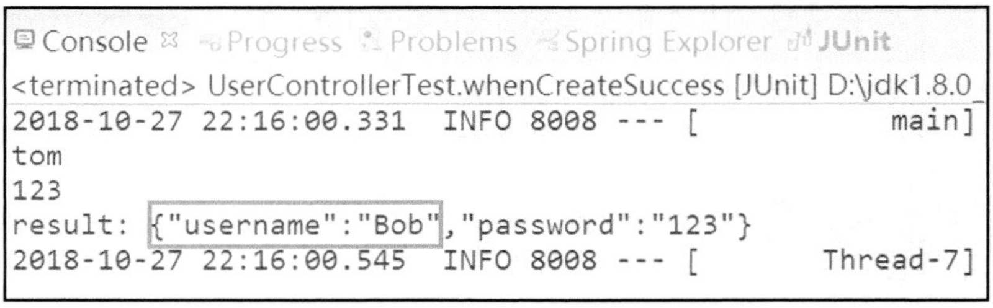

```
Console   Progress   Problems   Spring Explorer   JUnit
<terminated> UserControllerTest.whenCreateSuccess [JUnit] D:\jdk1.8.0
2018-10-27 22:16:00.331   INFO 8008 --- [          main]
tom
123
result: {"username":"Bob","password":"123"}
2018-10-27 22:16:00.545   INFO 8008 --- [       Thread-7]
```

图 3.8　执行结果

程序使用了 @PostMapping 注解，这个注解是 @RequestMapping(method=RequestMethod.POST) 的变体。同理还有 @GetMapping、@PutMapping、@DeleteMapping，简化了注解。

从执行结果可以看出，content 中的 Json 值通过 @RequestBody 映射到 user 的 Bean 了，所以在控制类中可以通过对象 GET 属性值。同样可以使用 SET 对属性进行修改、返回，具体效果可以看测试类中 Result 的值。

3.3.2　日期类型的处理

后台交互时，对时间的处理总是不太方便，在这里建议使用时间戳进行传递，然后前后台分别对时间戳进行转换。可以在 User 类中添加时间类型的字段用于演示。User.java 中的代码如下所示。

```
public class User {
    /*
       创建两个接口
    */
    public interface UserSimpleView{};
    public interface UserDetailView extends UserSimpleView{};
    private String username;
    private String password;
    private String id;
    private Date birthday;
    //Generate setters and getters//
    //……
```

}

控制类代码如下所示。

```java
/**
 * @Desciption 测试日期类型
 */
@PostMapping("/user")
public User createInfo2(@RequestBody User user) {
    System.out.println(user.getUsername());
    System.out.println(user.getPassword());
    System.out.println(user.getBirthday());
    user.setUsername("Bob");
    return user;
}
```

测试类代码如下所示。

```java
/**
 * @desciption 测试日期
 * @throws Exception
 */
@Test
public void whenCreateSuccess2() throws Exception {
    Date date=new Date();
    System.out.println("dateTime: "+date.getTime());
    String content="{\"username\":\"tom\",\"password\":\"123\",\"birthday\":"+date.getTime()+"}";
    String result=mockMvc.perform(MockMvcRequestBuilders.post("/user")
            .contentType(MediaType.APPLICATION_JSON_UTF8)
            .content(content))
        .andExpect(MockMvcResultMatchers.status().isOk())
        .andReturn().getResponse().getContentAsString();
    System.out.println("result: "+result);
}
```

日期处理结果如图 3.9 所示。

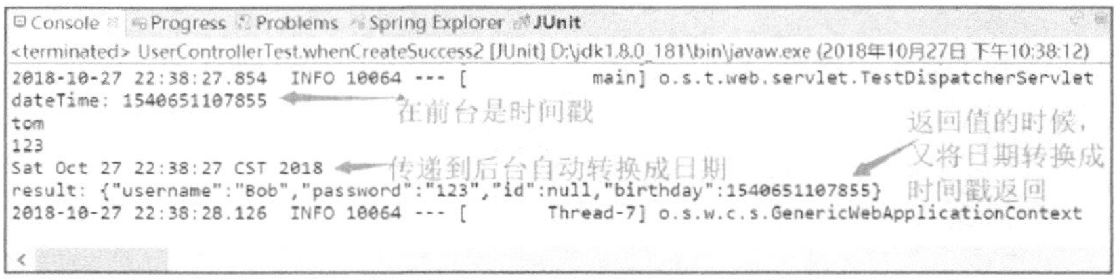

图 3.9 日期处理结果

3.3.3 @Valid 注解

在开发业务时，需要满足校验，然后才会进行后台服务处理。校验的程序第一步，对校验字段进行校验要求；第二步，在服务上添加 @Valid 注解。首先在字段上添加校验代码如下所示。

```
public class User {
    public interface UserSimpleView{};
    public interface UserDetailView extends UserSimpleView{};
    @NotBlank
    private String username;
    private String password;
    private String id;
    private Date birthday;
    //generate setters and getters
//……
}
```

然后在控制类中添加校验，如下所示。

```
@PostMapping("/user")
    public User createInfo3(@Valid @RequestBody User user) {
        System.out.println(user.getUsername());
        System.out.println(user.getPassword());
        user.setUsername("Bob");
```

```
        return user;
    }
```
测试类代码如下所示。

```
@Test
public void whenCreateSuccess3() throws Exception {
    String content="{\"username\":null,\"password\":\"123\"}";
    String result=mockMvc.perform(MockMvcRequestBuilders.post("/user")
        .contentType(MediaType.APPLICATION_JSON_UTF8)
        .content(content))
        .andExpect(MockMvcResultMatchers.status().isOk())
        .andReturn().getResponse().getContentAsString();
    System.out.println("result: "+result);
}
```

执行结果如图 3.10 所示。

图 3.10　执行结果

程序报错，说明没有通过校验。我们看到控制台没有输出任何和控制类有关的信息，说明程序没有进入控制类，所以 Valid 注解在没有通过校验时，不会进入后台服务。

3.3.4　BindingResult 验证参数合法性

在上文的 @Valid 注解中，我们可以发现程序没有通过校验时，不会进入后台服务，但在一些情况下需要进入后台进行一些操作，此时 BindingResult 就有用武之地了。

控制类代码如下所示。

```
@PostMapping("/user")
        public User createInfo4(@Valid @RequestBody User user,BindingResult errors) {
            if(errors.hasErrors()) {
    errors.getAllErrors().stream().forEach(error->System.out.println("error message: "+error.getDefaultMessage()));
            }
            System.out.println(user.getUsername());
            System.out.println(user.getPassword());
            user.setUsername("Bob");
            return user;
        }
```

继续使用上面的测试类代码即可。执行结果如图 3.11 所示。

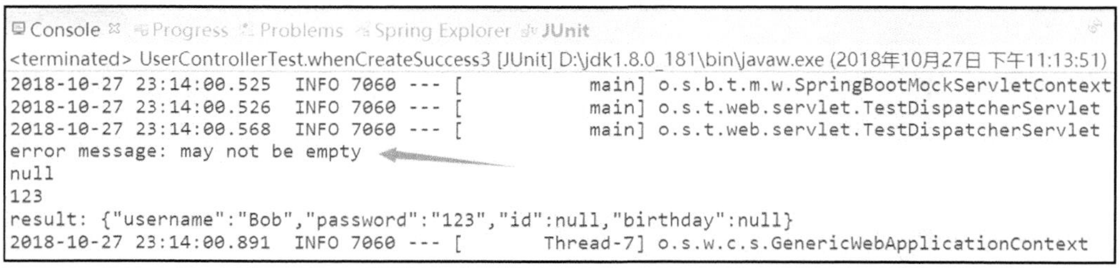

图 3.11　BindingResult 执行结果

在控制类代码中，使用 JDK1.8 的新特性 lambda 表达式进行输出。根据控制台结果，可以看到这里不仅通过了校验，而且程序进入了后台服务，将报错信息存入 BindingResult 对象。

3.4　用户信息修改与删除

PUT 与 DELETE 并不复杂，它们用于对后台数据的更新与删除。这里一起进行介绍，而不分章节。

3.4.1　用户信息修改

对资源更新使用的请求方法是 PUT，但 3.3 节中也有一个更新资源，请求方法为

POST。都是更新资源，PUT 与 POST 的区别在哪里？在 HTTP 中，PUT 被定义为幂等的请求方法，POST 则不是，这是一个很重要的区别。

通俗一点说就是创建操作可以使用 POST，也可以使用 PUT，区别在于 POST 是作用在一个集合资源之上的（/articles），而 PUT 操作是作用在一个具体资源之上的（/articles/123）。如果 URL 可以在客户端确定，则使用 PUT；如果是在服务端确定，则使用 POST。比如很多资源使用数据库自增主键作为标识信息，而创建的资源的标识信息只能由服务端提供，这时就必须使用 POST。

比较直观的是资源的 URL 不同，为了方便理解，我们可以看 3.3 节与 3.4 节中的测试类代码中请求链接。下面看实例，控制类代码如下所示。

```java
@PutMapping("/user/{id}")
    public User createInfo5(@Valid @RequestBody User user,BindingResult errors) {
        if(errors.hasErrors()) {
   errors.getAllErrors().stream().forEach(error->System.out.println("error message: "+error.getDefaultMessage()));
        }
        System.out.println(user.getUsername());
        System.out.println(user.getPassword());
        user.setUsername("Bob");
        return user;
    }
```

测试类代码如下所示。

```java
/**
 * @throws Exception
 *  更新程序
 */
@Test
public void whenUpdateSuccess() throws Exception {
    //JDK1.8 的特性
    Date date=new Date(LocalDateTime.now().plusYears(1).
        atZone(ZoneId.systemDefault()).toInstant().toEpochMilli());
    System.out.println(date.getTime());
    String content="{\"id\":\"1\",\"username\":\"tom\",\"password\"
```

```
:null,\"birthday\":"+date.getTime()+"}";
        String  result=mockMvc.perform(MockMvcRequestBuilders.put("/user/1")
                .contentType(MediaType.APPLICATION_JSON_UTF8)
                .content(content))
            .andExpect(MockMvcResultMatchers.status().isOk())
            .andReturn().getResponse().getContentAsString();
        System.out.println("result="+result);
    }
```

3.4.2 用户信息删除

使用 HTTP 中的 Delete 删除一个资源。控制类代码如下所示。

```
@DeleteMapping("/{id:\\d+}")
    public void delete(@PathVariable String id) {
        System.out.println("id=" + id);
    }
```

测试类代码如下所示。

```
/**
 *  删除程序
 *  @throws Exception
 */
@Test
public void whenDeleteSuccess() throws Exception {
    mockMvc.perform(MockMvcRequestBuilders.delete("/user/1")
            .contentType(MediaType.APPLICATION_JSON_UTF8))
        .andExpect(MockMvcResultMatchers.status().isOk());
}
```

第 2 篇　Spring Boot

第4章 Spring Boot 中的 IOC

Web 基础篇的介绍已经结束，现在正式对 Spring Boot 进行介绍。在 Spring 中，提出了重要的核心概念，即控制反转（Inversion of Control，IOC）。在 Spring Boot 中仍继续使用 IOC，但不是原有的 XML 方式，而是注解的方式。Spring Boot 中有两个重要概念，分别是 IOC 与 AOP。本章介绍 IOC 的使用，下一章介绍 AOP。

那么什么是 IOC？刚接触 Java 对象时，我们使用 new 创建新的对象。而 IOC 则是通过描述生成对象，然后在其他地方进行调用。这个描述仍然支持 XML 方式，但 Spring Boot 推荐使用注解方式。这些新生成的对象被称为 Bean，为了管理这些 Bean，就有了 IOC 容器的概念。

IOC 容器中，通过描述生成一个对象，那么此对象的引用类如何解决？其实，IOC 还有另一个功能，就是 Spring 中常说的依赖注入 ID。这个在使用对象时，会通过描述完成 Bean 的依赖关系。

在第 2 章搭建过 Spring Boot 框架开发环境，为了保持连贯性，下面的实例程序将使用以前建的 Spring Boot 框架进行讲解。这里选择 IDEA 作为开发工具，使用更方便。

4.1 IOC 原理简介

关于 IOC，如果只介绍理论知识还是比较难理解的，因此，本小节先展示一个 IOC 小案例，读者可通过案例理解在 Spring Boot 中如何使用 IOC。然后，通过介绍 IOC 容器，说明 IOC 内部的原理。

4.1.1 IOC 小案例

为了方便编写代码，先看一下实例结构，如图 4.1 所示。

首先，新建ioc包，用于存放IOC中的程序（ioc作为包时，应小写，其他包也是如此）。然后新建pojo包，用于存放Bean对象。这里新建Student类，Student.java的代码如下所示。

图 4.1　实例结构

```
package com.springBoot.ioc.pojo;
/**
 * @Desciption 一个简单的Bean对象
 */
public class Student {
    // 三个基本属性
    private Long id;
    private String username;
    private String password;
    //generate setters and getters
    //……//
}
```

然后，再新建配置文件config包，用于存放配置文件。在这里新建MySpringBootConfig类，代码如下所示。

```
package com.springBoot.ioc.springBoot.ioc.config;
/**
 * @Desciption 配置文件
 */
@Configuration
public class MySpringBootConfig {
    @Bean(name="student")
    public Student getStu(){
        Student student=new Student();
        student.setId(1L);
        student.setUsername("Tom");
        student.setPassword("123456");
        return student;
    }
}
```

@Configuration 注解用来说明这是一个配置文件，Spring Boot 会根据这个注解生成 IOC 容器，以便装配 Bean。@Bean 注解用来装配 Bean，在注解下方生成的 Bean 会被装配到 IOC 容器中。在上面的代码中，有一个 name 属性，返回 Bean 的 id 是 student，如果不写 name 属性，会把方法的名称作为 Bean 的 id 放入 IOC 容器中。在编写代码的过程中，建议读者写 name 属性。

最后，进行测试。新建 test 包，用于存放测试类。IocTestDemo 代码如下所示。

```
package com.springBoot.ioc.test;
/**
 * @Desciption IOC 实例测试类
 */
public class IocTestDemo {
    private static final Logger log=LoggerFactory.getLogger(IocTestDemo.class);
    public static void main(String[] args) {
        ApplicationContext context=new AnnotationConfigApplicationContext(MySpringBootConfig.class);
        Student student=context.getBean(Student.class);
        log.info("id= "+(student.getId()+""));
        log.info("username= "+student.getUsername());
        log.info("password= "+student.getPassword());
    }
}
```

从上面的代码中可以看到，测试类通过 Annotation Config App lication Context 构建 IOC 容器，因为这样可以读取配置文件 MySpringBootConfig。有时使用输出的方式效果不够好，所以可以通过日志来检查效果，如下所示。

```
23:16:25.597[main]DEBUGorg.springframework.beans.factory.support.DefaultListableBeanFactory - Returning cached instance of singleton bean 'student'
    23:16:25.597 [main] INFO com.springBoot.ioc.config.IocTestDemo - id= 1
    23:16:25.597 [main] INFO com.springBoot.ioc.config.IocTestDemo -
```

```
username= Tom
    23:16:25.597 [main] INFO com.springBoot.ioc.config.IocTestDemo -
password= 123456
```

这里是最后显示的日志，前面还有很多 Bean 生成的日志，这里先不说明，后面会进一步说明。在此处的日志上，我们可以看到 student 被获取到，然后返回 student 的具体属性内容。

4.1.2 IOC 简介

在 IOC 简介中主要介绍 IOC 中的顶级接口 BeanFactory，然后再介绍 ApplicationContext 接口，最后说明 Spring Boot 中使用的 IOC 实现类 AnnotationConfigApplicationContext。

1. BeanFactory 接口

在 Spring Boot 中有一个顶级接口 BeanFactory，而我们知道 IOC 主要用来管理 Bean，所以所有的 IOC 容器都需要实现这个接口，才具有容器的基本功能。为了后面更容易说明原理，我们先看一下这个接口的基本用法，如下所示。

```
package org.springframework.beans.factory;
/**
* 接口 BeanFactory
*/
public interface BeanFactory {
    // 用 & 符号获取 BeanFactory 本身，用来区分通过容器获取 FactoryBean 产生的对象和 FactoryBean 本身
    String FACTORY_BEAN_PREFIX = "&";
    /**
     * 使用不同的 Bean 检索方法，从 IOC 容器中得到所需要的 Bean，从而忽略具体的 IOC 实现
     */
    Object getBean(String name) throws BeansException;
    <T> T getBean(String name, @Nullable Class<T> requiredType) throws BeansException;
        Object getBean(String name, Object... args) throws BeansException;
```

```
    <T> T getBean(Class<T> requiredType) throws BeansException;
    <T> T getBean(Class<T> requiredType, Object... args) throws BeansException;
    // 是否包含bean
    boolean containsBean(String name);
    // 指定名字的 Bean 是否是 Singleton 类型
    boolean isSingleton(String name) throws NoSuchBeanDefinitionException;
    // 指定名字的 Bean 是否是 Prototype 类型
    boolean isPrototype(String name) throws NoSuchBeanDefinitionException;
    // 查询指定名字的 Bean 的 Class 类型是否是特定的 Class 类型
    boolean isTypeMatch(String name, ResolvableType typeToMatch)
    boolean isTypeMatch(String name, @Nullable Class<?> typeToMatch)
    // 查询指定名字的 Bean 的 Class 类型
    Class<?> getType(String name) throws NoSuchBeanDefinitionException;
    // 查询指定名字的 Bean 的所有别名
    String[] getAliases(String name);
}
```

在代码中，我们可以看到重点的部分是多个 getBean 方法，使用不同的方法获取 Bean，例如使用 Bean 名称。Bean 类型也是比较常用的方式。在接口中，还有两个判断 Bean 类型的函数，如果 Bean 是 Singleton，在获取 Bean 时，就都是同一个 Bean 对象。在默认情况下，Bean 都是 Singleton，即单例；而 Prototype 类型的 Bean 则相反，每次取 Bean 对象都会创建新的对象。

在代码第 8 行有个常量 FACTORY_BEAN_PREFIX，用 & 符号获取 BeanFactory 本身，可用来区分通过容器获取 FactoryBean 产生的对象和 FactoryBean 本身。

2. 高级形态的 IOC 容器 ApplicationContext

在上文介绍了顶级接口，但是其功能还不够强大，所以继续介绍新的接口 ApplicationContext。它是应用上下文接口，不仅可细化 BeanFactory 接口，还可扩展 ApplicationEventPublisher、MessageSource、ResourcePatternResolver 等接口，使 IOC 容器的支持更加高级，是高级形态的 IOC 容器。

其中 ApplicationEventPublisher 是应用事件发布接口，ResourcePatternResolver 是资源可配置接口，MessageSource 是消息国际化接口，Application Context 类关系如图 4.2 所示。

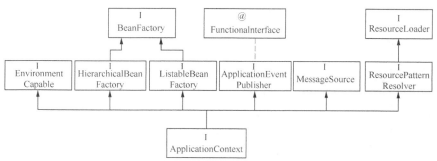

图 4.2　ApplicationContext 类关系图

3. 基于注解的 IOC 容器 AnnotationConfigApplicationContext

在上文的实例中已经使用过这个类，用来构建 IOC 容器，读取配置文件。在 Spring Boot 中，主要通过注解的方式来装配 Bean 对象，避免加载 application.xml 文件，所以必须要讲解这个类。在讲解之前，先了解它们之间的关系。

建议使用 IDEA 生成这个关系图。首先进入 AnnotationConfigApplicationContext 中，然后单击右键，选择 show Diagrams。关系图如图 4.3 所示（仅显示需要内容）。

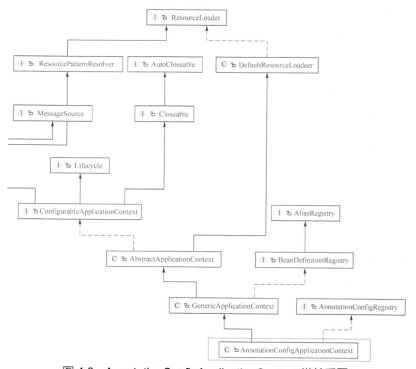

图 4.3　AnnotationConfigApplicationContext 类关系图

从图 4.3 中可以发现左侧仍是 ApplicationContext 的接口关系图，右侧才是要介绍的。

GenericApplicationContext：在图的右下方，是通用应用上下文类。在这里需要说到父类，就是 AbstractApplicationContext。因为在设计它时，使用了模板方法设计模式，对于某些方法需要在具体的子类中实现。GenericApplicationContext 持有一个单例的固定 DefaultListableBeanFactory 实例，在创建 GenericApplicationContext 实例时就会创建 DefaultListableBeanFactory 实例。在访问 Bean 前，DefaultListableBeanFactory 先注册所有的 definition。

AnnotationConfigRegistry：在图 4.3 的右下方，是注解配置注册表。用于注解配置应用上下文的通用接口，拥有一个注册配置类和一个扫描配置类。

AbstractApplicationContext：在 GenericApplicationContext 中有一些解释。

BeanDefinitionRegistry：持有×××BeanDefinition 实例的 Bean definitions 的注册表接口。DefaultListableBeanFactory 实现了这个接口，所以可以向 BeanFactory 里面注册 Bean。又因为 GenericApplicationContext 内置一个 DefaultListableBeanFactory 实例，所以它对这个接口的实现实际上是通过调用这个实例的相应方法实现。

4.2 装配 Bean

在 Spring 中有多种 Bean 的装配方式，这里不再详细介绍，我们主要介绍基于注解的方式装配 Bean。

在上文已经使用过 @Bean 注解，但是这样的方式有些烦琐，我们可以使用更好的方式。扫描注解就是其中一种，它通过 @ComponentScan 与 @Component 配合使用。

4.2.1 @ComponentScan 简介

@Component 指定要被扫描的类，而 @ComponentScan 则把标明 @Component 的类作为 Bean 装配到 IOC 容器中。在讲解之前，可还是先看看 @ComponentScan 的代码，如下所示。

```
@Retention(RetentionPolicy.RUNTIME)
@Target(ElementType.TYPE)
```

```java
@Documented
@Repeatable(ComponentScans.class)
public @interface ComponentScan {
    // 定义扫描的包,对应的包扫描路径,可以是单个路径,也可以是扫描的路径数组
    @AliasFor("basePackages")
    String[] value() default {};
    // 定义扫描的包
    @AliasFor("value")
    String[] basePackages() default {};
    // 定义扫描的类
    Class<?>[] basePackageClasses() default {};
    //bean name 生成器
    Class<? extends BeanNameGenerator> nameGenerator() default BeanNameGenerator.class;
    // 处理检测到的 bean 的 scope 范围
    Class<? extends ScopeMetadataResolver> scopeResolver() default AnnotationScopeMetadataResolver.class;
    // 作用域代理
    ScopedProxyMode scopedProxy() default ScopedProxyMode.DEFAULT;
    // 资源匹配
    String resourcePattern() default ClassPathScanningCandidateComponentProvider.DEFAULT_RESOURCE_PATTERN;
    // 是否启用默认的过滤器
    boolean useDefaultFilters() default true;
    // 过滤满足条件的
    org.springframework.context.annotation.ComponentScan.Filter[] includeFilters() default {};
    // 过滤不满足条件的
    org.springframework.context.annotation.ComponentScan.Filter[] excludeFilters() default {};
    // 是否延迟初始化
    boolean lazyInit() default false;
    // 定义过滤器
    @Retention(RetentionPolicy.RUNTIME)
    @Target({})
    @interface Filter {
        // 过滤器类型
        FilterType type() default FilterType.ANNOTATION;
        // 过滤器的类
        @AliasFor("classes")
        Class<?>[] value() default {};
```

```
        // 过滤器的类
        @AliasFor("value")
        Class<?>[] classes() default {};
        // 匹配方式
        String[] pattern() default {};
    }
}
```

上面的源码中，虽已加过注解，但是有些重要的知识点需重新说明。代码中有一个配置项 basePackages，如果不配置，则默认扫描当前的包以及其子包下被标注的类；还可以使用配置项 value，这个和 basePackages 一样，可以扫描单个包路径，也可以扫描多个包路径；同时，可以使用 basePackageClasses 定义具体要扫描的类。

在上面的源码中，还使用了排除与过滤的方式，includeFilters 定义符合条件的包才会扫描；excludeFilters 则是不会扫描定义中的包的类，但是需要 @interface Filter 配合使用。在注解中还有一个 Type 类型，其中 FilterType 有 5 种类型，如 ANNOTATION 是注解类型，它是默认的类型从上面的源码中可以看出来；ASSIGNABLE_TYPE 指定固定类；ASPECTJ 是 ASPECTJ 类型；REGEX 是正则表达式；CUSTOM 是自定义类型，使用方式会在实例中展示。

注意：有些别的注解也注入了 @Component，并且在默认情况下会被注入 IOC 容器，常见的几个注解有 @Component、@Repository、@Service、@Controller 等。

4.2.2 @ComponentScan 使用实例

在 4.2.1 中已经介绍了 @ComponentScan，但是具体的实例还没有讲解，下面主要讲两个实例，一个是以扫描包的方式装配 Bean，另一个是以排除 @Controller 的方式装配 Bean。下面的实例，是在上文的源码的基础上修改完成的，包名不变。

1. 以扫描包的方式装配 bean

首先改造 pojo 中的类，在注解上添加 @Component，然后使用 @Value 注解添加变量值，方便测试时查看效果，代码如下所示。

```
package com.springBoot.ioc.pojo;
```

```java
/**
 * @Desciption 一个简单的bean对象
 */
@Component("student")
public class Student {
    // 三个基本属性
    @Value("100")
    private Long id;
    @Value("Tom")
    private String username;
    @Value("123456")
    private String password;
    public Long getId() {
        return id;
    }
    /**
     * generate setters and getters
     */
}
```

在上面的代码中,重点就是添加 @Component 以进行标注。有一个地方需要注意,@Component 中一般需要指定 Bean 的 name,不然默认的是将类名的首字母变为小写的 name。

然后修改 config 包下的配置文件 MySpringBootConfig,代码如下所示。

```java
package com.springBoot.ioc.config;
@Configuration
@ComponentScan(value = "com.springBoot.ioc.pojo")
public class MySpringBootConfig{
}
```

在上面的代码中,添加了 @ComponentScan,就不再需要像 @Bean 方式生成对象,然后注册,而是根据 value 指定的包名扫描 Bean。这样更加简化,不再需要 new 对象。

除了上面代码中的使用方式,还可以有以下几种方式。

```java
@ComponentScan(basePackages = "com.springBoot.ioc.pojo")
```

```
@ComponentScan("com.springBoot.ioc.pojo")
@ComponentScan(basePackageClasses = Student.class)
```

最后,校验是否可以使用,我们还是使用以前的测试类,和上次相比较,会发现代码没有修改过,代码如下所示。

```
package com.springBoot.ioc.test;
/**
 * @Desciption IOC 实例测试类
 */
public class IocTestDemo {
    private static final Logger log=LoggerFactory.getLogger(IocTestDemo.class);
    public static void main(String[] args) {
        ApplicationContext context=new AnnotationConfigApplicationContext(MySpringBootConfig.class);
        Student student=context.getBean(Student.class);
        log.info("id= "+(student.getId()+""));
        log.info("username= "+student.getUsername());
        log.info("password= "+student.getPassword());
    }
}
```

效果如下所示。

```
16:12:32.350 [main] INFO com.springBoot.ioc.test.IocTestDemo - id= 100
16:12:32.350 [main] INFO com.springBoot.ioc.test.IocTestDemo - username= Tom
16:12:32.350 [main] INFO com.springBoot.ioc.test.IocTestDemo - password= 123456
```

2. 控制默认加载的 Bean

在下面的代码中,我们验证 @Controller 时对应的类会被默认加载,因此会使用属性控制,使得 @Controller 对应的类不被扫描加载。通过下面的实例讲解,可了解属性的使用。

在这里新建包，为了清晰地展示代码，这里展示一下代码结构，如图 4.4 所示。

图 4.4　程序结构

首先，新建 controller 包，在此包下新建 StudentController 类，代码如下所示。

```
package com.springBoot.ioc.controller;
/**
 * @Description 用于演示的控制类
 */
@Controller("studentController")
public class StudentController {
}
```

在上面这段代码中，我们可以看到，代码中加了 @Controller 注解。然后，我们去配置项中添加包路径，如下所示。

```
package com.springBoot.ioc.config;
@Configuration
@ComponentScan("com.springBoot.ioc.pojo,com.springBoot.ioc.controller")
public class MySpringBootConfig{
}
```

在上面的这段代码中，编写方式有点费事，只是想表示已经将 controller 包添加过来了。在实际的代码中，建议用正则表达式写包路径。最后，修改测试类代码如下所示。

```
package com.springBoot.ioc.test;
/**
 * @Desciption IOC 实例测试类
 */
public class IocTestDemo {
    private static final Logger log=LoggerFactory.getLogger(IocTestDemo.class);
    public static void main(String[] args) {
        ApplicationContext context=new AnnotationConfigApplicationContext(MySpringBootConfig.class);
        //student
        Student student=context.getBean(Student.class);
        log.info("id= "+(student.getId()+""));
        log.info("username= "+student.getUsername());
        log.info("password= "+student.getPassword());
        //studentController
        StudentController studentController=context.getBean(StudentController.class);
        log.info("studentController name: "+studentController.getClass().getName());
    }
}
```

展示控制台效果如下所示。

```
16:27:11.610 [main] DEBUG org.springframework.beans.factory.support.DefaultListableBeanFactory-Returning cached instance of singleton bean 'student'
16:27:11.611 [main] INFO com.springBoot.ioc.test.IocTestDemo - id= 100
16:27:11.611 [main] INFO com.springBoot.ioc.test.IocTestDemo - username= Tom
16:27:11.611 [main] INFO com.springBoot.ioc.test.IocTestDemo - password= 123456
16:27:11.611 [main] DEBUG org.springframework.beans.factory.support.DefaultListableBeanFactory - Returning cached instance of singleton
```

```
bean 'studentController'
    16:27:11.611 [main] INFO com.springBoot.ioc.test.IocTestDemo -
studentController name: com.springBoot.ioc.controller.StudentController
```

通过日志，可以看到 studentController 装配到 IOC 中了。如果不想让 StudentController 的 Bean 被默认加载，要如何做？其实在上文讲解知识点时已经提及，就是使用 excludesFilters，具体的做法依旧通过实例来展示。因为代码修改的部分有 config 下的配置文件，代码如下所示。

```
package com.springBoot.ioc.config;
/**
 * @Desciption 配置文件
 */
@Configuration
@ComponentScan(basePackages="com.springBoot.ioc.*",
        excludeFilters = {@ComponentScan.Filter(type = FilterType.
ANNOTATION,classes = Controller.class)})
public class MySpringBootConfig{
}
```

在这段代码中，要注意一点，classes=Controller.class，而不是写成具体的类文件，不然会有如下报错信息。

```
    Caused by: java.lang.IllegalArgumentException: @ComponentScan
ANNOTATION type filter requires an annotation type: class com.springBoot.
ioc.controller.StudentController
```

同时要修改测试类代码，因为这时已经没有 StudentController 这个 Bean，但是为了明显看到获取不到 StudentController 这个 Bean，代码就不再修改。执行测试代码，效果如下所示。

```
    Exception in thread "main" org.springframework.beans.factory.
NoSuchBeanDefinitionException: No qualifying bean of type ' com.
springBoot.ioc.controller.StudentController ' available
```

所以我们可以通过属性控制类的 Bean 默认加载。

4.3 依赖注入 ID

IOC 的两个重要功能中的 Bean 装配，已在 4.2 节通过实例演示，另一个功能——依赖注入，将通过本节进行演示讲解。

依赖注入主要有三种方式：构造函数注入、SET 方法注入、注解的方式注入。考虑到 Spring Boot 注重注解，我们不再讲解前两种方式。相关的注解有 @Component、@Service、@Controller、@Repository、@Autowired、@Resource、@Qualifier、@Autowired 等。

4.3.1 常用注解

- @Component：参考 4.2.1 小节说明。
- @Service：用于标注业务层组件。
- @Controller：用于标注控制层组件。
- @Repository：用于标注数据访问组件，即 Dao 组件。
- @Resource：用来指定名称注入。

@Service、@Controller、@Repository、@Resource 使用方式相同，这里仅展示一个实例，即 @Repository，不列举全部。

首先，在 ioc 包下，新建 dao 包，方便注解扫描，如图 4.5 所示。

然后，新建一个类并用 @Repository 进行注解，如下所示。

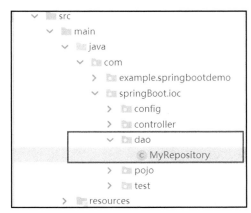

图 4.5 结构大纲

```
package com.springBoot.ioc.dao;
import org.springframework.stereotype.Repository;
@Repository(value = "myRepository")
public class MyRepository {
    public void getDao(){
```

```
            System.out.print("get a new dao");
        }
    }
```

修改测试类代码，方便测试，如下所示。

```
package com.springBoot.ioc.test;
/**
 * @Desciption IOC 实例测试类
 */
public class IocTestDemo {
    private static final Logger log=LoggerFactory.getLogger(IocTestDemo.class);
    public static void main(String[] args) {
        ApplicationContext context=new AnnotationConfigApplicationContext(MySpringBootConfig.class);
        //MyRepository
        MyRepository myRepository=context.getBean(MyRepository.class);
        myRepository.getDao();
    }
}
```

在代码中，通过 context 获取 MyRepository 的 Bean，然后调用这个对象中的 getDao 方法。最后，展示效果如下所示。

```
11:04:53.332[main]DEBUGorg.springframework.beans.factory.support.DefaultListableBeanFactory - Returning cached instance of singleton bean 'myRepository'
get a new dao
```

4.3.2　@Autowired注解

@Autowired 注解，做 Java 开发的都不会陌生，是依赖注入需要使用的，文中有些细节还需要注意。

1. @Autowired 使用实例

通过一个常见的场景来描述。我们会养宠物，每个宠物都会有自己的特性，例如猫吃鱼、狗吃肉等。这里新建接口并新建实现包。首先知道程序的结构，以方便实现，如图 4.6 所示。

首先，新建 Animal 与 People 接口，People 接口代码如下所示。

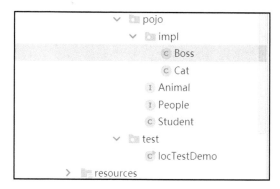

图 4.6　程序结构

```
package com.springBoot.ioc.pojo;
/**
 * People 的父接口
 */
public interface People {
    // 使用动物
    public void use();
    // 获取动物
    public void setAnimal(Animal animal);
}
```

Animal 接口代码如下所示。

```
package com.springBoot.ioc.pojo;
/**
 * Animal 的父接口
 */
public interface Animal {
    // 动物的特性
    public void eat();
}
```

我们已经把接口写好，通过上面的代码可以看到，People 的接口中有一个 setAnimal 方法，将 People 与 Animal 联系起来。现在开始在 pojo 下新建 impl 包，用于存放实现接口的类，即 boss 与 cat。代码如下所示。

```
package com.springBoot.ioc.pojo.impl;
@Component("boss")
public class Boss implements People {
    // 依赖注入 animal
    @Autowired
    private Animal animal=null;
    @Override
    public void use() {
        animal.eat();
    }
    @Override
    public void setAnimal(Animal animal) {
        this.animal=animal;
    }
}
```

又如以下代码。

```
package com.springBoot.ioc.pojo.impl;
import com.springBoot.ioc.pojo.Animal;
import org.springframework.stereotype.Component;
@Component("cat")
public class Cat implements Animal {
    @Override
    public void eat() {
        System.out.print(" 猫吃鱼 ");
    }
}
```

从上面的代码可以看到，我们使用 @Compoent 将 boss 与 cat 注入 IOC 容器中。在 Boss 类中，可以看到有一个新的注解 @Autowired，它会自动导入对应的 Bean。Animal 接口的实现类是 cat，所以在 boss 注入 IOC 时，就依赖注入 cat。最后，看看测试类，代码如下所示。

```
package com.springBoot.ioc.test;
/**
 * @Desciption IOC 实例测试类
 */
```

```java
public class IocTestDemo {
    private static final Logger log=LoggerFactory.getLogger(IocTestDemo.class);
    public static void main(String[] args) {
        ApplicationContext context=new AnnotationConfigApplicationContext(MySpringBootConfig.class);
        People people=context.getBean(Boss.class);
        people.use();
    }
}
```

执行代码，查看效果。

```
14:36:53.600 [main] DEBUG org.springframework.beans.factory.annotation.AutowiredAnnotationBeanPostProcessor - Autowiring by type from bean name 'boss' to bean named 'cat'
14:36:53.600 [main] DEBUG org.springframework.beans.factory.support.DefaultListableBeanFactory - Finished creating instance of bean 'boss'
14:36:53.600 [main] DEBUG org.springframework.beans.factory.support.DefaultListableBeanFactory - Returning cached instance of singleton bean 'cat'
……
14:36:53.671 [main] DEBUG org.springframework.beans.factory.support.DefaultListableBeanFactory - Returning cached instance of singleton bean 'boss'
猫吃鱼
Process finished with exit code 0
```

从上面的执行日志中可以看到两处加粗的字，第一处表示根据类型 type 进行依赖注入，第二处表示 boss 已经依赖注入 cat。

2. @Autowired 的匹配规则

在上面的实例中，我们只有一个动物，所以依赖注入不会存在问题。但是如果 boss 又买了一个 dog 宠物，这个如何注入？

如果不确定，我们就使用代码来验证。在 impl 包下再新建 dog 类，以实现 Animal 接口，这样就出现了两个实现类，代码如下所示。

```
package com.springBoot.ioc.pojo.impl;
import com.springBoot.ioc.pojo.Animal;
import org.springframework.stereotype.Component;
@Component("dog")
public class Dog implements Animal {
    @Override
    public void eat() {
        System.out.print(" 狗吃肉 ");
    }
}
```

执行测试类，将会报错。

```
Caused by:
org.springframework.beans.factory.NoUniqueBeanDefinitionException:
No qualifying bean of type 'com.springBoot.ioc.pojo.Animal' available:
expected single matching bean but found 2: cat,dog
```

在上面的报错中，我们可以看到加粗的字体。这里的意思是，在依赖注入的时候，不知道具体的 Bean。下面有一种做法，可以解决出现的这个问题。代码如下所示。

```
@Autowired
private Animal animal=null;
```

将其修改如下代码。

```
@Autowired
private Animal dog=null;
```

当然重点是把 animal 修改为 dog。其实在代码中，我们需要把所有的 animal 都修改为 dog。为什么要如此修改？

因为 @Autowired 先根据类型查找对应的 Bean，如果出现了多个符合情况的 Bean，会再根据属性名称和 Bean 的名称规则进行查找。如果在查找的过程中，没有找到合适的 Bean，则抛出异常。

3. 消除歧义

在 @Autowired 的匹配规则中，可以列举多个符合 type 的处理方式，但这种方式并不是太好，因为依赖注入的 animal 被我们具体化了。

对于这种有歧义的问题，我们能继续通过注解的方式解决吗？答案为是的。可以使用 Spring Boot 中的 @Primary 与 @Qualifier 进行解决，下面，我们针对这个做一个讲解。

@Primary：优先权的注解，当有多个符合情况的 Bean 时，我们在类上加了这个注解就会优先装配。代码如下所示。

```
package com.springBoot.ioc.pojo.impl;
@Component("dog")
@Primary
public class Dog implements Animal {
    @Override
    public void eat() {
        System.out.print(" 狗吃肉 ");
    }
}
```

效果如下所示。

```
15:47:03.793[main]DEBUGorg.springframework.beans.factory.support.DefaultListableBeanFactory - Returning cached instance of singleton bean 'boss'
```
狗吃肉

很显然，@Primary 可以解决歧义的问题。那么问题又来了，如果场景中有很多符合条件的 Bean，但有两个 Bean 都被 @Primary 注解过，这时又出现了歧义，还可以使用新的注解解决吗？

此时，我们可以将 @Qualifier 与 @Autowired 结合使用，通过 Bean 类型与 Bean 名称找到需要的 Bean。首先，修改的代码如下所示。

```
package com.springBoot.ioc.pojo.impl;
@Component("boss")
public class Boss implements People {
```

```
    // 依赖注入 animal
    @Autowired
    @Qualifier("cat")
    private Animal animal=null;
    @Override
    public void use() {
        animal.eat();
    }
    @Override
    public void setAnimal(Animal animal) {
        this.animal=animal;
    }
}
```

在代码中，我们可以看到加粗的声明。通过添加这样的注解，依赖注入时，就可以通过类型 Animal 与名称 dog 找到对应的 Bean。效果如下所示。

```
16:14:29.802[main]DEBUGorg.springframework.beans.factory.support.
DefaultListableBeanFactory - Returning cached instance of singleton
bean 'boss'
猫吃鱼
```

4.4 Bean 的生命周期

在前 3 节中已讲过 IOC 的基本知识点，相信读者已经能够在基本的开发中运用这些知识点。但是为了更好地理解自己写的代码，或者让自己成为更加高级的工程师，还需要理解 Bean 的生命周期。

Bean 的生命周期主要包括四个部分：Bean 的定义、初始化、生存期、销毁。每个部分 Spring 都提供了扩展点，方便用户根据自己的需求加入扩展逻辑，这也是继续介绍的主要原因。

下面主要介绍两个知识点，一是 Bean 的定义，二是 Spring Bean 的生命周期。

4.4.1 Bean 的初始化过程

在开始讲解之前，先看初始化 Bean 的一个流程，如图 4.7 所示。

图 4.7　Bean 的初始化

首先，使用扫描注解的方式找到需要加载的信息，这个是资源的定位过程。然后，容器依赖工具类 BeanDefinitionReader 对加载的配置信息进行解析，并将解析后的带有 Bean 定义的必要信息编写为相应的 BeanDefinition，再把 BeanDefinition 注册到 BeanDifinitionRegistry，这是 Bean 定义的过程。

之后，将 Bean 的定义发布到 IOC 容器中。当请求方通过容器的 getBean 方法明确地请求某个对象，或者因依赖关系容器需要隐式地调用 getBean 方法时，就会触发 Bean 初始化。容器会先检查对象之前是否已经初始化，如果没有会根据注册的 BeanDefinition 初始化请求对象，并为其注入依赖。

以上就是初始化 Bean 的流程，为了更好地理解，下面使用实例进行说明。首先，修改 Boss 类，代码如下所示。

```java
package com.springBoot.ioc.pojo.impl;
@Component("boss")
public class Boss implements People {
    private Animal animal=null;
    // 构造函数
    public Boss(){
        System.out.println("Boss 的构造函数初始化 ");
    }
    @Override
    public void use() {
        animal.eat();
    }
    // 依赖注入 animal
    @Override
    @Autowired
    @Qualifier("cat")
    public void setAnimal(Animal animal) {
        this.animal=animal;
        System.out.println(" 依赖注入 animal");
    }
}
```

上面的代码中，添加了构造函数，以及改进了 Animal 注入的方式。现在代码中有三个重要的部分，构造函数、功能函数、依赖注入方法，在后面会依次讲解。然后，开始测试，代码如下所示。

```
package com.springBoot.ioc.test;
/**
 * @Desciption IOC 实例测试类
 */
public class IocTestDemo {
    private static final Logger log=LoggerFactory.getLogger(IocTestDemo.class);
    public static void main(String[] args) {
        ApplicationContext context=new AnnotationConfigApplicationContext(MySpringBootConfig.class);
        People boss=context.getBean(Boss.class);
        boss.use();
    }
}
```

下面，先设置一个断点，以便调试，结果如图 4.8 所示。

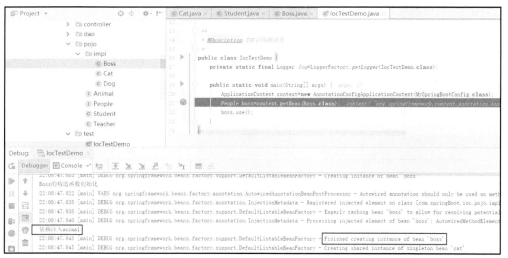

图 4.8　执行结果

在图 4.8 中，有两个地方被框出来，说明虽然还没有运行 getBean 方法，但完成了对 Bean 的初始化以及依赖注入。

那么能不能在使用时，再进行初始化与依赖注入？这肯定没问题，在下一小节用实例说明，现在先让我们的断点程序继续运行下去。效果如下所示。

```
Boss 的构造函数初始化
......
- Autowiring by type from bean name 'boss' to bean named 'cat'
依赖注入 animal
......
22:23:35.557[main]DEBUGorg.springframework.beans.factory.support.DefaultListableBeanFactory - Returning cached instance of singleton bean 'boss'
猫吃鱼
```

在执行的结果中可以看到，首先通过构造函数来创建 Bean 的实例，然后进行依赖注入（setter 方法设置属性，这种方式比直接使用 @Autowired 方便观察），最后使用 Bean 实例。

4.4.2 Bean 的延迟初始化

在图 4.8 的断点效果中，可以看到没运行 getBean 之前，就完成了依赖注入。如果我们想在使用时再进行依赖注入，也可以实现，即在使用注解 @ComponentScan 标注时设置属性 lazyInit。

在默认情况下，lazyInit=false，现在只需要将 false 改为 true 即可。代码如下所示。

```
package com.springBoot.ioc.config;
/**
 * @Desciption 配置文件
 */
@Configuration
@ComponentScan(basePackages="com.springBoot.ioc.*",
        excludeFilters = {@ComponentScan.Filter(type = FilterType.ANNOTATION,classes = Controller.class)},lazyInit = true)
public class MySpringBootConfig{
}
```

在上面的代码中可以看到有一个属性"lazyInit=true"，也就是说在扫描时，将这个

Bean 定义为延迟初始化。这里就不演示，只要在 getBean 方法的前面设置一个断点，运行测试类，就会在日志中发现 Boss 类中的三段代码没有执行。

4.4.3　Bean 的生命周期

在 4.4.1 小节中有一个 Bean 初始化的过程流程图，它是 Bean 生命周期的一个部分，总体来说不难理解，但它不能进行太多的自定义配置。下面我们来看一个完整的生命周期的流程，如图 4.9 所示。图中有一些方法、接口在自定义中可以根据需要进行扩展。

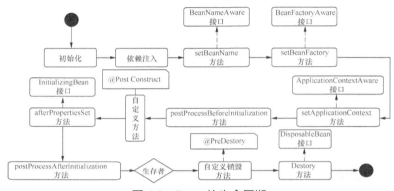

图 4.9　Bean 的生命周期

图 4.9 是一个完整的 Bean 的生命周期，从一个 Bean 的初始化到 Destory，能够实现生命周期中所有的可以实现的接口。

其中，BeanPostProcessor 接口是针对所有的 Bean 而言。为什么要有这个？因为要在 Spring 容器中完成 Bean 初始化、配置以及其他初始化方法的前后需要一些逻辑处理，这时就需要定义一个或多个 BeanPostProcessor 接口实现类，装配到 Spring IOC 容器中。BeanPostProcessor 接口的两个方法分别是 postProcessBeforeInitialization 与 postProcessAfterInitialization。

首先，改造 Boss 类，让这个类实现 Bean 生命周期所有可以实现的接口，但暂时不实现 BeanPostProcessor 接口。全部实现的好处是在输出时，可以了解 Bean 执行的先后顺序。代码如下所示。

```
package com.springBoot.ioc.pojo.impl;
/**
 * Bean 实现生命周期中所有的可以实现的接口，方便看 Bean 的生命周期
```

```java
 */
@Component(value="boss")
public class Boss implements People,BeanNameAware,BeanFactoryAware,
ApplicationContextAware,InitializingBean,DisposableBean {
    private Animal animal=null;
    // 构造函数
    public Boss(){
        System.out.println("Boss 的构造函数初始化 ");
    }
    // 功能函数
    @Override
    public void use() {
        animal.eat();
    }
    // 依赖注入 animal
    @Autowired
    @Qualifier("cat")
    public void setAnimal(Animal animal) {
        this.animal=animal;
        System.out.println(" 依赖注入 animal");
    }
    //BeanNameAware 接口需要实现的方法
    @Override
    public void setBeanName(String name) {
            System.out.println(this.getClass().getSimpleName()+" 调用
BeanNameAware 接口中的 setBeanName 方法 ");
    }
    //BeanFactoryAware 接口需要实现的方法
    @Override
     public void setBeanFactory(BeanFactory beanFactory) throws
BeansException {
            System.out.println(this.getClass().getSimpleName()+" 调 用
BeanFactoryAware 接口中的 setBeanFactory 方法 ");
    }
    //ApplicationContextAware 接口需要实现的方法
    @Override
     public void setApplicationContext(ApplicationContext
applicationContext) throws BeansException {
            System.out.println(this.getClass().getSimpleName()+" 调 用
ApplicationContextAware 接口中的 setApplicationContext 方法 ");
    }
```

```java
        //InitializingBean 接口需要实现的方法
        @Override
        public void afterPropertiesSet() throws Exception {
                System.out.println(this.getClass().getSimpleName()+" 调用 InitializingBean 接口中的 afterPropertiesSet 方法 ");
        }
        //DisposableBean 接口需要实现的方法
        @Override
        public void destroy() throws Exception {
                System.out.println(this.getClass().getSimpleName()+" 调用 DisposableBean 接口中的 Destory 方法 ");
        }
        //PostConstruct 注解
        @PostConstruct
        public void init(){
                System.out.println(this.getClass().getSimpleName()+" 调用 @PostConstruct 中的 init 方法 ");
        }
        //PreDestory 注解
        @PreDestory
        public void preDestroy(){
                System.out.println(this.getClass().getSimpleName()+" 调用 @PreDestory 中的 preDestory 方法 ");
        }
    }
```

为了演示 BeanPostProcessor 的接口，另写一个 Bean 进行扫描。代码如下所示。

```java
    package com.springBoot.ioc.pojo;
    @Component
    public class PostProcessBeanDemo implements BeanPostProcessor {
        @Override
        public Object postProcessBeforeInitialization(Object bean, String beanName) throws BeansException {
                System.out.println(this.getClass().getSimpleName()+" 调用 BeanPostProcessor 接口中的 postProcessBeforeInitialization 方法 ");
                return bean;
        }
        @Override
        public Object postProcessAfterInitialization(Object bean,
```

```
String beanName) throws BeansException {
            System.out.println(this.getClass().getSimpleName()+" 调 用
BeanPostProcessor 接口中的 postProcessAfterInitialization 方法 ");
        return bean;
    }
}
```

这样，我们就可以进行测试看效果了。以前的测试类中没有 close，不能看到 Bean 的销毁过程，所以对测试类稍做修改，代码如下所示。

```
public class IocTestDemo {
    private static final Logger log=LoggerFactory.getLogger(IocTestDemo.class);
    public static void main(String[] args) {
        ApplicationContext context=new AnnotationConfigApplicationContext(MySpringBootConfig.class);
        People boss=context.getBean(Boss.class);
        boss.use();
        ((AnnotationConfigApplicationContext) context).close();
    }
}
```

最后，把程序运行起来，这里删除了一些日志，只留下输出内容，效果如下所示。

```
Boss 的构造函数初始化
依赖注入 animal
Boss 调用 BeanNameAware 接口中的 setBeanName 方法
Boss 调用 BeanFactoryAware 接口中的 setBeanFactory 方法
Boss 调用 ApplicationContextAware 接口中的 setApplicationContext 方法
PostProcessBeanDemo 调用 BeanPostProcessor 接口中的 postProcessBefore-
Initialization 方法
Boss 调用 @PostConstruct 中的 init 方法
Boss 调用 InitializingBean 接口中的 afterPropertiesSet 方法
猫吃鱼
Boss 调用 @PreDestory 中的 preDestory 方法
Boss 调用 DisposableBean 接口中的 Destory 方法
```

对于这个结果，结合流程图做一些解释，其实这里输出的结果正好是对应流程中的每一个步骤。

（1）进行初始化，输出的语句是"Boss 的构造函数初始化"。

（2）依赖注入，输出语句是"依赖注入 animal"。

（3）调用接口中 setBeanName 方法，因为是实现了 BeanNameAware 接口。

（4）调用接口中的 setBeanFactory 方法，因为实现了 BeanFactoryAware 接口。

（5）调用接口中的 setApplicationContext 方法，因为实现了 ApplicationContextAware 接口。

（6）调用 BeanPostProcessor 接口中的 postProcessBeforeInitialization 方法。

（7）调用被 @PostConstruct 注解过的方法，在 Boss 类中被注解的方法是 init。

（8）调用 InitializingBean 接口中的 afterPropertiesSet 方法。

（9）调用功能函数。

（10）调用 @PreDestory 注解的 preDestory 方法。

（11）调用 DisposableBean 接口中的 Destory 方法。

在生命周期内容中，需再解释一点，在控制台上可以看到"Boss 调用 ApplicationContextAware 接口中的 setApplicationContext 方法"，说明 IOC 容器实现了 ApplicationContext 接口，为了更加直观，我们可以看图 4.3 进行理解。因为 IOC 容器不一定实现 ApplicationContext 接口，而只是简单实现 BeanFactory 接口。但是从图中可以发现，AnotationConfigContext 实现了 ApplicationContext 接口。所以在 Spring Boot 中，Bean 实现 ApplicationContextAware 接口后，里面的方法一定会执行。

4.5 配置文件

在 Spring Boot 中我们抛弃了烦琐的 XML 文件配置，使用 application.properties 进行配置，然后在程序中即刻使用。application.properties 主要用来配置数据库连接、配置相关日志等，当然也可以自定义一些配置。

因为不再是 Spring 中原有的知识点，因此本节主要介绍如何使用配置文件，包含几种常见的使用方式。默认的 application.properties 在 src/main/resources 目录下。

4.5.1 配置文件的使用方式

Spring Boot 获取 application.properties 有几种方式，在这里，依旧通过实例来演示如何使用。在编写代码之前，先看 application.properties 中的内容。

```
database.driverName = com.mysql.jdbc.Driver
database.url=jdbc:mysql://localhost:3306/test
database.username=root
database.password=123456
```

1. 可以直接读取 application.properties 的内容

下面是测试代码。

```
@SpringBootApplication
public class IocTestDemo {
    private static final Logger log=LoggerFactory.getLogger(IocTestDemo.class);
    public static void main(String[] args) {
        ConfigurableApplicationContext context=SpringApplication.run(IocTestDemo.class, args);
        String str1=context.getEnvironment().getProperty("database.password");
        System.out.println(str1);
    }
}
```

测试结果如图 4.10 所示。

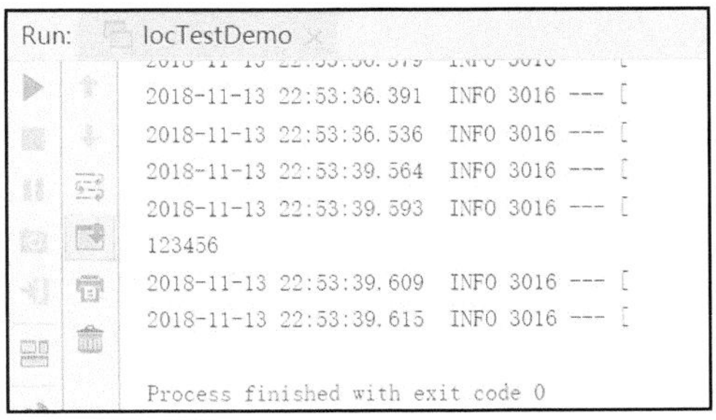

图 4.10　测试结果

2. 装配到 Bean 中

在这个实例中，继续使用上文的 application.properties 中的属性值做演示。在 pojo 包下新建 DataBase 类，代码如下所示。

```
package com.springBoot.ioc.pojo;
@Component("database")
public class DataBase {
    @Value(" ${database.username}")
    private String driverName;
    @Value(" ${database.url}")
```

```java
    private String url;
    @Value("${database.username}")
    private String username;
    private String password;
    public String getDriverName() {
        return driverName;
    }
    public void setDriverName(String driverName) {
        this.driverName = driverName;
    }
    public String getUrl() {
        return url;
    }
    public void setUrl(String url) {
        this.url = url;
    }
    public String getUsername() {
        return username;
    }
    public void setUsername(String username) {
        this.username = username;
    }
    public String getPassword() {
        return password;
    }
    @Value("${database.password}")
    public void setPassword(String password) {
        this.password = password;
    }
}
```

在代码中，没有省略 GET 与 SET 方法，主要是这里和 SET 方法有关，需要展示一个完整的程序。这里使用 @Value 注解，然后使用 "${}" 就可以获取 application.properties 中的值。在上文中，配置文件的使用方式主要有两种，可以在类属性上直接使用，也可以在 SET 方法中使用，效果是一样的。下面进行验证，我们可以在 Bean 中加载属性值，测试类代码如下所示。

```
package com.springBoot.ioc.test;
```

```
/**
 * @Desciption IOC 实例测试类
 */
@SpringBootApplication
@PropertySource("classpath:application.properties")
public class IocTestDemo {
    private static final Logger log=LoggerFactory.getLogger(IocTestDemo.class);
    public static void main(String[] args) {
        ApplicationContext context=new AnnotationConfigApplicationContext(MySpringBootConfig.class);
        DataBase dataBase=(DataBase) context.getBean("database");
        log.info("username: "+dataBase.getUsername());
        log.info("url: "+dataBase.getUrl());
    }
}
```

注意：如果继续使用以前的方式进行测试，可能 Bean 无法加载 application.properties 中的值。

我们需要在测试类上添加 @SpringBootApplication 注解，这个注解是 @ComponentScan、@Configuration、@EnableAutoConfiguration 的统一，因此这里使用一个注解就可以了。

在上面的代码中，我们还看到一个注解 @Property Source，用这种方式来获取指定的配置文件的属性值。建议在这里加上这个注解，因为在实验时发现缺少这个注解程序将会报错，找不到属性的值。最终的执行效果如下所示。

```
09:06:01.965 [main] INFO com.springBoot.ioc.test.IocTestDemo - username:root
09:06:01.965 [main] INFO com.springBoot.ioc.test.IocTestDemo - url:jdbc:mysql://localhost:3306/test
```

3. @ConfigurationProperties 注解

刚才讲解的两种配置文件的使用方式，都是基于 application.properties 的。下面我们使用新的注解，这个方式可以减少很多配置。为了方便说明，Spring Boot 读取了其他配置文件，这里使用 jdbc.properties。

首先，在 sr/main/resources 下新建 jdbc.properties，代码如下所示。

```
jdbc.driverName = com.mysql.jdbc.Driver
```

```
jdbc.url=jdbc:mysql://localhost:3306/test
jdbc.username=root
jdbc.password=123456
```

然后，在 pojo 包下新建一个 jdbc 的类，代码如下所示。

```
package com.springBoot.ioc.pojo;
@Component("jdbc")
@ConfigurationProperties("jdbc")
public class Jdbc {
    private String driverName;
    private String url;
    private String username;
    private String password;
    //generate getter and setter

}
```

上面的代码中没有使用 @Value 注解添加属性，那么如何加载到 jdbc.properties 中的配置属性？

这里就需要使用 @ConfigUrationProperties 注解，配置属性字符串 jdbc。当配置完字符串后，Spring Boot 会将利用此字符串加下面的类属性组成的全名称去对应的配置文件中读取值。例如上面的程序属性字符串 jdbc，有类属性 driverName，就可以组成 jdbc.driverName。然后，jdbc.driverName 将会从配置文件中读取，最后将值读入 Bean 中。最后进行测试，测试代码如下所示。

```
package com.springBoot.ioc.test;
/**
 * @Desciption IOC 实例测试类
 */
@SpringBootApplication
@PropertySource("classpath:jdbc.properties")
public class IocTestDemo {
    private static final Logger log=LoggerFactory.getLogger(IocTestDemo.class);
    public static void main(String[] args) {
```

```
        ApplicationContext context=new AnnotationConfigCo
ntext(MySpringBootConfig.class);
        Jdbc jdbc=(Jdbc) context.getBean("jdbc");
        log.info("username: "+jdbc.getUsername());
        log.info("url: "+jdbc.getUrl());
    }
}
```

在上面的测试类代码中,要使用 @PropertySource,将需要加入的配置文件读取进应用。执行结果如下所示。

```
11:41:40.043 [main] INFO com.springBoot.ioc.test.IocTestDemo - username: root
11:41:40.043[main]INFOcom.springBoot.ioc.test.IocTestDemo- url: jdbc:mysql://localhost:3306/test
```

从执行结果可以知道,jdbc.properties 中的配置项已经被添加到 Bean 中。

4.5.2 Yml 配置文件的使用

在 Spring Boot 中不仅支持 properties 文件,也支持 Yml 文件。Yml 文件比 properties 文件更具有层次之间的关系。下面看看 Yml 文件的书写规则。

- 大小写敏感。
- 使用缩进表示层级关系。
- 禁止使 Tab 缩进,只能使用空格键。
- 缩进长度没有限制,只要元素对齐就表示这些元素属于一个层级。
- 使用 # 表示注释。
- 字符串可以不用引号标注。

对于更多的 Yml 书写规则,我们不再进行介绍,因为可以在网上进行查询,这里主要介绍 Spring Boot 如何使用 Yml 文件。首先,在 src/main/resources 下新建 jdbc.yml,代码如下所示。

```
jdbc:
  driverName: jjjj
```

```
    url: 3302
```

然后，在 pojo 包下新建 Jdbc 类，类的代码如所示。

```
package com.springBoot.ioc.pojo;
@Component("jdbc")
@ConfigurationProperties(prefix = "jdbc")
public class Jdbc {
    private String driverName;
    private String url;
    private String username;
    private String password;
    //get and set
}
```

在上面的代码里，与前面的 properties 用法一样，需要使用 @ConfigurationProperties 指定 yml 文件。测试代码如下所示。

```
package com.springBoot.ioc.test;
/**
 * @Desciption IOC 实例测试类
 */
@SpringBootApplication
@PropertySource(value = "classpath:jdbc.yml",ignoreResourceNotFound = true)
public class IocTestDemo {
    private static final Logger log=LoggerFactory.getLogger(IocTestDemo.class);
    public static void main(String[] args) {
        ApplicationContext context=new AnnotationConfigApplicationContext(MySpringBootConfig.class);
        Jdbc jdbc=(Jdbc) context.getBean("jdbc");
        log.info("username: "+jdbc.getUsername());
        log.info("url: "+jdbc.getUrl());
    }
}
```

第5章 Spring Boot 中的 AOP

在 Java 中，我们的主要思想是面向对象编程（Object Oriented Programming，OOP）。在 OOP 中，引入封装、继承、多态三大特性，建立一种对象层次关系，这也是一种纵向的关系。然而在一些环境下 OOP 仍然存在不足之处，日志功能就是经典的例子，日志代码往往散布在所有对象的层次中，且与核心业务没有关系，这种情况造成了大量代码的重复问题。

是否有好的方法解决这种问题？这时有了面向切面编程（Aspect Oriented Programming，AOP）。它能够建立一种横向关系，对业务类使用横切技术剖解，将影响多个类的公共方法抽象出来，留下业务核心方法，这样将业务类的关注点变成了核心关注点与横切关注点。在程序运行到业务类时，将横切方法织入，通俗地讲，可以理解为拦截器，拦截使用 AOP 的类中的方法，然后增强这个方法，在增强的时候，将抽象出来的方法增强进去。

5.1 AOP 简介

为了快速理解 AOP，本节先展示一个 AOP 的小案例，使读者可以快速了解 AOP 在 Spring Boot 中的使用。然后，再介绍其常用概念，为后续章节做一些铺垫。

5.1.1 AOP 小案例

在开始一个 Demo 之前，需要知道使用哪些依赖，pom.xml 中需要添加以下依赖。

```xml
<dependency>
    <groupId>org.springframework.boot</groupId>
    <artifactId>spring-boot-starter-aop</artifactId>
```

```
</dependency>
```

为了方便重现程序，先展示一下程序结构，这样对 AOP 的演示程序更加一目了然。我们新建一个 aop 包，主要用于存放 AOP 的知识点实例；新建 aspect 包，用于切面程序；新建 config 包，用于加载配置文件；新建 pojo 包，用于存放简单类；新建 test 包，用于程序测试。具体如图 5.1 所示。

首先，需要写一个方法，其方法是用于实现日志输出功能。虽然比较简单，但依旧需要使用接口来实现。在 pojo 包中新建 LogPrint 接口，代码如下所示。

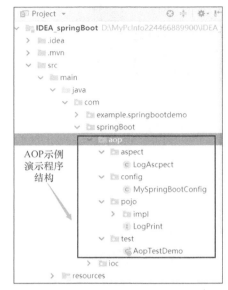

图 5.1　程序结构

```java
package com.springBoot.aop.pojo;
/**
 * @Description 用于打印的接口
 */
public interface LogPrint {
    // 打印功能
    public void doPrint();
}
```

然后，需要对接口进行实现，在 pojo 包下新建 impl 包，实现类为 myLogPrint，代码如下所示。

```java
package com.springBoot.aop.pojo.impl;
// 在这个地方，需要使用 @Component 进行扫描
@Component("myLogPrint")
public class MyLogPrint implements LogPrint {
    @Override
    public void doPrint() {
        System.out.println("log print");
    }
}
```

在上面的代码中,需要用到 @Component,因为在后面测试时,思路是引入 Bean,然后调用 doPrint 方法。为了说明在实现日志输出 doPrint 功能时使用了切面技术,前后也会出现执行程序。新建 aspect 包,并新建 LogAspect 类,代码如下所示。

```
package com.springBoot.aop.aspect;
@Aspect
@Component
public class LogAscpect {
    private Logger logger=LoggerFactory.getLogger(LogAscpect.class);
    //
    @Before("execution( * com.springBoot.aop.pojo.impl.MyLogPrint.doPrint(..))")
    public void before(){
        System.out.println("before log");
    }
    @After("execution( * com.springBoot.aop.pojo.impl.MyLogPrint.doPrint(..))")
    public void after(){
        System.out.println("after log");
    }
    @AfterReturning("execution( * com.springBoot.aop.pojo.impl.MyLogPrint.doPrint(..))")
    public void afterReturning(){
        System.out.println("afterReturning log");
    }
    @AfterThrowing("execution( * com.springBoot.aop.pojo.impl.MyLogPrint.doPrint(..))")
    public void afterThrowing(){
        System.out.println("afterThrowing log");
    }
}
```

对于上面的代码,同样需要用到 @Component 注解,因为在使用切面技术时,需要将这个类加载到配置文件,如果没有注解,会看不到上面代码的执行。对于注解 @Before、@After、@AfterReturning、@AfterThrowing,先不详细说明,看完执行结果后再介绍。对于 @Aspect 注解,其用于让 Spring 知道这是一个切面程序。

然后,需要在 config 下面新建配置类,将 Bean 注入程序中,代码如下所示。

```
package com.springBoot.aop.config;
@Configuration
@ComponentScan(basePackages="com.springBoot.aop.*")
public class MySpringBootConfig {
}
```

在 IOC 中就有这一段代码,唯一不同的地方是扫描的包发生变化,只扫描 aop 包下的类,因为这里的测试程序集中于 AOP。

最后,需要进行测试。网上的很多实例是通过浏览器访问后台的方式访问切面程序的,这里依旧沿用写测试类调用方法。代码如下所示。

```
package com.springBoot.aop.test;
@SpringBootApplication
public class AopTestDemo {
    private static final Logger log=LoggerFactory.getLogger(IocTestDemo.class);
    public static void main(String[] args) {
        ApplicationContext context=new AnnotationConfigApplicationContext(MySpringBootConfig.class);
        MyLogPrint myLogPrint=context.getBean(MyLogPrint.class);
        myLogPrint.doPrint();
    }
}
```

上面代码,因为是运行 Spring Boot 程序,所以需要引用注解 @SpringBootApplication。如果不引入这个注解,程序只是简单的测试类,不会加载 Spring Boot 中的默认配置项,会造成执行 doPrint 方法时,程序不进入切面程序。实例程序写好后,查看控制台的执行效果。

```
22:40:18.096[main]DEBUGorg.springframework.beans.factory.support.DefaultListableBeanFactory - Returning cached instance of singleton bean 'myLogPrint'
22:40:18.098[main]DEBUGorg.springframework.beans.factory.support.DefaultListableBeanFactory - Returning cached instance of singleton bean 'logAscpect'
before log
```

```
log print
after log
afterReturning log
```

通过加粗字体"log print",可以知道 doPrint 方法已经被顺利执行。但在这之前与之后,都有信息被输出,通过对比会发现这里的信息来源于 LogAspect 类下被 @Before、@After、@AfterReturning 注解过的方法。

注解中字符串"execution(* com.springBoot.aop.pojo.impl.MyLogPrint.doPrint(..))"是一个切入点,这是正则表达式,用来说明什么情况下启用 AOP;execution 是切点 Ascpect 常用的切点函数,第一个"*"代表返回任意类型;后面是方法,对于".."则表示任意参数。

- @Before:在切点(doPrint)之前执行的方法。
- @After:在切点(doPrint)之后执行的方法。
- @AfterReturning:退出切面会执行的方法。

5.1.2 AOP 术语

在上面的实例中,我们只是讲解了 AOP 可以增强 Bean 的原有方法,及如何简单使用 AOP。在前面实例中,很难深入描述,为了后面章节内容的学习,我们正式开始介绍 AOP 的术语。

连接点(joinPoint):在 Spring 中支持方法类型的连接点,所以,连接点就是指拦截的方法,例如实例中的 doPrint 方法。

切点(pointCut):一系列连接点的集合,对于一个切面而言,执行的不仅只是一个类的某个方法,也许是某个类的多个方法,或者多个类的某一个方法,那么具体是哪一个连接点?我们可以根据正则表达式或者指示器规则进行定义,从而找到连接点,例如,我们在实例中使用的正则表达式,但是这里的正则表达式有些简单,只指定了类的具体方法。

通知(Advice):在连接点处,AOP 执行的动作,在 AOP 中,主要有 5 种通知,前置通知(BeforeAdvice)、后置通知(AfterAdvice)、返回通知(AfterReturningAdvice)、异常通知(AfterThrowingAdvice)和环绕通知(AroundAdvice),关于这几种通知,在后文会仔细讲解。

- 引入(introduction):在被通知的类中引入字段与方法。

- 目标对象（target）：被代理的对象，或者说包含连接点的对象，例如MyLogPrint类。
- 切面（aspect）：可以定义各类通知、切点和引入的内容，具体可以根据图 5.2 进行理解。
- 织入（weave）：把切面连接到应用程序上，并生成一个被通知的对象。

主要的术语已描述，我们可以借助图形来理解上面的术语。图 5.2 是一个 AOP 流程图，主要分为左右两个部分，这样就能直观地理解。

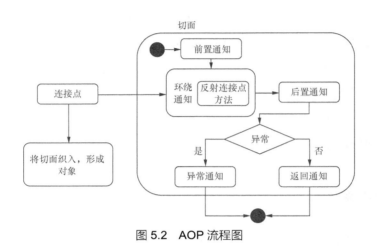

图 5.2　AOP 流程图

5.2　AOP 开发详解

通过上文的术语介绍，我们更加容易理解 AOP。本节先介绍如何使用每一个知识点，然后对每个知识点做详细的介绍，包括源码说明。

5.2.1　连接点与两种代理

在 AOP 中，首先需要知道匹配哪个方法进行增强，才能添加通知，所以确定连接点是第一步。

1. 源码介绍

我们先打开源码，这里是切点的注解，源码如下所示。

```
package org.springframework.aop;
public interface Pointcut {
    Pointcut TRUE = TruePointcut.INSTANCE;
    ClassFilter getClassFilter();
    MethodMatcher getMethodMatcher();
}
```

这段源码中有成员变量，是默认的 Pointcut 实例，匹配任何的方法时结果都会返回相同的值。还有两种方法，第一种方法是 getClassFilter，在程序中一个类会被多个代理进行代理，因此 Spring 中会引入责任链模式，在这里返回一个类过滤器；第二种方法是 getMethodMatcher，这个方法返回一个方法匹配器。

方法匹配器返回一个 MethodMatcher，我们关心的是 AOP 如何增强方法，所以在这里看看 MethodMatcher 的源码，代码如下所示。

```
package org.springframework.aop;
public interface MethodMatcher {
    MethodMatcher TRUE = TrueMethodMatcher.INSTANCE;
    boolean matches(Method var1, @Nullable Class<?> var2);
    boolean isRuntime();
    boolean matches(Method var1, @Nullable Class<?> var2, Object... var3);
}
```

在这个接口中有两个 matches，两个方法的区别在于多了参数 var3，其实这里是定义了两种匹配器，一种为静态匹配器，另一种为动态匹配器。静态匹配器，对方法的名称和入参类型进行一次判断匹配；动态匹配器，因为参数的不同，每次增强方法都会进行判断。

这里还有一种方法 isRuntime，这种方法的返回值 boolean 决定使用静态匹配器还是动态匹配器。返回 true 则使用动态匹配器，反之使用静态匹配器。

2. 实例

在 Spring Boot 中，有两种代理，一种是 JDK 代理，另一种是 cglib 代理。在开始时我们引入了 spring-boot-starter-aop，在引入依赖之后，则默认启动 AOP，如果不想启用 AOP，可以在 application.properties 中使用配置项，即 spring.aop.auto=false。

在代码中，可以使用配置项 spring.aop.proxy-target-class 进行配置，默认为 false，这意味着使用 JDK 代理。但具体使用哪种代理，我们一般要根据代理的类是否实现了接口决定。如果代理的类没有实现接口，就算设置 spring.aop.proxy-target-class 为 false，也照样会使用 cglib 代理。

下面通过示例来说明，程序为 5.1 小节的程序，这里不再重复。第一次，我们使用 JDK 代理。首先，在 application.properties 中设置配置项，如下所示。

```
spring.aop.proxy-target-class=false
```

然后，展示测试类，代码如下所示。

```
package com.springBoot.aop.test;
@SpringBootApplication
@PropertySource(value = "classpath:application.properties",ignoreResourceNotFound = true)
public class AopTestDemo {
    private static final Logger log=LoggerFactory.getLogger(IocTestDemo.class);
    public static void main(String[] args) {
        ApplicationContext context=new AnnotationConfigApplicationContext(MySpringBootConfig.class);
//        MyLogPrint myLogPrint=context.getBean(MyLogPrint.class);
//        myLogPrint.doPrint();
        String logPrintClassname=context.getBean("myLogPrint").getClass().getName();
        log.info("logPrintClassname: "+logPrintClassname);
    }
}
```

在上面的代码中，建议写上 @PropertySource 注解，因为有时默认的 application.properties 没有被加载。最后，查看执行效果。

```
18:46:25.742 [main] INFO com.springBoot.ioc.test.IocTestDemo - logPrintClassname: com.sun.proxy.$Proxy46
```

从中我们可以看到使用的是 JDK 代理。第二次，我们让程序使用 cglib 代理。首先，我们的配置项继续为 false，但是代理类将不再实现接口，代码如下所示。

```java
package com.springBoot.aop.pojo.impl;
// 在这个地方，需要使用 @Component 进行扫描
@Component("myLogPrint")
public class MyLogPrint {
    public void doPrint() {
        System.out.println("log print");
    }
}
```

最后，我们的测试类也不修改，直接运行，观察效果，如下所示。

```
18:51:52.745 [main] INFO com.springBoot.ioc.test.IocTestDemo
- logPrintClassname: com.springBoot.aop.pojo.impl.MyLogPrint$$EnhancerBySpringCGLIB$$aeff3e9e
```

3.@EnableAspectJAutoProxy

首先看代码，测试类代码如下所示。

```java
package com.springBoot.aop.test;
@SpringBootApplication
@EnableAspectJAutoProxy(proxyTargetClass = true,exposeProxy = true)
@PropertySource(value = "classpath:application.properties",ignoreResourceNotFound = true)
public class AopTestDemo {
    private static final Logger log=LoggerFactory.getLogger(IocTestDemo.class);
    public static void main(String[] args) {
        ApplicationContext context=new AnnotationConfigApplicationContext(MySpringBootConfig.class);
        MyLogPrint myLogPrint=context.getBean(MyLogPrint.class);
        myLogPrint.doPrint();
    }
}
```

横切关注点代码如下所示。

```
package com.springBoot.aop.pojo.impl;
// 在这个地方，需要使用 @Component 进行扫描
@Component("myLogPrint")
public class MyLogPrint implements LogPrint {
    @Override
    public void doPrint() {
        System.out.println("log print. "+ AopContext.currentProxy().getClass());
    }
}
```

这里可以使用 @Enable AspectAutoProxy 注解，表示启动 AOP，并且优先级会高于 application.properties。这里第一个参数表示使用什么代理，第二个参数表示在横切关注点中可以使用 AopContext 这个类，在上面的代码中可以参考使用。执行结果如下所示。

```
before log
log print. class com.springBoot.aop.pojo.impl.MyLogPrint$$EnhancerBySpringCGLIB$$b583ac19
after log
afterReturning log
```

5.2.2 切面

有了需要增强的方法，即连接点后，我们需确定如何增强，这时就需要一个切面，描述 AOP 的其他信息。实例代码如所示。

```
package com.springBoot.aop.aspect;
@Aspect
@Component
public class LogAscpect {
    private Logger logger=LoggerFactory.getLogger(LogAscpect.class);
    //
```

```java
    @Before("execution( * com.springBoot.aop.pojo.impl.MyLogPrint.doPrint(..))")
    public void before(){
        System.out.println("before log");
    }
    @After("execution( * com.springBoot.aop.pojo.impl.MyLogPrint.doPrint(..))")
    public void after(){
        System.out.println("after log");
    }
    @AfterReturning("execution( * com.springBoot.aop.pojo.impl.MyLogPrint.doPrint(..))")
    public void afterReturning(){
        System.out.println("afterReturning log");
    }
    @AfterThrowing("execution( * com.springBoot.aop.pojo.impl.MyLogPrint.doPrint(..))")
    public void afterThrowing(){
        System.out.println("afterThrowing log");
    }
}
```

在切面的开发中，可分为两个步骤，第一步定义一个切面，第二步在切面中对切点进行增强。

（1）定义切面。在定义切面时，需要两个注解，缺一不可。首先，我们需要 @Aspect 说明注解的类是一个切面，这样一个切面就注册完成；然后需要将切面交给 Spring 的 IOC 容器进行管理，所以就需要 @Component 注解。

（2）增强切点。在切面中，我们需要对切点做一些增强操作：前置增强、环绕增强、后置增强等。

5.2.3 切点

根据前面的术语介绍，我们知道切点就是一些连接点的集合。这里主要讲解两个知识点：其一，在每个注解上，都写了匹配的正则表达式，看起来比较复杂，我们通过 @Pointcut 注解进行简化；其二，关于切点声明，一个切点声明有两个重要部分：签名（包含名字和参数）、切点表达式。

1. @Pointcut

具体的使用方式，看下面的代码。

```
package com.springBoot.aop.aspect;
@Aspect
@Component
public class LogAscpect {
    private Logger logger=LoggerFactory.getLogger(LogAscpect.class);
    @Pointcut("execution( * com.springBoot.aop.pojo.impl.MyLogPrint.doPrint(..))")
    public void pointCut(){
    }
    @Before("pointCut()")
    public void before(){
        System.out.println("before log");
    }
    @After("pointCut()")
    public void after(){
        System.out.println("after log");
    }
    @AfterReturning("pointCut()")
    public void afterReturning(){
        System.out.println("afterReturning log");
    }
    @AfterThrowing("pointCut()")
    public void afterThrowing(){
        System.out.println("afterThrowing log");
    }
}
```

在上面的代码中，使用 @Pointcut 注解在 pointCut 方法上进行标注，然后在后面的通知注解上使用被注解的方法即可。这种方式可以不用重复写相同的代码，而且比较清晰。

注意：切点签名的方法需要返回 void 类型。

2. 切点表达式

切点表达式的语法: execution([可见性] 返回类型 [声明类型]. 方法名 (参数)[异常])。

常见通配符和运算符如下。

- *：匹配所有的字符。
- ..：匹配多个参数。
- +：匹配类及其子类。
- &&、||、！：运算符。

指示符包含以下几种。

execution：匹配执行连接点指示符，是最常使用的指示符，使用方式如下所示。

```
@Before("execution( * com.springBoot.aop.pojo..*.*(..))")
public void before(){
    System.out.println("before log");
}
```

这段代码意思是匹配 com.springBoot.aop.pojo 包及其子包所有类中的所有方法，返回是任意类型，方法的参数也是任意的。

within：匹配连接点的类或者包，使用方式如下所示。

```
@Before("within(com.springBoot.aop.pojo.impl.MyLogPrint)")
public void before(){
    System.out.println("before log");
}
```

上面的这段代码是匹配 MyLogPrint 类中的所有方法。又例如以下代码。

```
@Before("within(com.springBoot.aop.pojo..*)")
public void before(){
    System.out.println("before log");
}
```

上面的代码是匹配 pojo 包以及子包的所有方法。

this：向通知方法传入代理对象，使用方式如下所示。

```
@Before("before() && this(proxy)")
public void beforeAdvise(JoinPoint point,Object proxy){
```

```
        System.out.println("before log");
    }
```

target：向通知方法中传入目标对象，使用方式如下所示。

```
@Before("before() && target(target)")
    public void beforeAdvise(JoinPoint point,Object proxy){
        System.out.println("before log");
    }
```

args：根据目标方法的参数进行匹配，使用方式如下所示。

```
@Before("args(username)")
    public void beforeAdvise(JoinPoint point,String username){
        System.out.println("before log");
    }
```

上面的代码是有且仅有一个 String 类型的参数的方法。

@within：在类上的匹配注解类型，使用方式如下。

```
@Before("@within(com.springBoot.aop.pojo.AdviceAnnotation)")
    public void beforeAdvise(JoinPoint point,String username){
        System.out.println("before log");
    }
```

上面的代码，被 AdviceAnnotation 标注的类都将会被匹配。

n()：限定带有指定注解的连接点，使用方式如下。

```
@annotation("org.springframework.transaction.annotation.Transactional")
    public void beforeAdvise(JoinPoint point,String username){
        System.out.println("before log");
    }
```

上面的程序是匹配标注了 @Transactional 注解的方法。

5.2.4 多切面与 @Order

前文讲解了单个切面的使用,如果是多个切面,该如何使用?同时,多个切面的顺序如何确定?下面通过实例来展示多个切面的使用方式,程序结构如图 5.3 所示。

在 aspect 包中主要有 4 个类,我们先将 LogAspect 类中的 @Component 注解注释掉,暂时不使用这个类进行试验。

图 5.3　程序结构示意图

1. 多切面的使用

我们先看 LogAspect1 中的程序,代码如下所示。

```
package com.springBoot.aop.aspect;
@Aspect
@Component
public class LogAscpect1 {
    private Logger logger=LoggerFactory.getLogger(LogAscpect1.class);
    @Pointcut("execution( * com.springBoot.aop.pojo.impl.MyLogPrint.doPrint(..))")
    public void pointCut(){
    }
    @Before("pointCut()")
    public void before(){
        System.out.println("before log 1");
    }
    @After("pointCut()")
    public void after(){
        System.out.println("after log 1");
    }
}
```

然后,继续复制两份上文代码,并以不同的类名命名,在注解的方法中,稍微有些改动即可。为了方便比较,再展示 LogAspect2 的代码。

```java
package com.springBoot.aop.aspect;
@Aspect
@Component
public class LogAscpect2 {
    private Logger logger=LoggerFactory.getLogger(LogAscpect2.class);
    @Pointcut("execution( * com.springBoot.aop.pojo.impl.MyLogPrint.doPrint(..))")
    public void pointCut(){
    }
    @Before("pointCut()")
    public void before(){
        System.out.println("before log 2");
    }
    @After("pointCut()")
    public void after(){
        System.out.println("after log 2");
    }
}
```

我们来看执行的效果,如下所示。

```
before log 1
before log 2
before log 3
log print. class com.springBoot.aop.pojo.impl.MyLogPrint$$EnhancerBySpringCGLIB$$8b00720a
after log 3
after log 2
after log 1
```

2. @Order

上文的执行顺序怎样?如果这个执行的顺序不是我们想要的,是否可以自定义切面的顺序?这时可以使用 @Order 进行注解,使用方式如下所示。

```java
package com.springBoot.aop.aspect;
@Aspect
@Component
```

```
@Order(3)
public class LogAscpec {

}
```

为了方便对比，我们把 MyLogPrint1 上的注解顺序设置为 3，MyLogPrint2 的注解顺序设置为 2，MyLogPrint3 上的注解顺序设置为 1，其他的就不再展示，自己修改即可。代码如下所示。

```
package com.springBoot.aop.aspect;
@Aspect
@Component
@Order(1)
public class LogAscpect3 {
        private Logger logger=LoggerFactory.getLogger(LogAscpect3.class);
     @Pointcut("execution( * com.springBoot.aop.pojo.impl.MyLogPrint.doPrint(..))")
     public void pointCut(){
     }
     @Before("pointCut()")
     public void before(){
         System.out.println("before log 3");
     }
     @After("pointCut()")
     public void after(){
         System.out.println("after log 3");
     }
}
```

测试类程序不变。最后，执行结果如下所示。

```
before log 3
before log 2
before log 1
Disconnected from the target VM, address: '127.0.0.1:36441', transport: 'socket'
log print. class com.springBoot.aop.pojo.impl.MyLogPrint$$EnhancerB-
```

```
ySpringCGLIB$$96f34259
    after log 1
    after log 2
    after log 3
```

5.3 AOP 原理

通过前两节的学习，我们了解并熟悉了如何使用 AOP，作为热爱编程的程序员，应主动了解底层原理，知道它是如何实现的。

5.3.1 AOP 代理原理讲解

我们知道 xml 中，AOP 使用的是 ProxyFactoryBean，而且底层原理相同，因此我们从这里讲起。首先，看这个类，如下所示。

```
public class ProxyFactoryBean extends ProxyCreatorSupport implements
FactoryBean<Object>, BeanClassLoaderAware, BeanFactoryAware
```

图 5.4 是这个类的继承关系图。

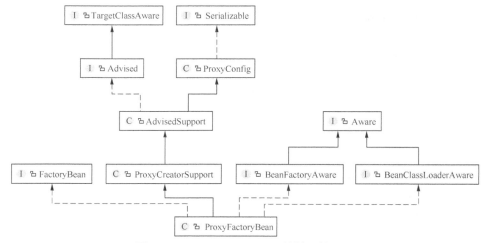

图 5.4　ProxyFactoryBean 的继承关系图

从图中可以看到 ProxyFactoryBean 类继承了 ProxyCreatorSupport 类。

ProxyCreatorSupport 类比较重要，下面有创建工厂与获取代理工厂。我们来看 ProxyCreatorSupport 下的方法，如图 5.5 所示。

在图中有两个方法，一个为 createAopProxy，另一个为 getAopProxyFactory。我们先来看看 getAopProxyFactory 方法，如下所示。

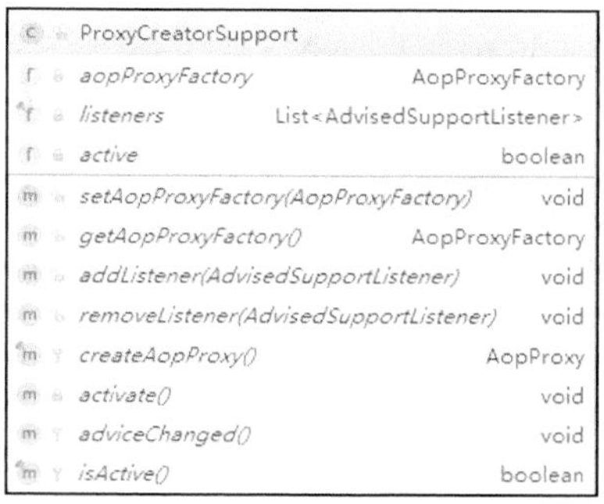

图 5.5 ProxyCreatorSupport 下的方法

```
private AopProxyFactory aopProxyFactory;
public ProxyCreatorSupport() {
    this.aopProxyFactory = new DefaultAopProxyFactory();
}
```

从程序中可以发现，AopProxyFactory 由 DefaultAopProxyFactory 来实现。这里有个方法是 createAopProxy，用来判断我们的代理是 JDK 还是 cglib，代码如下所示。

```
public AopProxy createAopProxy(AdvisedSupport config) throws AopConfigException
    {
    if(!config.isOptimize()&&!config.isProxyTargetClass()&& !this.hasNoUserSuppliedProxyInterfaces(config)) {
            return new JdkDynamicAopProxy(config);
        } else {
            Class<?> targetClass = config.getTargetClass();
            if (targetClass == null) {
                throw new AopConfigException("TargetSource cannot determine target class: Either an interface or a target is required for proxy creation.");
            } else {
                return (AopProxy)(!targetClass.isInterface() && !Proxy.isProxyClass(targetClass) ? new ObjenesisCglibAopProxy(config) : new JdkDynamicAopProxy(config));
            }
        }
    }
```

在上面的代码中，首先判断是否有接口，如果有接口，则直接 new JdkDynamicAopProxy。

如果没有接口，就从 AdvisedSupport 中获取目标对象 Class，然后对这个对象进行判断。在这里 JDK 的代理是 JdkDynamicAopProxy，cglib 的代理是 ObjenesisCglibAopProxy。

那么如何获取代理？DefaultAopProxyFactory 中可以产生两种 AopProxy 接口，这时内部逻辑可以根据给定的类创建不同的代理 AopProxy，因为这时返回的是 AopProxy 接口。

那么这个接口是怎样的？代码如下所示。

```
package org.springframework.aop.framework;
import org.springframework.lang.Nullable;
public interface AopProxy {
    Object getProxy();
    Object getProxy(@Nullable ClassLoader var1);
}
```

5.3.2　ProxyCreatorSupport 核心代理类

上文介绍 ProxyFactoryBean 类时主要讲了其内部的两个方法，将方向指到了 AOP 的代理上，下面就讲它的子类。通过 IDEA 可以看到其类的子类，如图 5.6 所示。

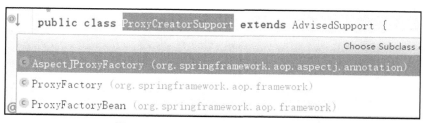

图 5.6　ProxyCreatorSupport 的子类

1. ProxyFactory

ProxyFactory 类也是用于创建 proxy 对象的工厂类，一般用于动态应用 AOP 时，编程式地使用 AOP 代理。在使用时，需要为它指定需要代理的目标对象，代理时需要 Advice、Advisor。我们通过一个使用 ProxyFactory 创建代理的实例，进行介绍说明，代码如下所示。

```
public void testProxyFactory() {
```

```
    MyService myService = new MyService();
    ProxyFactory proxyFactory = new ProxyFactory(myService);
    proxyFactory.addAdvice(new MethodBeforeAdvice() {
        @Override
        public void before(Method method, Object[] args, Object target) throws Throwable {
            System.out.println("执行目标方法调用之前的逻辑");
        }
    });
    MyService proxy = (MyService) proxyFactory.getProxy();
    proxy.add();
}
```

先看看 ProxyFactory 的方法，如图 5.7 所示。

在上面的代码中，使用的是构造函数指定代理的对象，也可以使用父类 AdvisedSupport 中的 setTarget 方法设置代理。

在上面程序中的关于 MethodBeforeAdvice 的使用方法，会在 5.3.3 小节中进行说明。

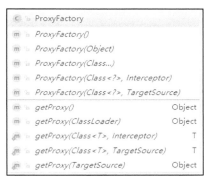

图 5.7　ProxyFactory 的方法

2. AspectJProxyFactory

AspectJProxyFactory 类主要是用于集成 AspectJ 与 Spring。在上面的代码中，可以看到 ProxyFactory 能够绑定 Advice 与 Advisor，非常方便。但当在代码中已有存在的切面，这时使用 ProxyFactory 就不够方便。不过 Spring Boot 提供了 AspectJProxyFactory 类，可以直接指定代理对象的切面。

这个类一般用于基于 AspectJ 风格的 AOP 代理对象。举例说明，首先我们需要一个存在的切面，代码如下所示。

```
package com.springBoot.aop.aspect;
@Aspect
@Component
public class LogAscpect {
    private Logger logger=LoggerFactory.getLogger(LogAscpect.class);
    @Pointcut("execution( * com.springBoot.aop.pojo.impl.MyLogPrint.
```

```
doPrint(..))")
    public void pointCut(){
    }
    @Before("pointCut()")
    public void before(){
        System.out.println("before log");
    }
}
```

下面是使用 AspectJProxyFactory 类的代码。

```
public void aspectJProxyFactoryDemo() {
    MyService myService = new MyService();
    AspectJProxyFactory proxyFactory = new AspectJProxyFactory(myService);
    proxyFactory.addAspect(LogAscpect.class);
    proxyFactory.setProxyTargetClass(true);
    MyService proxy = proxyFactory.getProxy();
    proxy.add();
}
```

在上面的代码中可以看到，proxyFactory.addAspect 将已经存在的切面与代理绑定。

5.3.3 通知和通知器

在 5.2 节讲解了连接点，也讲解了切面与切点，这里认识一下通知和通知器。

1. 通知（Advice）

首先，我们需要知道通知（Advice）在连接点做什么。其实通知只是一个标识接口，没有具体的方法与定义，代码如下所示。

```
package org.aopalliance.aop;
public interface Advice {
}
```

但是常用的通知都需要继承 Advice。例如，我们看 AfterReturningAdvice 接口，用于连接点执行完返回执行的通知，代码如下所示。

```
package org.springframework.aop;
public interface AfterReturningAdvice extends AfterAdvice {
    void afterReturning(@Nullable Object var1, Method var2, Object[] var3, @Nullable Object var4) throws Throwable;
}
```

上面的代码中，我们可以看到参数是返回值 var1、目标方法 var2、参数 var3、目标方法类 var4。在连接点执行之后，会在这个方法中执行切面逻辑。

2. 通知器（Advisor）

我们了解了切点（Pointcut）、通知（Advice），只要将切点与通知结合就可以变成通知器（Advisor）。我们来看通知器的接口，代码如下所示。

```
package org.springframework.aop;
import org.aopalliance.aop.Advice;
public interface Advisor {
    Advice EMPTY_ADVICE = new Advice() {
    };
    Advice getAdvice();
    boolean isPerInstance();
}
```

再看子接口的代码。

```
package org.springframework.aop;
public interface PointcutAdvisor extends Advisor {
    Pointcut getPointcut();
}
```

这里包含了两个重要的方法：getPointcut 与 getAdvice。

5.4 AOP 后置处理器

在这一章中,我们介绍了很多 AOP 原理的知识点,最后再对 AOP 后置处理器做一个说明,让 AOP 更加完整。

5.4.1 AnnotationAwareAspectJAutoProxyCreator 方式

这个类有点长但比较重要,是 AOP 后置处理器,用于根据注解创建代理的默认类。在讲解之前,我们先看这个类的接口关系图,如图 5.8 所示。

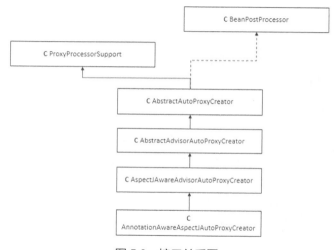

图 5.8 接口关系图

从图中可以看到,该类实现了 BeanPostProcessor 接口,而这个接口在介绍 IOC 时说过,它可以在 Bean 的前后做一些操作。因此 AnnotationAwareAspectJAutoProxyCreator 在实现这个接口之后,也一样可以对 Bean 进行增强。

那么它是怎么增强的?我们织入 AnnotationAwareAspectJAutoProxyCreator 后,看它是否实现 BeanPostProcessor 的方法,如果没有,继续向父类找,直到找到如上图的 AbstractAutoProxyCreator 类。代码如下所示。

```
public Object postProcessBeforeInitialization(Object bean, String beanName) {
    return bean;
```

```java
    }
    public Object postProcessAfterInitialization(@Nullable Object bean,
String beanName) throws BeansException {
        if (bean != null) {
            Object cacheKey = this.getCacheKey(bean.getClass(),
beanName);
            if (!this.earlyProxyReferences.contains(cacheKey)) {
                return this.wrapIfNecessary(bean, beanName, cacheKey);
            }
        }
        return bean;
    }
```

在上面的代码中，postProcessBeforeInitialization 只是返回了 Dean，但是 after 的方法是我们关注的重点。在 after 的注释上有如下的一段话。

```
/**
 * Create a proxy with the configured interceptors if the bean is
 * identified as one to proxy by the subclass.
 * @see #getAdvicesAndAdvisorsForBean
 */
```

这段话可以理解为，如果 Dean 是子类标识的，那么就用配置拦截器创建代理。那么如何把代理创建出来？我们再看 **wrapIfNecessary** 方法，代码如下所示。

```java
    protected Object wrapIfNecessary(Object bean, String beanName,
Object cacheKey) {
        if (StringUtils.hasLength(beanName) && this.targetSourcedBeans.
contains(beanName)) {
            return bean;
        }
        if (Boolean.FALSE.equals(this.advisedBeans.get(cacheKey))) {
            return bean;
        }
        if (isInfrastructureClass(bean.getClass()) || shouldSkip(bean.
getClass(), beanName)) {
            this.advisedBeans.put(cacheKey, Boolean.FALSE);
            return bean;
```

```
        }
        // Create proxy if we have advice.
         Object[] specificInterceptors = getAdvicesAndAdvisorsForBean(bean.getClass(), beanName, null);
        if (specificInterceptors != DO_NOT_PROXY) {
            this.advisedBeans.put(cacheKey, Boolean.TRUE);
            Object proxy = createProxy(
                    bean.getClass(), beanName, specificInterceptors, new SingletonTargetSource(bean));
            this.proxyTypes.put(cacheKey, proxy.getClass());
            return proxy;
        }
        this.advisedBeans.put(cacheKey, Boolean.FALSE);
        return bean;
    }
```

从上面的代码中可以看到 createProxy 方法，就是用于创建代理。需 Dean 的 Class、beaname、通知器数组、单例 Bean。如果继续使用 createProxy 方法，就会看到这一行代码。

```
ProxyFactory proxyFactory = new ProxyFactory();
```

在上文我们可以看到，重点是实现了后置处理器接口，所以这个类被称为 AOP 后置处理器。

5.4.2　后置处理器的注册

AbstractApplicationContext 中的 refresh 是 Spring 的核心方法，代理逻辑把这里作为入口，后置处理器的注册也是从这里进行的。代码如下所示。

```
public void refresh() throws BeansException, IllegalStateException {
    Object var1 = this.startupShutdownMonitor;
    synchronized(this.startupShutdownMonitor) {
// 刷新准备应用上下文
        this.prepareRefresh();
// 根据配置文件生成 Bean
        ConfigurableListableBeanFactory beanFactory = this.obtainFreshBeanFactory();
```

```
        // 在上下文中使用 Bean
            this.prepareBeanFactory(beanFactory);
            try {
        // 设置 BeanFactory 的后置处理器
                this.postProcessBeanFactory(beanFactory);
        // 调用 BeanFactory 的后置处理器
                this.invokeBeanFactoryPostProcessors(beanFactory);
        // 注册后置处理器
                this.registerBeanPostProcessors(beanFactory);
        // 对上下文的消息源进行初始化
                this.initMessageSource();
        // 初始化上下文中的事件机制
                this.initApplicationEventMulticaster();
        // 初始化其他的特殊 Bean
                this.onRefresh();
        // 检查监听 Bean 并且将这些 Bean 向容器注册
                this.registerListeners();
        // 初始化
                this.finishBeanFactoryInitialization(beanFactory);
        // 发布容器事件，结束 refresh 过程
                this.finishRefresh();
            } catch (BeansException var9) {
                if (this.logger.isWarnEnabled()) {
                    this.logger.warn("Exception encountered during context initialization - cancelling refresh attempt: " + var9);
                }
        // 销毁已经在前面过程中生成的单例 Bean
                this.destroyBeans();
                this.cancelRefresh(var9);
                throw var9;
            } finally {
                this.resetCommonCaches();
            }
        }
    }
```

在上面可以看到加粗的代码，就是在注册后置处理器。

5.4.3 后置处理器处理 @Aspect 的 Bean

在 5.1 节的实例中，我们对切面添加 @Aspect 注解，然后添加 @Component 注解。因

此在加载的时候，就会调用 getBean 方法，并且会执行 AbstractAutowireCapableBeanFactory 类中的 createBean 方法。我们看下面这段代码。

```
    protected Object createBean(String beanName, RootBeanDefinition mbd,
@Nullable Object[] args)throws BeanCreationException {
        if (logger.isDebugEnabled()) {
            logger.debug("Creating instance of bean '" + beanName + "'");
        }
        RootBeanDefinition mbdToUse = mbd;
        Class<?> resolvedClass = resolveBeanClass(mbd, beanName);
         if (resolvedClass != null && !mbd.hasBeanClass() && mbd.
getBeanClassName() != null) {
            mbdToUse = new RootBeanDefinition(mbd);
            mbdToUse.setBeanClass(resolvedClass);
        }
        // Prepare method overrides.
        try {
            mbdToUse.prepareMethodOverrides();
        }
        catch (BeanDefinitionValidationException ex) {
             throw new BeanDefinitionStoreException(mbdToUse.
getResourceDescription(),
                    beanName, "Validation of method overrides failed", ex);
        }
        try {
            // Give BeanPostProcessors a chance to return a proxy instead
of the target bean instance.
            Object bean = resolveBeforeInstantiation(beanName, mbdToUse);
            if (bean != null) {
                return bean;
            }
        }
        ……
    }
```

在加粗的代码处，会最终返回一个代理。关于 resolveBeforeInstantiation 方法的处理步骤还有很多，这里不再叙述，读者可以通过一段代码设置断点进行跟踪。

第6章 Spring Boot 中的数据源

Spring Boot 的两大核心已经介绍过了，现在开始学习如何使用 Spring Boot 中的数据源，以及如何访问数据库。在任何系统中，都难免需要操作数据库数据，因此本章非常重要。

在 Spring Boot 中，支持 JdbcTemplate。其中，JdbcTemplate 是 Spring 提供的一个模板，然后由 Spring Boot 自动加载，但在实际中使用得不多，这里介绍它的使用方式及部分原理。

在 Spring Boot 中，默认支持 JPA，但 JPA 依赖于 Hibernate，考虑到 Hibernate 使用得越来越少，这里同样简单介绍。目前，在灵活的互联网环境中，我们更多的是使用持久层框架 MyBatis，因此这里介绍 Spring Boot 与 MyBatis 的集成，然后在此基础上对数据库进行增、删、改、查操作，这也是本章的重点部分。

6.1 配置数据源

在介绍数据源时，离不开配置数据源，因此我们就从配置数据源入手。在数据源的配置中，又存在默认数据源与第三方数据源，同时需要考虑连接池的使用，本节就将介绍这些知识。

6.1.1 默认数据源

首先，引入依赖，代码如下所示。

```
<!--JPA 引入 -->
<dependency>
```

```xml
<groupId>org.springframework.boot</groupId>
<artifactId>spring-boot-starter-data-jpa</artifactId>
</dependency>
```

在引入 spring-boot-starter-data-jpa 之后，会设置默认数据源，这里的数据库主要有 3 个，分别是 HSQL、H2、DERBY。在下面的代码中可以了解。

```java
package org.springframework.jdbc.datasource.embedded;
public enum EmbeddedDatabaseType {
    HSQL,
    H2,
    DERBY;
    private EmbeddedDatabaseType() {
    }
}
```

这 3 个内置的数据库都是常见的内存数据库，在不需要外接数据库的情况下，就能运行 Spring Boot 程序。

内存数据库不需要配置，但是，在实际场景中需要使用不同的数据库。这明显不符合实际场景应用，因此我们需要使用其他商用数据库。

6.1.2 自定义数据源

在 Spring Boot 中，数据库在默认连接的时候，可以使用 DataSource 连接池自动配置。在 Spring Boot 中，有 3 种连接池可以使用，目前使用的版本是 Spring Boot2，与 Spring Boot1 的默认连接池策略有所不同，主要通过下面的方式进行配置。

（1）如果存在 HikariCP 能够使用，则使用 HikariCP。
（2）在使用 Tomcat 时，会优先使用 Tomcat 自带的数据库连接池。
（3）如果可以使用 DBCP2，则推荐使用 DBCP2。

1. 为什么选择 HikariCP

在 Spring Boot1 中，使用 Tomcat 自带的连接池，为什么在最新的 Spring Boot2 中则换成 HikariCP？我们都知道，HikariCP 是数据库连接池的一个"后起之秀"，可以完美地取代其他连接池，是一个高性能的 JDBC 连接池。

BoneCP 是一个速度比较快的连接池，后来被废弃，而 HikariCP 基于 BoneCP 做了不少改进和优化，因此速度很快。并且，HikariCP 稳定性也很好。

在可靠性方面，遇到连接中断，HikariCP 的处理方式是比较合理的。除此之外还有一个因素，HikariCP 代码量很小，只有 130KB，一般存在更少的漏洞。

2. 使用默认的连接池进行配置

首先，选择使用 MySQL 的数据库作为数据源，依赖如下所示。

```xml
<!--mysql-->
<dependency>
    <groupId>mysql</groupId>
    <artifactId>mysql-connector-java</artifactId>
</dependency>
```

在这里，先引入 spring-boot-starter-jdbc，依赖如下所示。

```xml
<dependency>
    <groupId>org.springframework.boot</groupId>
    <artifactId>spring-boot-starter-jdbc</artifactId>
</dependency>
```

现在，开始在 application.properties 中进行数据库的配置，配置项如下所示。

```
spring.datasource.driver-class-name=com.mysql.jdbc.Driver
spring.datasource.url=jdbc:mysql://localhost:3308/test
spring.datasource.username=root
spring.datasource.password=123456
```

在上面的代码中，我们还是写了 spring.datasource.driver-class-name 配置项。其实在 Spring Boot 中，如果不写也不会报错，通常会尽量推断出来，但为了使代码更清晰，在这里全部写了出来。

在写测试类代码之前，我们先看 dataSource 结构情况，如图 6.1 所示。

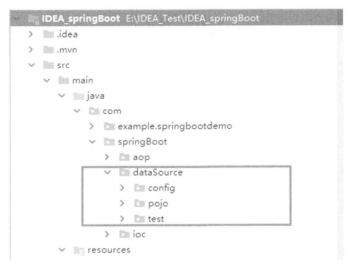

图 6.1 dataSource 结构

在上图中，新建一个 dataSource 包，存放数据源的测试程序。现在数据库已配置好，我们开始进行测试，测试程序在 test 包下，代码如下所示。

```
package com.springBoot.dataSource.test;
import org.junit.Test;
import org.junit.runner.RunWith;
import org.springframework.beans.factory.annotation.Autowired;
import org.springframework.boot.autoconfigure.SpringBootApplication;
import org.springframework.boot.autoconfigure.jdbc.DataSourceProperties;
import org.springframework.boot.test.context.SpringBootTest;
import org.springframework.context.ApplicationContext;
import org.springframework.context.annotation.PropertySource;
import org.springframework.test.context.junit4.SpringRunner;
import javax.sql.DataSource;
import java.sql.SQLException;
@SpringBootApplication
@SpringBootTest
//@PropertySource(value = "classpath:application.properties",ignoreResourceNotFound = true)
@RunWith(SpringRunner.class)
public class ShowDataSource {
    @Autowired
    ApplicationContext applicationContext;
    @Autowired
```

```
    DataSourceProperties dataSourceProperties;
    @Test
    public void testDataSource() throws SQLException {
        DataSource dataSource=applicationContext.getBean(DataSource.class);
        System.out.println(dataSource);
        System.out.println(dataSource.getClass().getName());
        System.out.println(dataSourceProperties.getUrl());
    }
}
```

在上面的代码中，因为是在根目录下写 Spring Boot 的启动类，如果不写 @SpringBootApplication，这里启动 Test 会有下面的报错信息。

```
java.lang.IllegalStateException: Unable to find a @SpringBootConfiguration, you need to use @Context
```

在上面的程序中，依赖注入了 DataSourceProperties，它就是以 spring.datasource 作为前缀，然后通过名字直接映射出对象的属性，同时还包含了一些默认值。下面是部分源码。

```
package org.springframework.boot.autoconfigure.jdbc;
@ConfigurationProperties(prefix = "spring.datasource")
public class DataSourceProperties implements BeanClassLoaderAware, InitializingBean {
    private ClassLoader classLoader;
    private String name;
......
}
```

测试类代码写完，运行程序，最终的结果如下所示。

```
HikariDataSource (null)
com.zaxxer.hikari.HikariDataSource
jdbc:mysql://localhost:3308/test
```

从这里可以看到，默认使用的数据库连接池是 HikariCP。

注意：在 pom 文件中，我们没有引入下面的依赖。

```xml
<dependency>
    <groupId>com.zaxxer</groupId>
    <artifactId>HikariCP</artifactId>
</dependency>
```

因为，在加入 spring-boot-starter-jdbc 时，已经默认引入这个依赖，不需要单独添加。

3. 使用自定义连接池进行配置

如果不想使用默认的 HikariCP，而想使用 DBCP2，首先需要添加 DBCP2 的依赖，这里依赖必须添加，不然在读取 datasource 类型时会报错。DBCP2 的依赖如下所示。

```xml
<dependency>
    <groupId>org.apache.commons</groupId>
    <artifactId>commons-dbcp2</artifactId>
</dependency>
```

配置 DBCP2 的数据源，下面是 application.properties 中的配置。

```
#spring.datasource.driver-class-name=com.mysql.jdbc.Driver
spring.datasource.url=jdbc:mysql://localhost:3308/test
spring.datasource.username=root
spring.datasource.password=123456
spring.datasource.type=org.apache.commons.dbcp2.BasicDataSource
spring.datasource.dbcp2.max-idle=10
spring.datasource.dbcp2.max-total=50
spring.datasource.dbcp2.max-wait-millis=100000
spring.datasource.dbcp2.initial-size=5
spring.datasource.dbcp2.connection-properties=characterEncoding=utf8
```

在这里可能会注意到，这里注释掉 driver-class-name，主要是为了说明没有这一行代码仍然不会报错。

除了 DBCP2 的配置项，有一个配置项要特别注意，就是 spring-datasource.type。这个配置项用于指定连接池的类型，如果这里不进行指定，默认的是 HikariCP，则下面的配置项不会生效。测试程序与 6.1.2 节相同，这里不再重复。最终结果如下所示。

```
org.apache.commons.dbcp2.BasicDataSource@1fbf088b
org.apache.commons.dbcp2.BasicDataSource
jdbc:mysql://localhost:3308/test
```

所以，这里是 DBCP2 为数据源。对于 DBCP2 的配置项，这里只稍作解释，如果读者想了解更多可以查资料。

- initial-size：连接初始值，连接池启动时创建的连接数量，默认为 0。
- max-idle：最大空闲值，当经过一个高峰之后，连接池会释放不使用的连接，直到减少到 max-idle，默认为 8。
- max-total：在同一个时刻被分配的连接池有效连接数的最大值，默认为 8。
- Max-wait-millis：从连接池中获取一个连接，最大的等待时间，单位可以设置为毫秒。
- Connect-properties：连接属性，格式为参数名＝参数值。

6.2　JdbcTemplate 的使用

虽说 JdbcTemplate 使用的情况不多，但是 Spring 在 JDBC 上对数据库做了封装，将 dataSource 注入 JdbcTemplate，使用更加方便。

6.2.1　JdbcTemplate 实例

在这里需要引入 spring-boot-starter-jdbc 的依赖，在 6.1 节中已经讲过类似的，这里不再重复。新建数据表 t_user，SQL 语句如下所示。

```
CREATE TABLE t_user(
    ID INT(16) NOT NULL AUTO_INCREMENT COMMENT 'ID',
    USERNAME VARCHAR(32) NOT NULL COMMENT '姓名',
    PASSWORD VARCHAR(32) NOT NULL COMMENT '密码',
```

```
    PRIMARY KEY (ID)
)ENGINE=InnoDB DEFAULT CHARSET=UTF8 COMMENT='用户表';
```

对应的实体类代码如下所示。

```
package com.springBoot.dataSource.pojo;
public class User {
    private int id;
    private String username;
    private String password;
    //set and get
}
```

1. 单次更新测试类代码

```
package com.springBoot.dataSource.test;
@SpringBootApplication
@SpringBootTest
//@PropertySource(value = "classpath:application.properties",ignoreResourceNotFound = true)
@RunWith(SpringRunner.class)
public class ShowDataSource {
    @Autowired
    JdbcTemplate jdbcTemplate;
    @Test
    public void testJdbcTemplate() throws SQLException {
        DataSource dataSource=applicationContext.getBean(DataSource.class);
        jdbcTemplate=new JdbcTemplate(dataSource);
        String sql="insert into t_user values(1,?,?)";
        jdbcTemplate.update(sql,"tom","123");
    }
}
```

上面的代码只是一个更新的实例，更多的方法没有展示，这里只是为了说明如何使用 JdbcTemplate。在上面的代码中，我们使用 Spring 的注入功能，将 dataSource 注册到 JdbcTemplate，然后可以使用 JdbcTemplate 的方法。在这里不需要考虑连接信息，只需要写 SQL 语句与传递 SQL 参数即可，最终效果如图 6.2 所示。

图 6.2　新增数据库效果

2. 批量处理

在 JdbcTemplate 中，每次运行 SQL 程序都会新建立一次数据库连接。建立连接比较浪费资源。有时面对同一种逻辑，我们希望在一次连接过程中执行多条 SQL，其实这也是支持的。下面是一个实例。

```
@Test
public void testBatchUpdate() throws SQLException {
    DataSource dataSource=applicationContext.getBean(DataSource.class);
    jdbcTemplate=new JdbcTemplate(dataSource);
    String sql="insert into t_user values(?,?,?)";
    List<Object[]> list=new ArrayList<>();
    list.add(new Object[]{2,"B","234"});
    list.add(new Object[]{3,"C","345"});
    list.add(new Object[]{4,"D","456"});
    jdbcTemplate.batchUpdate(sql,list);
}
```

最终，通过数据库，可以查看效果，如图 6.3 所示。

图 6.3　新增数据库效果

6.2.2 JdbcTemplate 原理说明

JdbcTemplate 提供了五类方法，其方法与说明如表 6.1 所示。

表 6.1 JdbcTemplate 的主要方法及说明

序号	方法	说明
1	Execute	可以在任何 SQL 中使用，主要是执行 DDL 语句
2	query，queryFor×××	执行查询语句
3	Update	主要执行新增、修改、删除语句
4	batchUpdate	进行批量处理
5	Call	执行存储过程，函数相关语句

对于这五类方法，可以参考上文的实例进行使用。在上文的示例中可以看到，重要的是对 SQL 的书写，然后调用 API。

讲到这里，读者应该对 JdbcTemplate 有了基本的了解。在程序中，我们可以写自己的业务逻辑，但为了更好地拓展应用，还需了解一些底层的基本原理，加深对 JdbcTemplate 的理解。

首先，JdbcTemplate 是一个模板方法。JDBC 是比较原始的操作数据库方式，可以满足用户的基本需求，但在使用时需要自己管理，程序比较冗余。Spring 对此进行封装，构建抽象层，在抽象层提供了许多使用 JDBC 的模板与驱动模块。

然后，我们来看 JdbcTemplate 的继承关系，如图 6.4 所示。

从图中可以看到 JdbcTemplate 继承了 JdbcAccessor 和实现接口 JdbcOperations。进入 JdbcAccessor 类中，可以看到在这个基类中，主要有以下几个方法，如图 6.5 所示。

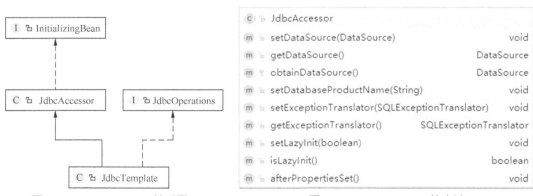

图 6.4 JdbcTemplate 关系图　　图 6.5 JdbcAccessor 的方法

从图中可以看到，这里主要是对 DataSource 进行配置与管理。再让我们看看 JdbcOperations 接口。在这个接口中，更多的是方法的重载，用于定义通过 JDBC 操作数据库的基本方法。

最后，通过继承基类与实现接口，Jdbc Template 完成对 JDBC 的封装，这种做法不仅提高了数据库开发的效率，而且为应用开发提供了灵活性。

6.3　JPA 的使用

JPA 也是一种常见的操作数据源方式。在企业中，使用 JPA 的情况也比较频繁，因为在开发过程中，可以使用 JPA 的 API 默认语法，在面对复杂的业务时，还可以在接口上添加注解，然后在注解中书写 SQL 语句，两者结合，可以更加高效地书写代码。下面对 JPA 进行介绍。

6.3.1　JPA 概述

JPA 是 Java Persistence API 的缩写，定义了对象关系映射以及持久化实体对象的标准接口，是 JCP 组织发布的 Java EE 标准之一，也是 JSR 规范的一部分。符合 JPA 标准的框架，都会提供相同的 API，方便开发。

JPA 除了支持持久化，还可以支持事务、并发等。JPA 提供简单的编程模型，开发实体对象和接口都比较简单。

但是，这种方式并没有被广泛使用。因为 JPA 需要依赖 Hibernate 才可以存活，随着 Hibernate 的市场缩水，JPA 使用也相应地减少。但作为 Spring Boot 支持的连接数据库的一种方式，这里会介绍它的使用方式。

6.3.2　JPA 使用实例

首先，要使用 JPA 需要引入依赖，依赖如下所示。

```
<!--JPA 引入 -->
<dependency>
```

```xml
    <groupId>org.springframework.boot</groupId>
    <artifactId>spring-boot-starter-data-jpa</artifactId>
</dependency>
```

然后，需要在配置文件中添加配置项，这里需在原有的数据源的基础上进行添加，主要是添加与 Hibernate 有关的配置项，因为需要 Hibernate 的支持。在 application.properties 中的配置项如下所示。

```
spring.datasource.url=jdbc:mysql://localhost:3308/test
spring.datasource.username=root
spring.datasource.password=123456
spring.datasource.type=org.apache.commons.dbcp2.BasicDataSource
spring.datasource.dbcp2.max-idle=10
spring.datasource.dbcp2.max-total=50
spring.datasource.dbcp2.max-wait-millis=100000
spring.datasource.dbcp2.initial-size=5
spring.datasource.dbcp2.connection-properties=characterEncoding=utf8
spring.jpa.hibernate.ddl-auto=update
spring.jpa.show-sql=true
spring.jmx.enable=false
```

其中，spring.jpa.hibernate.ddl-auto 有几个常用的配置项，可以配置的还有 create、create-drop、validate。这里选择使用 update，表示自动更新的意思。

create：每次加载时，会删除以前的表，然后重新执行生成新的表，这种方式会让数据库数据丢失。

create-drop：每次加载都会生成新的表，但是在 sessionFactory 关闭时删除表。

spring.jmx.enable 需要配置，不然在 datasource 关闭时，会报错。

在正式写程序之前，展示一些程序结构，方便重现程序，程序结构如图 6.6 所示。

图 6.6　程序结构

在 pojo 包下新建一个数据实体类，同时，这个实体类使用的是上文建立的 t_user 表。代码如下所示。

```
package com.springBoot.dataSource.pojo;
import javax.persistence.*;
@Entity
@Table(name = "t_user")
public class NewUser {
    @Id
    @GeneratedValue(strategy = GenerationType.IDENTITY)
    private int id;
    @Column(length = 32)
    private String username;
    @Column(length = 32,name="password")
    private String password;
    public NewUser(int id, String username, String password){
        this.id=id;
        this.username=username;
        this.password=password;
    }
    public NewUser(){
}
//set and get
    }
```

其中，使用注解 @Entity 进行声明，表示这个类是实体类，并对应数据库中的表。@Table 注解是可选的注解，如果没有写，则说明表名与实体的名称一样，否则使用 name 属性进行声明。@Id 注解用于标明主键。@GeneratedValue 注解声明注解采用什么方式进行生成。@Column 注解声明实体属性的表字段的含义，如果数据库字段的名称与类属性的名称不一致，则需要使用 name 属性进行对应，如果是相同，则不需要使用 name 属性。需要注意的是，如果字段不声明长度，系统会使用 255 作为字段的长度。

在上面的程序中，我们使用了两个构造函数。需要注意的是，如果显示使用带参的构造函数，不带任何参数的构造函数也是需要写的，因为 Hibernate 需要使用反射创建对象。

然后，我们新建 UserRepository 接口，它需要继承 JpaRepository 接口。代码如下所示。

```
package com.springBoot.dataSource.dao;
```

```
public interface UserRepository extends JpaRepository<NewUser,Long> {
    public List<NewUser> findNewUserById(Long id);
    @Query("select art from com.springBoot.dataSource.pojo.NewUser art where username=:username")
    public List<NewUser> queryByUsername(@Param("username")String username);
}
```

上面代码我们实现了两个方法，都是查询，第一个方法符合 JPA 的命名规范，第二个方法则自己实现 JPQL。上面的代码中，使用了 JpaRepository 接口，这里稍做说明，如图 6.7 所示。

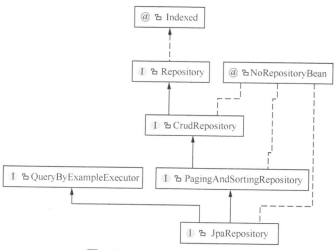

图 6.7　JpaRepository 关系图

在 JPA 中顶级接口是 Repository，然后 CrudRepository 接口进行了扩展，定义了一些对实体的"增删改查"操作。因为功能还不够强大，PagingAndSortingRepository 接口继续增加了排序和分页的功能。这时 JpaRepository 继承了 QueryByExampleExecutor 与 PagingAndSortingRepository，功能更加强大。所以我们在这里使用 JpaRepository 即可。

然后，进行测试。这里继续使用测试类，代码如下所示。

```
package com.springBoot.dataSource.test;
@RunWith(SpringJUnit4ClassRunner.class)
@SpringBootTest(classes = Application.class)
@SpringBootApplication
@EnableJpaRepositories(basePackages ="com.springBoot.dataSource.dao")
```

```
@EntityScan("com.springBoot.dataSource.pojo")
public class NewUserRepositoryTest {
    @Autowired
    private UserRepository userRepository;
    @Test
    public void test(){
        List<NewUser> list=userRepository.queryByUsername("tom");
        System.out.println(list);
        System.out.println("======");
    }
}
```

上面的代码中，添加了 @EnableJpaRepositories 注解，这个注解指定要扫描的 JPA 包。还添加了 @EntityScan 注解，用于指定有被注解过的 @Entity 的包。为了配合上面的代码，在数据表中手动添加了两条数据，如图 6.8 所示。

图 6.8 手动添加 new_user 表的数据

最后，进行测试，为了简化，直接使用断点调试，结果如图 6.9 所示。

图 6.9 JPA 实例结果

6.4 Spring Boot 与 MyBatis 集成

本节是 Spring Boot 与数据库连接使用最重要的一节，因为，在互联网发展过程中，框架技术从 SSM 框架过渡到微服务框架，其中大量的代码还是使用 SQL 完成的。这个时候，就应该思考在 Spring Boot 中是否支持 SQL，使代码复用呢？答案是可以的。在开始介绍之前，普及 MyBatis 的知识，然后介绍 Spring Boot 与 MyBatis 的集成。

6.4.1 MyBatis 原理

MyBatis 是一款优秀的持久层框架，而且越来越多的互联网企业开始使用这个框架，其优秀的特性主要体现在支持定制化的 SQL、存储过程、高级映射等。

MyBatis 和其他持久层框架一样，避免了 JDBC 代码的书写，不需要手动获取结果集。而且，MyBatis 支持 XML 与注解两种方式配置映射，可以将接口与 POJO 映射到数据库中的字段。

先看 MyBatis 的框架原理，通过图 6.10 可以了解到这个框架的核心。

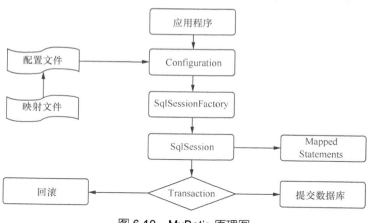

图 6.10 MyBatis 原理图

每个 MyBatis 应用都是直接使用 SqlSession 实例操作数据，包含了数据库执行 SQL 所需的方法。SqlSession 实例是从 SqlSessionFactory 的实例中获取，而 SqlSessionFactory 可以通过 SqlSessionFactoryBuilder 获得。

MyBatis 应用通过 XML 的配置文件创建 SqlSessionFactory，SqlSessionFactory 再根据配置文件与映射文件获取 SqlSession，最后通过 SqlSession 运行映射的 SQL 语句，完成增删改查操作。

MyBatis 的优点如下。

- 简单易学：MyBatis 是轻量级框架，没有太多依赖，只需要使用配置文件就可以进行试验学习。文档丰富，结合 SQL 的知识，上手快速。
- 灵活：可以自由书写 SQL，不会影响程序，而且 SQL 可以自己进行优化。
- 松耦合：在使用 Dao 层时，可以将数据访问与业务逻辑分离，易维护。

6.4.2　Spring Boot 与 MyBatis 集成

Spring Boot 原本不支持 MyBatis，但 MyBatis 为了整合 Spring Boot，自己提供了开发包。因此想在 Spring Boot 中使用 MyBatis，需要使用下面的依赖。

```xml
<!--Mybatis-->
<dependency>
    <groupId>org.mybatis.spring.boot</groupId>
    <artifactId>mybatis-spring-boot-starter</artifactId>
    <version>1.3.1</version>
</dependency>
```

在上面的程序中，我们需要自己加上版本号，因为不是 Spring Boot 官方提供的包，所以版本也会不一致，根据情况自己选择版本号即可。然后，在 application.properties 中配置 MyBatis，配置项如下所示。

```
spring.datasource.driver-class-name=com.mysql.jdbc.Driver
spring.datasource.url=jdbc:mysql://127.0.0.1:3308/test?serverTimezone=UTC&useUnicode=true&characterEncoding=utf8&useSSL=false
spring.datasource.username=root
spring.datasource.password=123456
spring.datasource.type=com.zaxxer.hikari.HikariDataSource
spring.datasource.hikari.minimum-idle=5
spring.datasource.hikari.maximum-pool-size=15
spring.datasource.hikari.auto-commit=true
spring.datasource.hikari.idle-timeout=30000
spring.datasource.hikari.pool-name=DatebookHikariCP
spring.datasource.hikari.max-lifetime=1800000
spring.datasource.hikari.connection-timeout=30000
spring.datasource.hikari.connection-test-query=SELECT 1
mybatis.mapper-locations=classpath:mapper/*.xml
```

上面的配置项中，重点是加粗部分，分别表示数据库连接信息与 MyBatis 配置信息。mybatis.mapper-locations 用于指定 mapper 文件的位置，使用通配符指定，mapper 的目录是 src/main/resources 下的 mapper。

在运行程序之前，需要新建数据表，下面是 MySQL 中建表的 SQL 语句。

```
CREATE TABLE 'user' (
    'id' int(16) NOT NULL,
    'username' varchar(255) DEFAULT NULL,
    'password' varchar(255) DEFAULT NULL,
    'email' varchar(255) DEFAULT NULL,
    PRIMARY KEY ('id')
) ENGINE=InnoDB DEFAULT CHARSET=utf8;
```

为了整合 MyBatis，新建了一个 package 包，与 datasource 包区分开来。程序结构如图 6.11 所示。

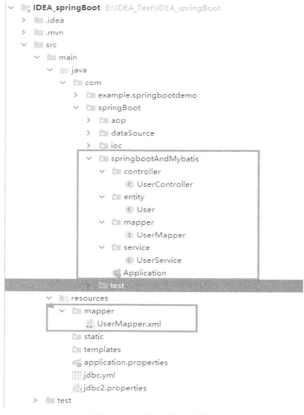

图 6.11　整合程序结构

在 entity 文件夹下新建 User 类，主要对应 user 表，代码如下所示。

```
package com.springBoot.springbootAndMybatis.entity;
public class User {
    private int id;
    private String username;
    private String password;
    private String email;
//set and get
}
```

然后，写主要的功能接口，在 mapper 包下新建 UserMapper 接口，代码如下所示。

```
package com.springBoot.springbootAndMybatis.mapper;
@Mapper
public interface UserMapper {
    // 通过姓名查询 user
    List<User> queryUserByName(String name);
    // 查询所有的 user
    public List<User> queryAllUser();
    // 插入 user
    public int insertUser(User user);
    // 删除 user
    public int delete(int id);
    // 更新 user
    public int update(User user);
}
```

上面是新建接口代码，但是在接口前有一个 @Mapper 注解。在 sqlSession 对象中 GET 将会是一个实现类，后面的代码中没有手动写实现类，其实 MyBatis 通过 JDK 动态代理在加载配置文件时，根据 mapper 的 XML 生成会比较方便，节省了很多时间。这就是这个注解的作用，所以在这里可以写接口或者抽象类。

然后，为了合乎开发规范，我们再写一层 service，使得服务层与数据库访问层分离。写 service，直接使用接口中的方法即可，可以理解为使用接口的实现类中的方法，代码如下所示。

```
package com.springBoot.springbootAndMybatis.service;
@Service
public class UserService {
    @Autowired
    private UserMapper userMapper;
    // 通过姓名查询user
    public List<User> queryUserByName(String name){
        return userMapper.queryUserByName(name);
    }
    // 查询所有的user
    public List<User> queryAllUser(){
        return userMapper.queryAllUser();
    }
    // 插入user
    public User insertUser(User user){
        userMapper.insertUser(user);
        return user;
    }
    // 删除user
    public int delete(int id){
        return userMapper.delete(id);
    }
    // 更新user
    public int update(User user){
        return userMapper.update(user);
    }
}
```

签名的测试很多都是写测试类，这里换种方式。为了进行测试，我们使用Restful接口的方式进行测试，这里复习一下在第3章讲解过的Restful风格的知识。不过与之还有区别，这里的请求只是浏览器的请求，没有写测试类的请求。在controller包下新建UserController类，代码如下所示。

```
package com.springBoot.springbootAndMybatis.controller
@RestController
@RequestMapping(value = "/user", method = { RequestMethod.GET, RequestMethod.POST })
public class UserController {
    @Autowired
```

```java
    private UserService userService;
    @RequestMapping("/queryUserByName")
    @ResponseBody
    public List<User> queryUserByName(String name){
        return userService.queryUserByName(name);
    }
    @RequestMapping("/queryAllUser")
    public List<User> queryAllUser(){
        return userService.queryAllUser();
    }
     @RequestMapping(value = "/insertUser",method = RequestMethod.POST)
    public User insertUser(User user){
        return userService.insertUser(user);
    }
    @RequestMapping(value = "/update",method = RequestMethod.POST)
    public int update(User user){
        return userService.update(user);
    }
    @RequestMapping(value = "/delete",method = RequestMethod.GET)
    public int delete(int id){
        return userService.delete(id);
    }
}
```

然后，开始展示 MyBatis 的映射文件。根据 application.properties 的配置项，映射文件在 mapper 的目录下，名字可以随意写，因此 UserMapper.xml 的代码如下所示。

```xml
<?xml version = "1.0" encoding = "UTF-8"?>
<!DOCTYPE mapper PUBLIC "-//mybatis.org//DTD com.example.Mapper 3.0//EN""http://mybatis.org/dtd/mybatis-3-mapper.dtd">
<mapper namespace="com.springBoot.springbootAndMybatis.mapper.UserMapper">
    <resultMap id="result" type="com.springBoot.springbootAndMybatis.entity.User">
        <result property="username" column="username"/>
        <result property="password" column="password"/>
        <result property="email" column="email"/>
    </resultMap>
```

```xml
<select id="queryAllUser" resultMap="result">
    SELECT * FROM user;
</select>
<select id="queryUserByName" resultMap="result">
    SELECT * FROM user where username=#{username};
</select>
<insert id="insertUser" parameterType="com.springBoot.springbootAndMybatis.entity.User"
        keyProperty="id" useGeneratedKeys="true">
    INSERT INTO user(id,username,password,email)VALUES(#{id},#{username, jdbcType=VARCHAR},#{password, jdbcType=VARCHAR},#{email});
</insert>
<delete id="delete" parameterType="int">
    delete from user where id=#{id};
</delete>
<update id="update" parameterType="com.springBoot.springbootAndMybatis.entity.User">
    update user set user.username=#{username},user.password=#{password},user.email=#{email} where user.id=#{id};
</update>
</mapper>
```

最后，写一个启动类，代码如下所示。

```
package com.springBoot.springbootAndMybatis;
import org.springframework.boot.SpringApplication;
import org.springframework.boot.autoconfigure.SpringBootApplication;
@SpringBootApplication
public class Application {
    public static void main(String[] args) {
        SpringApplication.run(Application.class, args);
    }
}
```

在这里需要特别注意的是，这个类需要放在刚才所有程序的父包中，如果新建一个包与 controller 包同级，并将启动类放在新建的包中，则在访问 controller 时将访问不到。所以，Application 启动类可以放在 controller 包或者其父包中。

最后，进行 Restful 测试，建议使用 Postman 专业工具进行测试。这里为了方便，使用谷歌浏览器。查询所有用户的结果如图 6.12 所示。

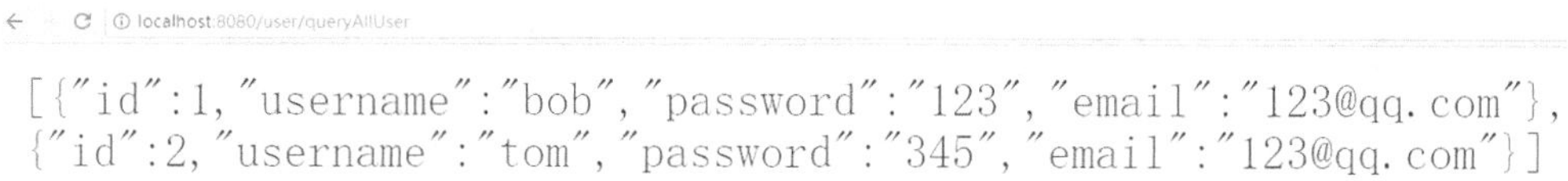
localhost:8080/user/queryAllUser
[{"id":1,"username":"bob","password":"123","email":"123@qq.com"},
{"id":2,"username":"tom","password":"345","email":"123@qq.com"}]

图 6.12　查询所有用户

根据姓名查询用户如图 6.13 所示。

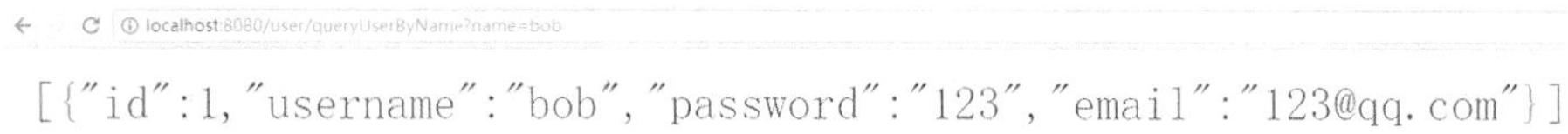
localhost:8080/user/queryUserByName?name=bob
[{"id":1,"username":"bob","password":"123","email":"123@qq.com"}]

图 6.13　根据姓名查询用户

新增用户如图 6.14 所示。在这里需要注意的是字段 key 必须是 user 类中的属性。

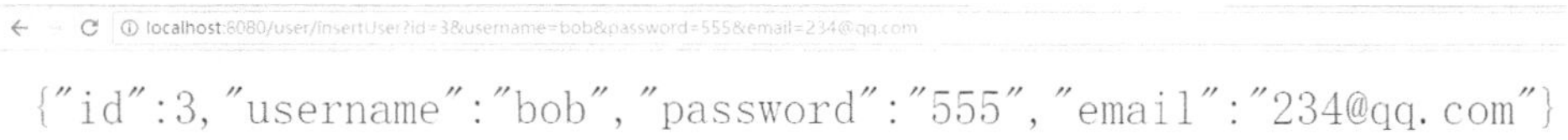
localhost:8080/user/insertUser?id=3&username=bob&password=555&email=234@qq.com
{"id":3,"username":"bob","password":"555","email":"234@qq.com"}

图 6.14　新增用户

第7章　Spring Boot 中的事务

熟悉数据源后，就可以对数据库进行业务处理，即进行读写操作。然而在数据库的操作过程中可能发生各种异常，例如在对业务数据的操作中，发生了异常，导致后续的逻辑程序没执行，在这种情况下，就需要使用事务进行处理，保证每一个步骤的可靠性，保证数据的正确性。让操作要么都成功，要么都失败，回到未操作的情况下。这就是所说的事务。

在 Spring Boot 中，事务管理是常用功能。在新的框架中，Spring Boot 继续开发了部分新功能，方便程序员使用。事务的处理方式有编程式和声明式事务处理。声明式的事务处理建立在 AOP 的基础上，不需要侵入业务代码，只需要添加注解就可以方便地完成事务的操作。因此，在对事务的处理上，本章只说明声明式的事务处理。

在事务的管理机制上，还会存在事务中继续保存子事务的情况，这就是所说的传播行为，而且传播行为在业务中，也是优化处理速度的方式，本章会通过实例说明传播行为的使用。

最后，我会介绍 Spring Boot 中的事务是如何运行的。

7.1　隔离级别

在具体介绍 Spring Boot 的事务管理机制前，有必要了解一下数据库在事务上是如何控制的。这是隔离级别的概念，主要应对在高并发情况下，如何保证数据的一致性的问题。然后介绍 Spring Boot 配置中的重要属性的隔离级别，以及如何使用数据库的隔离级别。

7.1.1　数据库的隔离级别

首先，介绍数据库的四大特性，然后对隔离级别做详细的介绍。

1. ACID

如果数据库支持事务，则必定存在 ACID，就是数据库的四大特性。

原子性（Atomicity）：事务中包含的所有业务操作被看成业务单元，要么全部执行成功，要么全部执行失败。

一致性（Consistency）：事务操作完成后，必须使得数据库从一种一致状态变为另一种一致状态。通俗的说法就是，两个用户互相转账，在多次交易之后，他们之间的钱加起来不变，主要是保证数据的完整性。

隔离性（Isolation）：在高并发的情况下，多个用户操作同一张表，数据库会为每一个用户开启一个事务，多个事务要互相隔离，不被其他用户干扰，这就是隔离性，在后面也会重点介绍。

持久性（Durability）：事务在结束后，即事务提交后，数据库中的数据依旧存在，是永久性的。

2. 隔离级别

在数据库中可以对数据完全隔离，保证数据的完整性。但是在互联网中，在保证数据完整性的同时，我们还要考虑系统性能，因此数据库的隔离级别出现了四类。

如果隔离级别过高，在高并发时，系统中就会存在大量的锁，导致线程被挂起，一个时刻只能允许一个线程访问数据，只有锁释放，下一个线程才能进行访问。这造成整个系统的运行速度特别慢，用户体验变差。

这时我们就需要考虑数据库的隔离级别，四类级别分别是未提交读、读写提交、可重复读、串行化。级别越高，可靠性越好，但是并发量就会变小。四类级别如下。

（1）未提交读（READ UNCOMMITTED）。

这是隔离级别最低的级别，在多个事务中，如果对其中一个事务进行了修改，即使没有提交该事务，在其他的事务中依旧可以读取到已经修改的值。

这种级别会存在脏读，也就是指在一个事务处理过程里读取了另一个未提交的事务中的数据。如表 7.1 所示。

表 7.1 未提交读的情况

时刻	事务 1	事务 2	说明
T1	读取为 2		
T2	减少一张		数据表中为 1

续表

时刻	事务1	事务2	说明
T3		减少一张	数据表为0
T4		提交事务	数据表为0
T5	出错回滚		

举例说明，假设买票，剩下两张票，这时卖出去一张票，按道理应该回滚到1才正确，但这里回滚为0。如果只看事务1，应该回滚到2，这样也不对。因此这种级别在实际中使用得不多，如果对数据的一致性要求不高，但是对并发性的要求高，可以采用这种级别。

（2）读写提交（READ COMMITTED）。

对于未提交读写，这里的事务只能读取另一个事务已经提交的数据，没有提交的数据不能被读取。这个级别虽然克服了脏读的情况，但也会存在问题，就是读取旧数据的问题，造成不可重读的现象。如表7.2所示。

表7.2 读写提交的情况

时刻	事务1	事务2	说明
T1	读取为1		
T2	减少一张		
T3		读取为1	
T4	提交事务		数据表为0
T5		减少一张，然后失败	

举例说明，同样是买票，假设剩下一张票，直接看事务2，我们查询数据表发现有数据，但在减少一张进行卖票时，发现没票了。对于事务2来说，数据表数据是一个在变化的值，造成不能重复读的现象。

（3）可重复读（REPEATABLE READ）。

针对读写提交的情况，这个级别克服了不可重复读的问题。举例如表7.3所示。

表7.3 可重复读的情况

时刻	事务1	事务2	说明
T1	读取为1		
T2	减少一张		
T3		尝试读取	
T4	提交事务		数据表为0
T5		开始读取	

从表中可以看到，在提交事务 1 之后，事务 2 才能读取，这里使用了阻塞。但也存在问题，不是针对 update 与 delete，而是针对 insert。这里查询不再是同一个数据，而是同一批数据的个数。举例说明，在事务 2 中，先查询时只有 50 条数据，然后过一会再查询时，发现事务 1 提交了 5 条数据，导致此时有 55 条数据。刚才的数据就是幻读。

（4）串行化（Serializable）。

这个级别是数据库中级别最高的，所有的 SQL 都会按照顺序进行执行，可以避免出现脏读、不可重复读、幻读等问题。

7.1.2　Spring Boot 中的隔离级别

上面已经说明了隔离级别，但具体的数据库支持不同，例如 MySQL 全部支持，而 Oracle 只支持其中的读写提交与串行化。Spring Boot 的事务支持的隔离级别，可通过一段代码来看，代码如下所示。

```
package org.springframework.transaction.annotation;
public enum Isolation {
    DEFAULT(-1),
    READ_UNCOMMITTED(1),
    READ_COMMITTED(2),
    REPEATABLE_READ(4),
    SERIALIZABLE(8);
    private final int value;
    private Isolation(int value) {
        this.value = value;
    }
    public int value() {
        return this.value;
    }
}
```

需要特别说明的是，DEFAULT 是默认值的意思，表示使用底层数据库的默认隔离级别。对大部分数据库而言，通常这个值是 READ_COMMITTED，这里是默认值，不是第五种隔离级别，所以不会与其他四种隔离级别冲突。

关于它的使用有两种方式，注解会在后面进行说明。使用方式一，在注解上添加属性配置项，如下所示。

```
// 插入 user
@Transactional(isolation = Isolation.READ_COMMITTED)
public User insertUser(User user){
    userMapper.insertUser(user);
    return user;
}
```

在注解 @Transactional 上添加配置项。而 @Transaction 这个注解在 7.2.1 节进行说明。

使用方式二，在 application.properties 中添加配置项，当然这里会全部被指定。

```
spring.datasource.dbcp2.default-transaction-isolation=2
```

上面的代码可以使用数字代表隔离级别，所以在 application.properties 中可以使用数字编写。

7.2 声明式事务

Spring Boot 中的事务是基于 AOP，可以支持声明式事务，使用注解选择将要使用事务的方法。在企业里，业务处理中使用事务的地方还是比较多。只要对将要使用事务的地方添加注解，就可以轻松解决事务处理的问题，因此，声明式事务是本章的重点。

7.2.1 @Transaction 注解

在 7.1.2 中隔离级别的使用方式一，里面有一个注解 @Transaction，下面就介绍一下这个注解。

Spring 在配置类上使用 @EnableTransactionManagement，将会自动扫描被标注 @Transaction 的类或者方法，启动声明式事务。

对于 @Transaction 的使用，可以放在方法上，也可以放在类上。如果放在类上，说明类中的所有 public 方法都会开发事务；如果方法与类上都有 @Transaction，则方法上的注解重载类的注解。

需要注意的是，这个注解同样可以被放在接口上。如果放在接口上，使用接口上的事务，其实是有限制的，就是在 AOP 代理时，只能使用 JDK 进行代理，如果想使用 cglib 动态代理就不允许。所以在实际使用中，也需考虑这点。

在 @Transaction 注解上，可以根据需要进行配置，表 7.4 是它常用的参数与说明。

表 7.4　@ Transaction 常用的参数与说明

参数	说明
readOnly	设置当前的事务为只读，默认 false，即为可读写
Isolation	设置事务的隔离级别，通常是数据库的默认隔离级别
Propagation	设置事务的传播行为
Timeout	设置事务的超时秒数，当为 –1，即为永不超时
RollbackFor	设置需要回滚的异常类数组
RollbackForClassName	设置需要回滚的异常类名称数组
noRollbackFor	设置不需要进行回滚的异常数组
noRollbackForClassName	设置不需要回滚的异常类名称数组

有些属性需要举例，才能更好地理解，例子如下。

- @Transaction(rollbackFor={"Exception.class", "RunTimeException.class"})。
- @Transaction(rollbackForClassName={"Exception", "RunTimeException"})。
- @Transaction(norollbackFor={"Exception.class", "RunTimeException.class"})。
- @Transaction(norollbackForClassName={"Exception", "RunTimeException"})。

事务超时的属性 timeout，其实是事务允许执行的最长时间，使用 int 描述时间，单位为秒。默认设置的时间是事务系统的超时值，如果没有设置，则表示 none，也就是永不超时的意思；如果设置了，且超过了设置的时间，事务将会自动进行回滚。

7.2.2　事务管理器

数据访问层都用自己的事务管理框架，而 Spring Boot 的事务管理机制则通过统一的机制来处理不同的框架。Spring 中有一个 PlatformTransactionManager 接口，负责事务的管理。先来看源码，代码如下所示。

```
package org.springframework.transaction;
import org.springframework.lang.Nullable;
public interface PlatformTransactionManager {
    // 获取事务
    TransactionStatus getTransaction(@Nullable TransactionDefinition var1) throws TransactionException;
    // 提交
    void commit(TransactionStatus var1) throws TransactionException;
    // 回滚
    void rollback(TransactionStatus var1) throws TransactionException;
}
```

在上文的源码中，可以看到接口中有三个方法，分别是获取事务、提交和回滚。其中，有几个参数需要说明。TransactionDefinition 类是一个带有事务属性的接口，在接口中有隔离级别、超时时间、传播行为、是否只读等属性。DefaultTransactionDefinition 是此接口的默认实现方式。TransactionStatus 是接口的状态，有四种状态，是否是新创建的、是否已经完成、是否只回滚、是否有回滚点。

在 Spring 中，不同的访问层框架都可以实现这个接口，比较常见的有下面的几个。

当使用 JPA 时，在 pom 文件中将会引入 spring-boot-starter-jpa，并在 Spring Boot 的 JpaBaseConfiguration 类中构建出 JpaTransactionManager。下面是定义的源码。

```
package org.springframework.boot.autoconfigure.orm.jpa;
@Bean
@ConditionalOnMissingBean
public PlatformTransactionManager transactionManager() {
    JpaTransactionManager transactionManager = new JpaTransactionManager();
    if (this.transactionManagerCustomizers != null) {
        this.transactionManagerCustomizers.customize(transactionManager);
    }
    return transactionManager;
}
```

当使用 JDBC 时，我们会引入依赖 spring-boot-starter-jdbc，并在 Spring Boot 的 DataSourceTransactionManagerAutoConfiguration 类中构建出 DataSourceTransactionManager。下面是定义的源码。

```
package org.springframework.boot.autoconfigure.jdbc;
@Bean
@ConditionalOnMissingBean(PlatformTransactionManager.class)
public DataSourceTransactionManager transactionManager(
        DataSourceProperties properties) {
    DataSourceTransactionManager transactionManager = new DataSourceTransactionManager(
            this.dataSource);
    if (this.transactionManagerCustomizers != null) {
        this.transactionManagerCustomizers.customize(transactionManager);
    }
    return transactionManager;
}
```

除此之外还有几个常见的实现策略，如表 7.5 所示。

表 7.5 数据库访问对应的实现策略

数据访问技术	实现策略
Hibernate	HibernateTransactionManager
JDO	JdoTransactionManager
分布式	JtaTransactionManager

7.3 JPA 下的事务

当我们访问数据库时，如果使用 JPA，需要引入依赖 spring-boot-starter-jpa，才会产生 JpaTransactionManager。这里做两个实例，一是没有事务的情况，二是添加上事务的情况。

7.3.1 普通的数据库访问

在介绍数据源时，我们已经学习过 JPA 的使用，这里的示例直接在 JPA 的代码上进行修改即可。为了有一个直观的印象，先看图 7.1。

图 7.1　演示程序结构

在图 7.1 中，可以看到，使用的包是 dataSource。首先，要看看 application.properties 的配置，代码如下所示。

```
# 系统的配置数据源
spring.datasource.driver-class-name=com.mysql.jdbc.Driver
spring.datasource.url=jdbc:mysql://127.0.0.1:3308/test?serverTimezone=UTC&useUnicode=true&characterEncoding=utf8&useSSL=false
spring.datasource.username=root
spring.datasource.password=123456
#JPA
spring.jpa.hibernate.ddl-auto=create
spring.jpa.show-sql=true
spring.jpa.database-platform=org.hibernate.dialect.MySQL5InnoDBDialect
```

在上面的代码中，第一部分是 MySQL 的数据源配置，使用 Spring Boot 默认的连接池，第二部分是 JPA 的配置。因为是演示程序，每次都新建一次表格，而且最开始没有新建，所以使用 create 的属性值。

然后，创建实体类 NewUser.java，代码如下所示。

```
package com.springBoot.dataSource.pojo;
```

```
import javax.persistence.*;
@Entity
@Table(name = "new_user")
public class NewUser {
    @Id
    @GeneratedValue(strategy = GenerationType.IDENTITY)
    private Long id;
    @Column(length = 2,name="username",nullable = true)
    private String username;
    @Column(length = 2)
    private String password;
    public NewUser(){}
    public NewUser(Long id, String username, String password){
        this.id=id;
        this.username=username;
        this.password=password;
    }
    public NewUser(String username, String password){
        this.username=username;
        this.password=password;
    }
//set and get
    }
```

在上面的代码中,我们添加 @Entity,说明这个类是一个实体类,并且将对应表名设为 new_user。这里要说的是 @Column 中的属性 length 定义为 2,表示生成的字段长度是 2,至于 2 的作用,在 7.3.2 节会体现出来。然后,新建一个数据访问接口 UserRepository,代码如下所示。

```
package com.springBoot.dataSource.dao;
public interface UserRepository extends JpaRepository<NewUser,Long> {
    public List<NewUser> findNewUserById(Long id);
    @Query("select art from com.springBoot.dataSource.pojo.NewUser art where username=:username")
    public List<NewUser> queryByUsername(@Param("username") String username);
    public NewUser save(NewUser newUser);
}
```

上面的代码中，在原有的基础上添加了新的方法，就是加粗的 save 方法，用于保存对象。最后，还是使用前面写的数据源测试类程序，直接测试保存，代码如下所示。

```
package com.springBoot.dataSource;
@RunWith(SpringJUnit4ClassRunner.class)
@SpringBootTest(classes = Application.class)
@SpringBootApplication
@EnableJpaRepositories(basePackages = "com.springBoot.dataSource.dao")
@EntityScan("com.springBoot.dataSource.pojo")
public class NewUserRepositoryTest {
    @Autowired
    private UserRepository userRepository;
    @Autowired
    PlatformTransactionManager platformTransactionManager;
        @Test
    public void save(){
        userRepository.save(new NewUser("a","1"));
        userRepository.save(new NewUser("b","2"));
        userRepository.save(new NewUser("c","3"));
        userRepository.save(new NewUser("d","4"));
        userRepository.save(new NewUser("e","55555"));
        System.out.println("----");
    }
}
```

上面的测试类程序，我们运行的是 save 方法，可以看到要在数据库中插入五条记录。执行后观察数据库，最终的效果如图 7.2 所示。

图 7.2　执行结果

在图 7.2 中，发现只插入了前四条记录，第五条记录没有成功。让我们看看控制台上的执行日志如下。

```
Hibernate: insert into new_user (password, username) values (?, ?)
Hibernate: insert into new_user (password, username) values (?, ?)
Hibernate: insert into new_user (password, username) values (?, ?)
Hibernate: insert into new_user (password, username) values (?, ?)
Hibernate: insert into new_user (password, username) values (?, ?)
    2018-12-10 22:17:33.393  WARN 14928 --- [           main] o.h.engine.
jdbc.spi.SqlExceptionHelper   : SQL Error: 1406, SQLState: 22001
    2018-12-10 22:17:33.393 ERROR 14928 --- [           main] o.h.engine.
jdbc.spi.SqlExceptionHelper   : Data truncation: Data too long for column
'password' at row 1
```

从日志上可以看到，在执行第五条记录时，出现了报错，因为password的列太长，所以会插入失败。

7.3.2 事务

在7.3.1节的示例中，成功插入四条记录，失败一条。按逻辑来说，不符合条件的记录失败很正常，但是有些场景本身就有问题。

所以我们需要使用事务来解决。那么JPA支持事务吗？如何使用事务？下面开始讲解我们的实例，相关程序还是在7.3.1节的基础上进行修改。

首先，我们需要注意不要修改NewUser实体类，重点是注意列的长度，这是造成程序出错的地方。下面是模拟程序出错，进行事务回滚。

```
@Column(length = 2,name="username",nullable = true)
private String username;
@Column(length = 2)
private String password;
```

然后，在测试类的方法上添加事务注解@Transactional，代码如下所示。

```
package com.springBoot.dataSource;
@RunWith(SpringJUnit4ClassRunner.class)
@SpringBootTest(classes = Application.class)
@SpringBootApplication
@EnableJpaRepositories(basePackages = "com.springBoot.dataSource.dao")
@EntityScan("com.springBoot.dataSource.pojo")
```

```java
public class NewUserRepositoryTest {
    @Autowired
    private UserRepository userRepository;
    @Autowired
    PlatformTransactionManager platformTransactionManager;
    @Test
    @Transactional
    public void save(){
        System.out.println(">>>>>>>>>>" + platformTransactionManager.getClass().getName());
        userRepository.save(new NewUser("a","1"));
        userRepository.save(new NewUser("b","2"));
        userRepository.save(new NewUser("c","3"));
        userRepository.save(new NewUser("d","4"));
        userRepository.save(new NewUser("e","55555"));
        System.out.println("----");
    }
}
```

在上面的代码中，我们注入了 PlatformTransactionManager。顺便说明一下，在开始事务时，Spring Boot 会自动生成 JpaTransactionManager，具体值看输出效果。

执行程序，观察执行效果，下面是执行的日志。

```
>>>>>>>>>>org.springframework.orm.jpa.JpaTransactionManager
Hibernate: insert into new_user (password, username) values (?, ?)
Hibernate: insert into new_user (password, username) values (?, ?)
Hibernate: insert into new_user (password, username) values (?, ?)
Hibernate: insert into new_user (password, username) values (?, ?)
Hibernate: insert into new_user (password, username) values (?, ?)
2018-12-10 22:31:26.287  WARN 2624 --- [           main] o.h.engine.jdbc.spi.SqlExceptionHelper   : SQL Error: 1406, SQLState: 22001
2018-12-10 22:31:26.287 ERROR 2624 --- [           main] o.h.engine.jdbc.spi.SqlExceptionHelper   : Data truncation: Data too long for column 'password' at row 1
2018-12-10 22:31:26.300  INFO 2624 --- [           main] o.s.t.c.transaction.TransactionContext   : Rolled back transaction for test: [DefaultTestContext@4b2c5e02 testClass = NewUserRepositoryTest, testInstance = com.springBoot.dataSource.NewUserRepositoryTest@2697c156, testMethod = save@NewUserRepositoryTest,
```

在控制台上，可以看到第一行加粗的部分，说明自动生成的事务管理器是我们所预想的。在后面的加粗日志上，可以看到 rooled back transaction for test，这里是进行了回滚。为了确认，接下来看看数据库的执行效果，如图 7.3 所示。

图 7.3　执行效果

实际写事务时，肯定不是写在 test 类中，这时我们需要把 save 方法放到 service 中，这时注解也就移动到 service。

7.4　JDBC 下的事务

在这里，直接模拟一个账户表。我们在账户存钱，存钱的先后顺序会有一些逻辑处理，假设我们已经对数据库中插入了数据，但之后出现了异常，需要将存在账户中的数据回滚。在开始程序之前，新建一个 jdbcTransaction 包，具体如图 7.4 所示。

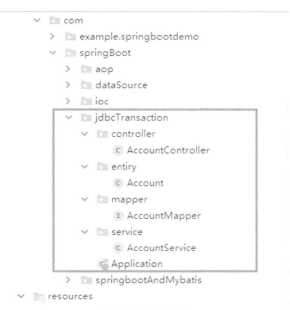

图 7.4　程序结构

首先，需要新建 ACCOUNT 表，在表中加入一些数据，这些数据主要是用来和执行效果对比，SQL 如下所示。

```sql
CREATE TABLE ACCOUNT(
 ID INT(16) NOT NULL,
 MONEY DECIMAL(10,2),
 PRIMARY KEY(ID)
);
INSERT INTO ACCOUNT VALUE(1,999.99);
INSERT INTO ACCOUNT VALUE(2,999.99);
INSERT INTO ACCOUNT VALUE(3,999.99);
```

然后，针对表新建实体类，代码如下所示。

```java
package com.springBoot.jdbcTransaction.entiry;
import java.math.BigDecimal;
public class Account {
    private int id;
    private BigDecimal money;
//set and get
    ....
}
```

接着写 Mapper 接口，其功能主要是用来实现数据库表的更新操作。访问为 save 方法，这里的 SQL 直接写在注解里，没有另外写 XML。代码如下所示。

```java
package com.springBoot.jdbcTransaction.mapper;
import org.apache.ibatis.annotations.Mapper;
import org.apache.ibatis.annotations.Update;
@Mapper
public interface AccountMapper {
    @Update("update account set money=money+1000 where id=2")
    public void save();
}
```

然后，在写完数据访问层的代码之后，在此基础上，写 AccountService 类，代码如下所示。

```
package com.springBoot.jdbcTransaction.service;
@Service
public class AccountService {
    @Autowired
    AccountMapper accountMapper;
    @Transactional
    public void save(){
        accountMapper.save();
        throw new RuntimeException("===== 异常 =====");
    }
}
```

上面的代码中，可以看到在 save 方法上有一个注解 @Transactional，其作用在前面已介绍，这个方法将会存在事务操作。在这个方法中，先对数据库进行更新操作，更新之后，模拟业务上出现业务异常，这个异常将会在上层业务中继续处理。

然后，开始写我们的业务控制层，代码如下所示。

```
package com.springBoot.jdbcTransaction.controller;
@RestController
public class AccountController {
    @Autowired
    AccountService accountService;
    @RequestMapping(value = "/save",method = RequestMethod.GET)
    public Object save(){
        try{
            accountService.save();
        }catch (Exception ex){
            return "异常了";
        }
        return "success";
    }
}
```

在上面的代码中，会进行数据的更新，同时会捕获底层出现的异常，异常捕获主要来源于 AccountService。最后，我们使用 Restful 测试的方式对事务进行测试，所以还需要一个启动类，启动类的代码如下所示。

```
package com.springBoot.jdbcTransaction;
import org.springframework.boot.SpringApplication;
import org.springframework.boot.autoconfigure.SpringBootApplication;
@SpringBootApplication
public class Application {
    public static void main(String[] args) {
        SpringApplication.run(Application.class, args);
    }
}
```

程序启动后，在页面上访问 http://localhost:8082/save?id=5&money=666.77（地址栏默认省略"http://"）。执行效果如图 7.5 所示。

图 7.5　执行效果

这时需要看数据的执行情况，如图 7.6 所示。

图 7.6　数据库的执行情况

7.5　事务传播行为

前面已经讲解过事务的使用，但在一些场景下事务的使用会更加复杂。例如我们在处理一个业务时，该业务有几个部分组成，在执行中几个部分都完成了，但有一部分因为特殊原因没能够执行成功。按照事务的说法，要么全部成功，要么全部失败，所以在接下来的处理逻辑上，会因为一部分的失败，导致大部分的数据进行回滚。

显然这样不合理，在系统中可能会造成锁表，使系统卡死。我们的实际做法是保留成功的数据，然后回滚失败的部分，当然失败的那部分会进行后续的处理。这样的处理方式其实就是传播行为，通俗来说就是执行到某段代码时，对已存在事务采用不同处理方式。现在，来看在代码中定义的传播行为，代码如下所示。

```
package org.springframework.transaction.annotation;
public enum Propagation {
    REQUIRED(0),
    SUPPORTS(1),
    MANDATORY(2),
    REQUIRES_NEW(3),
    NOT_SUPPORTED(4),
    NEVER(5),
    NESTED(6);
    private final int value;
    private Propagation(int value) {
        this.value = value;
    }
    public int value() {
        return this.value;
    }
}
```

在上面的代码中，可以看到主要有七种事务传播行为。为了方便直观地说明，我们先假设一个批量处理是当前的执行交易，里面分几个小部分逻辑在执行，这里简化为一个，如图 7.7 所示。

图 7.7　事务示意图

我们先通过一段代码进行说明，方便理解上面描述的示意图，代码如下所示。

```
class ServiceA{
    public void methodA(){
        // 按照事务的方式调用方法 B
        ServiceB.methodB();
    }
```

```
    }
class ServiceB{
    public void methodB(){
        //to do
    }
}
```

下面我们通过表格展示传播行为及说明，如表 7.6 所示。

表 7.6　传播行为及说明

传播行为	说明
REQUIRED	支持当前的事务，如果当前事务不存在，则新建一个新的事务
SUPPORTS	支持当前事务，如果当前事务不存在，则抛出异常
MANDATORY	支持当前事务，如果当前事务不存在，则抛出异常
REQUIRES_NEW	将会新建一个新的事务，如果当前事务存在，则把当前的事务挂起
NOT_SUPPORTED	以非事务的方式进行，如果当前事务存在，则把当前事务挂起
NEVER	以非事务的方式进行，如果有事务，则抛出异常
NESTED	新建事务，如果当前事务存在，则把当前的事务挂起

我们通过举例来加深对传播行为的理解，使用按照 A、B 来说明。假如传播行为是 REQUIRED，在使用 A 时，会调用 B。如果 A 已经开启了事务，在调用 B 时，B 将会运行在 A 的事务内部；如果 A 没有开启事务，将会给 B 分配一个事务。这样使用，在 A 或者 B 中只要出现异常，事务都会进行回滚，当然 B 也可能已经提交，但仍然会进行回滚。这也是默认的传播行为。

假设 A 的传播行为是 REQUIRED，B 的传播行为是 NEVER，那么在执行 B 时，就会抛出异常。

第8章 Spring Boot 中的 Redis

在前面介绍过关系型数据库，但非关系型数据库在互联网中也渐渐占有很大的比例，因为它在一些应用场景中使用更加方便。在 NoSQL 中，Redis 是最常见的数据库，也是一种运行在内存中的数据库，因此速度特别快，在互联网中常担任高速缓存的作用，有时分布式集群中的 Session 共享方案也是采用 Redis 数据库。

Redis 具有数据库的一些特性，因此，在正式操作数据之前，需要连接 Redis 数据库。因此，本章会先介绍如何使用 Spring Boot 连接数据库，同时存在连的接池概念，在后续章节也会介绍。

Redis 支持多种数据类型，如 String、List、Set、Hash 等类型。Spring Boot 集成 Redis 后，一样有关于多种数据类型的操作 API。在使用中，对数据的操作必不可少，所以也需要学习如何使用 API。在 Redis 中，使用最广泛的是缓存，因此，Redis 缓存管理器的概念就出现了。在本章中将通过实例说明在管理器下如何使用缓存。

8.1 Redis 的简单使用

本节主要是介绍 spring-boot-starter-data-redis，如何在项目中简单地使用 Redis。不过这里还是使用创建 Redis 工厂的方式来获取连接，方式有点过时，但重在了解。

8.1.1 Spring-boot-starter-data-redis 介绍

在 Spring 中想要使用 Redis，则需要加入 Redis 的依赖。在 Spring Boot 中将 Redis 封装成 starter，只需要使用配置，就可以方便地操作 Redis。因此，这里只需要加入简单的依赖如下。

```
<!--Redis-->
<dependency>
    <groupId>org.springframework.boot</groupId>
    <artifactId>spring-boot-starter-data-redis</artifactId>
</dependency>
```

这时，就可以通过 Java 对 Redis 进行操作。

8.1.2　Redis 的使用

图 8.1　程序结构

在开始程序编写之前，为了重现程序，还是展示一下程序结构，如图 8.1 所示。在 Redis 的使用这一节，将会新建一个包的实例程序。

首先，在 Spring Boot 1.×中，还是使用 JedisConnectionFactory 进行连接，因此代码如下所示。

```
package com.springBoot.redis.config;
@Configuration
public class RedisConfig {
    @Bean
    public RedisConnectionFactory getFactory(){
        JedisConnectionFactory factory=new JedisConnectionFactory();
        factory.setPort(6379);
        factory.setHostName("127.0.0.1");
        return factory;
    }
}
```

在上面的代码中，通过配置类创建 Redis 工厂，方便生成 Redis 数据库的连接。现在我们继续使用 SET 的方法，设置端口、主机。虽然 setPort、setHostName 方法都不再推荐使用，因为不推荐直接连接的方式，不过这种方式依旧可以使用，也可以了解一下曾经的使用方式，后面会进行改造。然后，写测试类程序进行测试，代码如下所示。

```
package com.springBoot.redis;
```

```java
@RunWith(SpringJUnit4ClassRunner.class)
@SpringBootTest(classes = Application.class)
public class RedisApplicationTest {
    @Autowired
    RedisConnectionFactory redisConnectionFactory;
    @Test
    public void testRedis(){
        RedisConnection connection=redisConnectionFactory.getConnection();
        connection.set("myKey".getBytes(),"myValue".getBytes());
        System.out.println("myKey:"+new String(connection.get("myKey".getBytes())));
    }
}
```

上面的代码分为三个部分，通过工厂获取 Redis 的连接，然后 SET 数据到 Redis，最后再将数据从 Redis 中取出来。需要注意的是我们在操作时都使用 byte 数组类型，操作起来不方便，后续在 8.2.2 节学习使用 template，会更加方便。最后，看看执行结果，如图 8.2 所示。

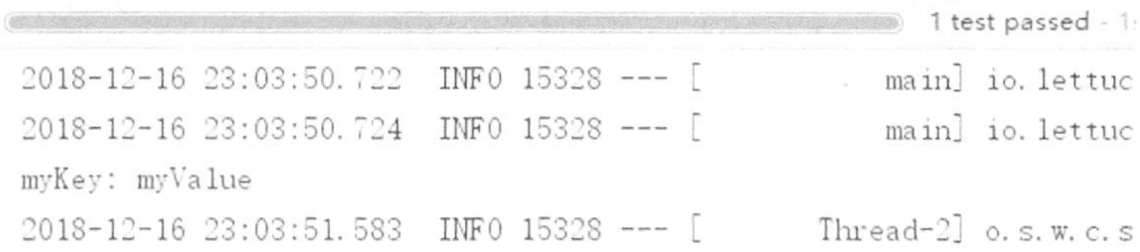

图 8.2 执行结果

那么 Redis 中的结果是什么样？这里的 Redis 安装在 Microsoft Windows 本地，进入命令行，查看结果如图 8.3 所示。

图 8.3 Redis 数据存储

8.1.3 使用配置类建立 Redis 工厂

在将 spring-boot-starter-data-redis 依赖引入之后，就自然地引入异步客户端 Lettuce。在一般的项目中，我们使用的是 Redis，用于 SSL 连接以及连接池的使用，因此下面是配置类与统一的客户端 Redis 的使用方法。首先，在开始前，需要修改 pom 文件，依赖如下所示。

```xml
<!--Redis-->
<dependency>
    <groupId>org.springframework.boot</groupId>
    <artifactId>spring-boot-starter-data-redis</artifactId>
    <exclusions>
        <exclusion>
            <groupId>io.lettuce</groupId>
            <artifactId>lettuce-core</artifactId>
        </exclusion>
    </exclusions>
</dependency>
<!--Redis client-->
<dependency>
    <groupId>redis.clients</groupId>
    <artifactId>jedis</artifactId>
    <version>2.9.0</version>
</dependency>
```

在上面的依赖中，我们需要排除 Lettuce，然后引入 Redis 客户端。

1. 不使用连接池

上面的使用连接信息直接连接的方式已经不再推荐，但工厂类还支持，因此可以使用配置类。目前主要有三种配置类，即 standlone、sentinel、redisCluster。

```java
package com.springBoot.redis.config;
@Configuration
public class RedisConfig {
    @Bean
    public JedisConnectionFactory getFactory(){
        RedisStandaloneConfiguration redisStandaloneConfiguration=new
```

```
RedisStandaloneConfiguration();
        redisStandaloneConfiguration.setDatabase(0);
        redisStandaloneConfiguration.setHostName("127.0.0.1");
        redisStandaloneConfiguration.setPort(6379);
        redisStandaloneConfiguration.setPassword(RedisPassword.of("123456"));
        JedisConnectionFactory factory = new JedisConnectionFactory(redisStandaloneConfiguration);
        return factory;
    }
}
```

在上面的代码中,使用的是 RedisStandloneConfiguration 配置类,使用这个配置类来初始化 Redis 工厂。具体如何使用工厂类,在后面介绍模板 template 时,会进行讲解。

2. 使用连接池

其实上面的方式不是很好,因为每次都会新建一个连接,然后使用命令对 Redis 进行操作,在高并发时,将会特别消耗资源,使系统性能下降。在 Redis 中,可以采取批量处理的方式,但是在这里,为了和上面的代码进行匹配,我们可以使用连接池的方式,代码如下所示。

```
@Bean
public JedisPoolConfig jedisPoolConfig() {
    JedisPoolConfig jedisPoolConfig = new JedisPoolConfig();
    jedisPoolConfig.setMaxTotal(50);
    jedisPoolConfig.setMinIdle(10);
    jedisPoolConfig.setMaxWaitMillis(50000);
    return jedisPoolConfig;
}
```

为了节约篇幅,上面的代码没有放在类中,这个 @Bean 可以放在前面的 RedisConfig 中。说明上面的代码,我们先对连接池的属性进行说明。

- MaxTotal:最大连接数,默认为 8。
- MinIdle:最小空闲数,默认为 0。
- MaxIdle:最大空闲数,默认为 8。

- MaxWaitMillis：在获取连接时的最大等待毫秒数，默认为-1，如果超时则抛出异常。
- BlockWhenExhausted：连接耗尽的时候是否阻塞，值为 true 则阻塞，但超时了会报异常；值为 false 则直接报异常。默认为 true。
- JmxEnabled：是否启用 pool 的 JMX 功能，默认为 true。
- Lifo：是否启用后进先出模式，默认为 true。
- TestOnBorrow：在获取连接时检查有效性，默认为 false。

8.2 对 Redis 数据类型的操作

对数据类型的操作才是 Redis 需要关心的部分，下面正式介绍 Redis 数据类型的操作部分。主要有三个部分：StringRedisTemplate 的使用、模板 template 以及其他数据类型的操作。

8.2.1 StringRedisTemplate 的使用

在上文，添加与获取都需要使用 byte 数组进行操作，这样显得比较烦琐。其实，Spring Boot 有可以使用模板，可简化代码书写。

```
package com.springBoot.redis.config;
@Configuration
public class RedisConfig {
    @Bean
    public JedisConnectionFactory getFactory(){
        RedisStandaloneConfiguration redisStandaloneConfiguration=new RedisStandaloneConfiguration();
        redisStandaloneConfiguration.setDatabase(0);
        redisStandaloneConfiguration.setHostName("127.0.0.1");
        redisStandaloneConfiguration.setPort(6379);
redisStandaloneConfiguration.setPassword(RedisPassword.of("123456"));
        JedisConnectionFactory factory = new JedisConnectionFactory(redisStandaloneConfiguration);
        return factory;
    }
    @Bean
     public StringRedisTemplate redisTemplate(JedisConnectionFactory
```

```
jedisConnectionFactory) {
        return new StringRedisTemplate(jedisConnectionFactory);
    }
}
```

RedisConfig 类在 8.1 节中有不使用连接池返回工厂类和使用连接池返回工厂类两种方式。在这个实例中，我们只使用其中一种进行演示，效果相同。我们讲解了工厂类，那么如何使用？

在 Spring 中有模板，在建立模板的时候则需要传入工厂类。因此，我们把刚生成的工厂类带入模板，并返回。在 Spring Boot 中有多个模板，先使用 StringRedisTemplate，至于其他的模板将会在后面进行介绍。然后，我们写测试类程序，进行测试，代码如下所示。

```
package com.springBoot.redis;
@RunWith(SpringJUnit4ClassRunner.class)
@SpringBootTest(classes = Application.class)
public class RedisApplicationTest {
    @Autowired
    StringRedisTemplate stringRedisTemplate;
    @Test
    public void testRedis(){
        stringRedisTemplate.opsForValue().set("myKey2","myValue2");
        String myVal=stringRedisTemplate.opsForValue().get("myKey2");
        System.out.println("myVal: "+myVal);
    }
}
```

上面程序中，将 StringRedisTemplate 模板注入，然后使用模板的方法。首先，使用 SET 方法把数据存放进 Redis。为了验证方法正确性，可以从 Redis 的命令行上观察，不过这里还是使用取出的方式进行验证，执行结果如图 8.4 所示。

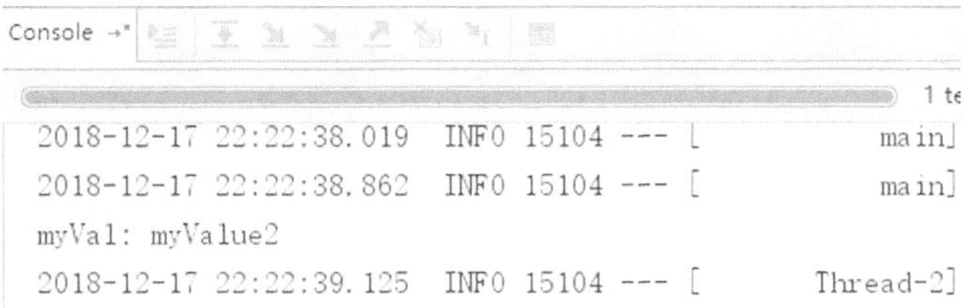

图 8.4 执行结果

Spring Data Redis 提供了两个模板，一个为 RedisTemplate，另一个为 StringRedisTemplate。RedisTemplate 使用的序列化类是 JdkSerializationRedisSerializer，StringRedisTemplate 使用的序列化类是 StringRedisSerializer。

首先，来看 StringRedisTemplate 的类关系，如图 8.5 所示。

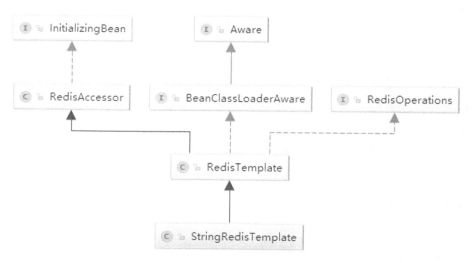

图 8.5 StringRedisTemplate 类关系

通过图 8.5 可以看到 StringRedisTemplate 继承了 RedisTemplate。当要存入、读取 Redis 数据库中的数据是字符串或者数据库中的数据是字符串，那么进行操作时使用 StringRedisTemplate 模板非常方便，从上面的实例中也可以发现的确方便很多。

只有对数据的复杂类型进行操作，才会使用 RedisTemplate，所以这里先来看 StringRedisTemplate 常用的操作，代码如下所示。

```
    stringRedisTemplate.opsForValue().set("test", "100",60*10,TimeUnit.SECONDS);// 向 redis 里存入数据和设置缓存时间
    stringRedisTemplate.boundValueOps("key").increment(-1);    //val 做 -1 操作
    stringRedisTemplate.opsForValue().get("key")  // 根据 key 获取缓存中的 val
    stringRedisTemplate.boundValueOps("key").increment(1);  //val +1
    stringRedisTemplate.getExpire("key")   // 根据 key 获取超时时间
    stringRedisTemplate.getExpire("key",TimeUnit.SECONDS)   // 获取超时时间并换算成指定单位
    stringRedisTemplate.delete("key ");   // 根据 key 删除缓存
```

```
stringRedisTemplate.hasKey("aaaaa");   // 检查 key 是否存在，返回 boolean 值
stringRedisTemplate.opsForSet().add("red_123","2","3");   // 向指定 key 中
```
存放 Set 集合
```
stringRedisTemplate.expire("red_123",1000 , TimeUnit.MILLISECONDS);
```
// 设置超时时间
```
stringRedisTemplate.opsForSet().members("rrr");   // 根据 key 获取 Set 集合
```

8.2.2 模板 template

Redis 支持五种数据类型，分别是字符串（String）、列表（List）、散列（Hash）、集合（Set）、有序集合（Zset）。对于字符串，我们建议使用 StringRedisTemplate 模板进行操作，那么对其他几种数据类型如何操作？本节将会介绍。

1. Redis 的数据类型

首先，把这五种数据类型做一个归纳总结，让不熟悉 Redis 的读者有一个了解，方便后续的学习。

- String：在 Redis 中存取的是字符串，也可以是整数与浮点数，需要注意的是学习过 Java 编程的读者，不要把整数与浮点数当成字符串。其实 StringRedisTemplate 的用法有"val+1"的操作。
- List：Redis 中的链表。可以在链表的开头与结尾，或者说链表左侧与链表右侧进行添加与删除数据的操作，同样可以对其中的指定位置进行操作，即在每一个节点上都是一个字符串。
- Hash：包含键值的无序散列表。
- Set：集合的意思。与 Java 中的语法不同，在集合中是字符串，其特点是无序，而且唯一，即不允许重复。
- Zset：是字符串成员与数值的有序映射，然后根据数值的大小进行排序。

2. RedisTemplate 的使用

在 8.2.1 小节中，讲到了 StringRedisTemplate 与 RedisTemplate 的关系，也说明了对于字符串的操作，使用 StringRedisTemplate 即可，但操作其他的数据类型，就需要 RedisTemplate 的配合。

很多时候，我们不仅要知道操作字符串需要与该模板打交道，也要知道该模板是 Redis 的核心，是 Redis 交互的高级抽象，有着更丰富的功能。

在最开始时，我们使用 RedisConnect 进行操作，这种方式存取都需要 byte 数组，而 RedisTemplate 则不需要这么费事，因为在模板中就可以处理序列化与连接，使得开发人员只需要关注业务开发，而不需要太关注 Redis 的细节。

首先，Spring 对数据类型的操作都提供了接口，在具体操作前，我们先看有哪些接口，这也被称为 Key 类型操作，接口清单如下所示。

```
ValueOperations              // 字符串类型的操作
ListOperations               // 列表类型的操作
SetOperations                // 集合类型的操作
ZsetOperations               // 有序集合类型的操作
HashOperations               // 散列类型的操作
GeoOperations                // 地理位置的操作
HyperLogLogOperations        // 基数类型的操作
```

上面定义了几种接口，这些定义的接口如何使用？RedisTemplate 定义了对数据类型的操作，我们可以通过如下的几种方式获取接口，接口清单如下。

```
redisTemplate.opsForValue();          // 操作字符串
redisTemplate.opsForHash();           // 操作 Hash
redisTemplate.opsForList();           // 操作 List
redisTemplate.opsForSet();            // 操作 Set
redisTemplate.opsForZSet();           // 操作有序 Set
redisTemplate.opsForGeo();            // 操作地理位置
redisTemplate.opsForHyperLogLog();    // 操作基数
```

然后，除了在前面提过的 Key 类型操作，其实还有一种 Key 绑定操作。例如有这样的场景，如果想对某一个键值对做一系列操作，这时 Spring Data Redis 也存在相应接口，接口的清单如下所示。

```
BoundValueOperations         // 绑定一个字符串键操作
BoundListOperations          // 列表键绑定
BoundSetOperations           // 集合键绑定
BoundZSetOperations          // 有序集合键绑定
```

```
BoundHashOperations            // 散列键绑定
BoundGeoOperations             // 地理位置绑定
```

同理，定义了接口，就可以使用 RedisTemplate 获取接口，接口清单如下所示。

```
redisTemplate.boundValueOps("string");
redisTemplate.boundSetOps("set");
redisTemplate. boundZSetOps ("zset");
redisTemplate.boundHashOps("hash");
redisTemplate.boundListOps("list");
redisTemplate.boundGeoOps("geo");
```

8.2.3 数据类型的操作

在 Redis 中存在多种数据类型，现在对 String、List、Set、Hash 数据类型进行操作。下面是测试类程序，以及运行的结果。

1. String 操作

首先，进行 String 数据类型的操作，代码继续写在测试类 RedisApplicationTest 中。

```
package com.springBoot.redis;
@RunWith(SpringJUnit4ClassRunner.class)
@SpringBootTest(classes = Application.class)
public class RedisApplicationTest {
    @Autowired
    RedisTemplate redisTemplate;
    @Test
    public void testString(){
        ValueOperations<String,String> valueOperations=redisTemplate.opsForValue();
        // 不设置超时时间
        valueOperations.set("testString1","testStringValue1");
        // 设置超时时间，设置的时间单位为秒，切位 30 秒
        valueOperations.set("testString2","testStringValue2",30,TimeUnit.SECONDS);
        // 判断 key 是否存在，不存在则存取
```

```
            valueOperations.setIfAbsent("testString3","testStringValue3");
            // 获取数据类型
            String val1=valueOperations.get("testString1");
            String val2=valueOperations.get("testString2");
            String val3=valueOperations.get("testString3");
            System.out.println("val1: "+val1);
            System.out.println("val2: "+val2);
            System.out.println("val3: "+val3);
        }
    }
```

运行测试类程序，观察执行结果如图 8.6 所示。

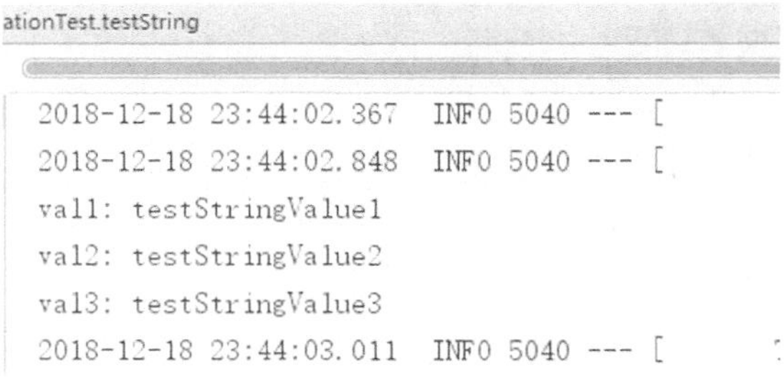

图 8.6　String 执行结果

2. List 操作

在这里，放入一个对象。首先在 redis 的包下新建 entity 包，在 entity 包下新建 Employ 类，代码如下所示。

```
    package com.springBoot.redis.entity;
    public class Employ implements Serializable {
        private static final long serialVersionUID = 366444554774130L;
        private String id;
        private String name;
        //GET 和 SET 方法
        @Override
        public String toString() {
            return "Employ{" +
                    "id='" + id + '\" +
                    ", name='" + name + '\" +
```

```
        '}';
    }
}
```

在这段代码中,需要注意的是要让这个类可以序列化,因为我们在测试时没有特别指定序列器,则会使用 JDK 序列化,所以需要实现 Serializable 接口。然后,写测试类程序,测试代码如下所示。

```
package com.springBoot.redis;
@RunWith(SpringJUnit4ClassRunner.class)
@SpringBootTest(classes = Application.class)
public class RedisApplicationTest {
    @Autowired
    RedisTemplate redisTemplate;
    @Test
    public void testList(){
         ListOperations<String,Object> listOperations=redisTemplate.opsForList();
        for (int i=0;i<3;i++){
            Employ employ=new Employ();
            employ.setId("\""+i+"\"");
            employ.setName("name"+i);
            listOperations.rightPush("list1",employ);
            listOperations.rightPush("list2",employ);
        }
        Employ employ=(Employ)listOperations.rightPop("list1");
        System.out.println(employ.toString());
    }
}
```

在这段代码中,通过 RedisTemplate 获取操作 List 的接口,然后模拟数据在链表的右侧插入数据,最后通过在右侧弹出的方式验证程序的执行结果,如图 8.7 所示。

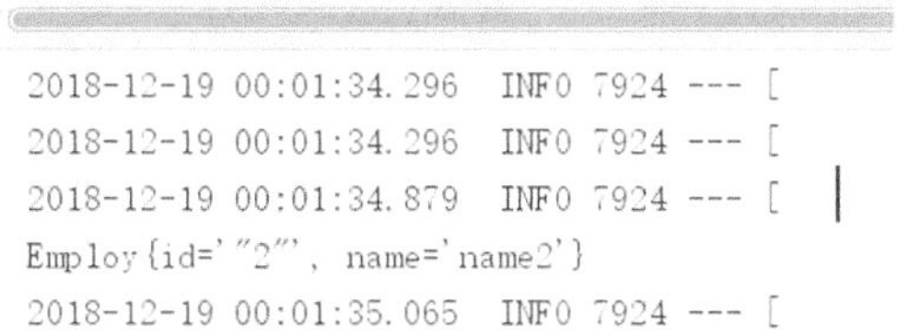

```
2018-12-19 00:01:34.296   INFO 7924 --- [
2018-12-19 00:01:34.296   INFO 7924 --- [
2018-12-19 00:01:34.879   INFO 7924 --- [
Employ{id='"2"', name='name2'}
2018-12-19 00:01:35.065   INFO 7924 --- [
```

图 8.7　List 执行结果

分析一下结果，我们在右侧执行弹出是后放入的，所以 id 为 2。

3. Set 操作

继续在测试类程序中添加测试方法，代码如下所示。

```
@Test
public void testSet(){
    SetOperations<String,Object> setOperations=redisTemplate.opsForSet();
    Employ employ=new Employ();
    employ.setId("1");
    employ.setName("a");
    setOperations.add("set",employ);
    Employ employ1=(Employ)setOperations.pop("set");
    System.out.println(employ1.toString());
}
```

执行结果如图 8.8 所示。

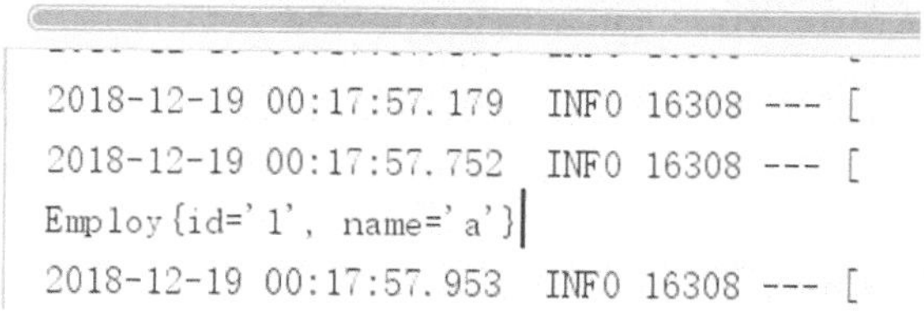

```
2018-12-19 00:17:57.179  INFO 16308 --- [
2018-12-19 00:17:57.752  INFO 16308 --- [
Employ{id='1', name='a'}
2018-12-19 00:17:57.953  INFO 16308 --- [
```

图 8.8 Set 执行结果

4. Hash 操作

继续在测试类中程序添加测试方法，代码如下所示。

```
@Test
public void testHash(){
    HashOperations<String,Object,Object> hashOperations=redisTemplate.opsForHash();
    Map<String,String> newMap=new HashMap<>();
```

```
        newMap.put("testMap1","test1");
        newMap.put("testMap2","test2");
        hashOperations.putAll("hash",newMap);
        System.out.println(hashOperations.entries("hash"));
    }
```

执行结果如图 8.9 所示。

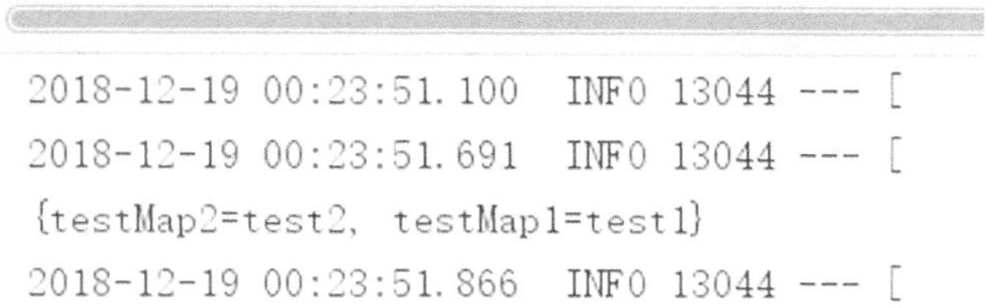
2018-12-19 00:23:51.100 INFO 13044 --- [
2018-12-19 00:23:51.691 INFO 13044 --- [
{testMap2=test2, testMap1=test1}
2018-12-19 00:23:51.866 INFO 13044 --- [

图 8.9 Hash 执行结果

8.3 序列化

我们在前面使用过 StringRedisTemplate 与 RedisTemplate 模板，不过在使用时，没有单独设置过序列化器。其中，在操作字符串时，使用 StringRedisTemplate 即可，如果是操作其他数据类型，这个模板就不再适用，则需要换成 RedisTemplate 模板。除了默认的序列化器，还可以灵活地设置其他序列化器。

8.3.1 序列化实例

在 Spring Data Redis 中，默认采用的序列化器有两种，一种是 JDK 的序列化器，另一种是 String 的序列化器。其实，在 Spring 中还有别的序列化器，关于其他的序列化器，我们可以看下面的 org.springframework.data.redis.serializer。首先，我们看一个自定义序列化的实例。

1. 配置 application.properties

本节主要讲解在 Spring Boot 中使用 Redis。我们先前讲解的工厂操作，以及对数据类型的操作，都是基于上文的工厂操作获取模板往下继续测试的。也许读者一直存在着疑问，这个 Spring Boot 的配置项在哪里？说好的开箱即用体现在哪里？在这个实例，以及后面的实例中，我们就解答这两个问题，先来看看 Redis 的配置。

```
#Redis 的配置
spring.redis.database=0
spring.redis.host=127.0.0.1
spring.redis.port=6379
spring.redis.jedis.pool.max-active=8
spring.redis.jedis.pool.max-wait=-1
spring.redis.jedis.pool.min-idle=0
```

spring.redis.database 的意思是使用数据库，在 Redis 中，默认一共有 16 个数据库，一般情况下使用默认的 0；host 的意思是 Redis 的服务器地址，默认为 127.0.0.1；port 是 Redis 的端口，默认为 6379。

我们使用的 Spring Boot 版本为 2.×，与前面 1.× 有些不同，主要体现在 pool 上，在使用时注意一下即可，因为 Spring Boot 2.× 中 pool 的属性已经被封装到 Redis 或者 Lettuce 中。

max-active 的意思是连接池最大连接数，负数则表示没有限制；max-wait 意思是最大阻塞等待时间；min-idle 的意思是连接池中的最小空闲连接数。

其实，还有属性 max-idle 表示最大空闲连接数。有时候连接超时时间也会设置，即 spring.redis.timeout，单位为秒。

这里需要注意，因为在 Spring Boot 1.× 中，参数类型是 int，单位是毫秒，只需要配置数值即可，例如 18000。但是，在 Spring Boot 2.× 中，时间的相关配置类型修改为 JDK 的 Guration，因此在写连接超时时间时，需要写上单位。

2. 序列化

在 Spring Boot 中使用 Redis 的时候，不管使用什么方式，最后都会把 key 与 value 使用字符串或者序列化成 byte 数组进行保存，所以在进行数据操作的时候，才会考虑到序列化的问题。

在上文讲解数据操作的时候，我们定义了自己的对象，这时不再刻意使用 StringRedisTemplate，而是使用 RedisTemplate 进行操作。但是针对 Object，还是需要使用

JDK 的序列化才可以进行操作。

在上文操作 Redis 的数据类型，使用 RedisTemplate 时，没有进行过序列化，这并不代表 JDK 序列化完美，不需要再考虑这个问题，因为效率问题也是需要考虑的。在 JDK 序列化中，被序列化的对象除了属性的内容，还包含其他的内容，因此长度长，而且不方便阅读。

下面，先讲解一个普通的用法，使用模板将其修改为自己想用的序列化器。首先写一个对象类，代码如下所示。

```
package com.springBoot.redis.entity;
public class Employ {
    private String id;
    private String name;
    //GET 和 SET 方法
    @Override
    public String toString() {
        return "Employ{" +
                "id='" + id + '\'' +
                ", name='" + name + '\'' +
                '}';
    }
}
```

然后，写一个测试类，代码如下所示。

```
package com.springBoot.redis;
@RunWith(SpringJUnit4ClassRunner.class)
@SpringBootTest(classes = Application.class)
public class RedisApplicationTest {
    @Autowired
    RedisTemplate redisTemplate;
    @Test
    public void testSerializer(){
        String name="employ";
        // 获取 hash 操作接口
        redisTemplate.setKeySerializer(new StringRedisSerializer());
        redisTemplate.setHashValueSerializer(new JdkSerializationRedisSerializer());
        HashOperations<String,String,Employ>
```

```java
hashOperations=redisTemplate.opsForHash();
        // 存放数据
        hashOperations.put(name,"employ1",new Employ("1","a1"));
        hashOperations.put(name,"employ2",new Employ("2","a2"));
        hashOperations.put(name,"employ3",new Employ("3","a3"));
        //
        Long size=hashOperations.size(name);
        System.out.println("size: "+size);    // 大小
        Set<String> keys=hashOperations.keys(name);   // 拿到 Map 的 key 集合
        for (String str:keys){
            System.out.println("str: "+str);
        }
        List<Employ> employs=hashOperations.values(name);
        for (Employ employ:employs){
            System.out.println("employ: "+employ.toString());
        }
    }
}
```

在上文的替换过程中，只需要使用 SET 就可以将其实现，执行结果如图 8.10 所示。

```
2018-12-22 15:52:15.144  INFO 14468 --- [           main]
2018-12-22 15:52:15.179  INFO 14468 --- [           main]
2018-12-22 15:52:15.180  INFO 14468 --- [           main]
2018-12-22 15:52:15.771  INFO 14468 --- [           main]
size: 3
str: employ2
str: employ3
str: employ1
employ: Employ{id='2', name='a2'}
employ: Employ{id='3', name='a3'}
employ: Employ{id='1', name='a1'}
2018-12-22 15:52:15.956  INFO 14468 --- [       Thread-2]
```

图 8.10　执行结果

在上面的代码中，为了方便，直接在 template 后面设置，这种情况适合单个实例的演示。在实际中，建议将这个写成 Bean，可以在多个地方使用，不再写重复代码。

对于改进办法，这里写一个示例作为参考。我们使用 Jackson2JsonRedisSerializer 序列化器作为实例，将数据序列化成 json，代码如下所示。

```java
@Configuration
public class RedisConfig {
    @Bean
    JedisConnectionFactory connectionFactory() {
        return new JedisConnectionFactory();
    }
    @Bean
    public RedisTemplate redisTemplate(JedisConnectionFactory connectionFactory) {
        RedisTemplate redisTemplate = new RedisTemplate();
        redisTemplate.setConnectionFactory(connectionFactory);
        //Jackson2JsonRedisSerializer
        Jackson2JsonRedisSerializer jackson2JsonRedisSerializer = new Jackson2JsonRedisSerializer(Object.class);
        ObjectMapper objectMapper = new ObjectMapper();
        jackson2JsonRedisSerializer.setObjectMapper(objectMapper);
        redisTemplate.setValueSerializer(jackson2JsonRedisSerializer);
        redisTemplate.setHashValueSerializer(jackson2JsonRedisSerializer);
        redisTemplate.setKeySerializer(new StringRedisSerializer());
        redisTemplate.setHashKeySerializer(redisTemplate.getKeySerializer());
        redisTemplate.afterPropertiesSet();
        return redisTemplate;
    }
}
```

8.3.2 序列化讲解

保存数据后，进行序列化操作。在 Spring Data Redis 中，有一些序列化器可以供我们使用，目前在项目中实现 RedisSerializer 接口的常用的序列化器有 6 个，分别如下。

- GenericToStringSerializer：使用 String 转换进行序列化。
- GenericJackson2JsonRedisSerializer：使用 Json2，序列化为 Json。
- Jackson2JsonRedisSerializer：使用 Json2，序列化为 Json。
- JdkSerializationRedisSerializer：使用 JDK 自带的序列化。
- OxmSerializer：使用 O/X 映射的解码器与编码器序列化，主要用于 XML。

- StringRedisSerializer：序列化 String 类型的键与值。

接下来介绍常用的 4 个。

1. GenericJackson2JsonRedisSerializer 与 Jackson2JsonRedisSerializer

这两个序列化器都可以将数据序列化为 Json，但也有区别。前者可以在 Json 数据中加入 @class 属性，以及类的包名和路径，方便了序列化。如果存储的类型为 List 等带有泛型的对象，反序列化的时候 Jackson2JsonRedisSerializer 序列化方式会报错，而 GenericJackson2JsonRedisSerializer 序列化方式会成功。

在 GenericJackson2JsonRedisSerializer 中存在 @class 属性，则可以找到需要转换的类型，序列化成功。但是 Jackson2JsonRedisSerializer 的效率高于 GenericJackson2JsonRedisSerializer。使用时根据需要自己选择。

2. GenericToStringSerializer 与 StringRedisSerializer

这两个序列化器也稍微说明一下。GenericToStringSerializer 可以将一切对象泛化为 String 进行序列化，即使用 Spring 转换服务进行序列化。

但是 StringRedisSerializer 只是简单地字符串序列化，操作 String 数据。有兴趣的读者可以自己测试一下效果。

8.4 缓存

虽然前面讲了 Redis 的操作，但真实的项目中不会这样直接操作。实际的应用场景更多的是缓存数据，使得系统的性能更加高效。

8.4.1 缓存的使用

现在 Spring Boot 版本已经更新到 2.×，本书使用的版本也是 2.×，在缓存管理器上和以前的 1.× 版本有些不同。我们按照这里的程序使用缓存。

首先，看一下程序结构，如图 8.11 所示。

```
                    v ■ redisCache
                        v ■ config
                            C MyConfig
                        v ■ pojo
                            C Employ
                        C TestCache
```

图 8.11 程序结构

在这里，我们使用实体类进行保存。这里的实体类是 Employ，里面有 id、name。程序不再展示，在前面的实例中讲过，只是一个简单的 Bean。

然后，我们需要写自己的 CacheManager。和以前有些区别，原来的构造器方法被取消，需要使用新的方式来产生自己的 RedisCacheManager。先说第一种方式，使用静态方法 create，代码如下所示。

```
@Bean
public CacheManager cacheManager(RedisConnectionFactory factory) {
    RedisCacheManager cacheManager =
RedisCacheManager.create(factory);
    return cacheManager;
}
```

这种方式的特点是，只能使用 Spring 提供的默认配置，不能修改一些配置项。因此，还有第二种方式，即使用 RedisCacheConfiguration 进行构造，设置默认的超时时间，缓存的命名空间。对于第二种方式，代码如下所示。

```
package com.springBoot.redisCache.config;
@Configuration
@EnableCaching
public class MyConfig extends CachingConfigurerSupport{
//key 生成策略
    @Bean
    public KeyGenerator keyGenerator() {
        return new KeyGenerator() {
            @Override
            public Object generate(Object target, Method method,
Object... params) {
                StringBuilder sb = new StringBuilder();
```

```java
                sb.append(target.getClass().getName());
                sb.append(method.getName());
                for (Object obj : params) {
                    sb.append(obj.toString());
                }
                return sb.toString();
            }
        };
    }
    //factory
    @Bean
    JedisConnectionFactory connectionFactory() {
        return new JedisConnectionFactory();
    }
    // 生成模板
    @Bean("redisTemplate")
    public RedisTemplate<String, String> redisTemplate(RedisConnectionFactory factory) {
        StringRedisTemplate template = new StringRedisTemplate(factory);
        Jackson2JsonRedisSerializer jackson2JsonRedisSerializer = new Jackson2JsonRedisSerializer(Object.class);
        ObjectMapper om = new ObjectMapper();
        om.setVisibility(PropertyAccessor.ALL, JsonAutoDetect.Visibility.ANY);
        om.enableDefaultTyping(ObjectMapper.DefaultTyping.NON_FINAL);
        jackson2JsonRedisSerializer.setObjectMapper(om);
        template.setValueSerializer(jackson2JsonRedisSerializer);
        template.afterPropertiesSet();
        return template;
    }
    // 缓存管理器
    @SuppressWarnings("rawtypes")
    @Bean
    public CacheManager cacheManager(RedisConnectionFactory factory) {
        RedisCacheConfiguration redisCacheConfiguration = RedisCacheConfiguration.defaultCacheConfig();
        redisCacheConfiguration=redisCacheConfiguration.entryTtl(Duration.ofMinutes(1))// 设置缓存有效期 1s
                .disableCachingNullValues();
        return RedisCacheManager
                .builder(RedisCacheWriter.nonLockingRedisCacheWriter(fa-
```

ctory))
                .cacheDefaults(redisCacheConfiguration).build();
    }
}

对这段代码的知识点说明一下：首先需要继承 CachingConfigurerSupport 类，这个类给我们提供自定义缓存的相关配置。从下面的源码，可以看到里面的方法都没经过逻辑处理。

```java
package org.springframework.cache.annotation;
public class CachingConfigurerSupport implements CachingConfigurer {
    public CachingConfigurerSupport() {
    }
    @Nullable
    public CacheManager cacheManager() {
        return null;
    }
    @Nullable
    public CacheResolver cacheResolver() {
        return null;
    }
    @Nullable
    public KeyGenerator keyGenerator() {
        return null;
    }
    @Nullable
    public CacheErrorHandler errorHandler() {
        return null;
    }
}
```

在这个类中，有两个方法需要注意，一个方法是 errorHandler，用于自定义处理 Redis 的异常；另一个方法是 keyGenerator，用来自定义 key 生成策略。回到正题，在配置文件中，我们继承类，然后重写了 key 的生成策略。这里的生成策略比较合理，规则为类名＋方法名＋参数。

在 RedisTemplate 方法中，产生一个模板使用的序列化器是 Jackson2JsonRedisSerializer，这个使用方式在前面讲解过，这里不再详细说明。

最后一个方法是 CacheManager，通过第二种方式来产生缓存管理器。首先，生成默认配置，可以通过 config 对象对自定义缓存进行配置。在 config 中，设置缓存的默认时间，代码中使用的时间以秒为单位。其中，disableCachingNullValues 是不缓存空值。

现在，我们测试一下数据是否可以缓存，代码如下所示。

```java
package com.springBoot.redisCache;
@RunWith(SpringJUnit4ClassRunner.class)
@SpringBootTest(classes = Application.class)
public class TestCache {
    @Autowired
    private StringRedisTemplate stringRedisTemplate;
    @Autowired
    private RedisTemplate redisTemplate;
    @Test
    public void testObj() throws Exception {
        Employ employ=new Employ("uu","uuName");
        ValueOperations<String, Employ> operations=redisTemplate.opsForValue();
        operations.set("no", employ,50, TimeUnit.SECONDS);
        Thread.sleep(1000);
        boolean exists=redisTemplate.hasKey("no");
        if(exists){
            System.out.println("exists is true");
        }else{
            System.out.println("exists is false");
        }
    }
}
```

这里代码的思路是，先把数据缓存到 Redis，但有时间限制，若在一定的时间内还没失效，我们就可以去 Redis 中获取。

测试一：存放的时间定为 50s。存放之后，有 1s 的睡眠时间，然后代码继续往下运行。按照我们的想法，输出的结果应该是 true。下面运行代码，执行结果如图 8.12 所示。

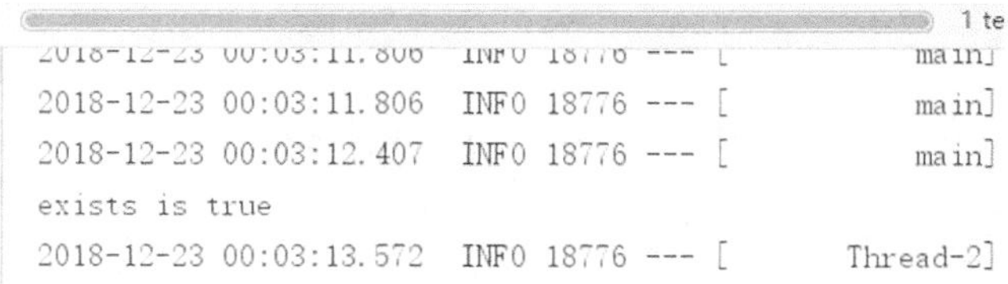

图 8.12　执行结果

测试二：让时间过去 50s，修改测试类程序，看 Redis 中是否还能有对应的 key。修改的测试代码如下所示。

```
@Test
    public void testObj() throws Exception {
        boolean exists=redisTemplate.hasKey("no");
        if(exists){
            System.out.println("exists is true");
        }else{
            System.out.println("exists is false");
        }
    }
```

运行代码，观察结果。按照我们的想法，在 50s 之后，缓存失效，不会获得对应的 key，则应该输出 false。执行结果如图 8.13 所示。

```
2018-12-23 00:07:56.901  INFO 7912 --- [           main]
2018-12-23 00:07:56.901  INFO 7912 --- [           main]
2018-12-23 00:07:57.524  INFO 7912 --- [           main]
exists is false
2018-12-23 00:07:57.696  INFO 7912 --- [       Thread-2]
```

图 8.13　执行结果

8.4.2　缓存的注解

在程序中，作者还是比较喜欢上面使用缓存管理器的方式，不过使用注解的方式声明缓存器也需要讲解。

1. 缓存中常用的几个注解

@EnableCaching：在 Spring 中，在类上加上这个注解，将会创建一个切面，并触发 Spring 缓存的切点。根据注解的不同以及缓存的状态值，切面会将数据添加到缓存中，从缓存中获取数据，以及从缓存中移除数据。因此，这个注解的意思是切面在对缓存操作时会调用此缓存器的方法。

@Cacheable：先从缓存中的 key 进行查询，如果查询到数据，则返回，不执行该方法；

如果没有数据，则执行该方法，并返回数据，最后将数据保存到缓存。

@CachePut：将方法的返回值放到缓存中，方法始终会执行，且在方法调用前不会检查缓存。

@CacheEvict：通过定义的键删除缓存。

@CacheConfig：统一配置本类的缓存注解的属性。

2. 主要参数

这里说的是注解 @Cacheable、@CachePut、@CacheEvict 的主要参数。

Value：缓存的名称。在配置的时候，必须指定一个，或者多个，多个的时候是一个数组，例如：@Cacheable value={"cache1","cache2"}。

Key：缓存的键 key。在配置时可以使用 Spring 支持的 spel 表达式写，也可以缺省按照方法的所有参数进行组合，例如：@Cacheable(value="cache1",key="#p0")。

Condition：缓存的条件，使用 SpEL 表达式写，返回布尔值，只有 true 的时候才会进行缓存操作或者删除缓存操作，例如：@Cacheable(value="cache1",condition="id==1")。

Unless：当 true 时，则不会缓存。

3. SpEL 表达式

考虑到在程序中直接使用 SpEL 时，我们看程序有些麻烦，且理解 SpEL 需要单独查资料。因此，下面对 SpEL 表达式稍微做一些说明，方便后续的学习，如表 8.1 所示。

表 8.1 SpEL 表达式

名称	位置	说明	实例
target	Root	被调用的目标对象实例	#root.target
targetClass	Root	当前被调用目标对象的类	#root.targetClass
methodName	Root	当前被调用的方法名称	#root.methodName
method	Root	当前被调用的方法	#root.method.name
Arsgs	Root	被调用方法的参数	#root.args[1]
caches	Root	当前方法调用使用的缓存列表	#root.caches[0].name
result	执行上下文	方法执行后返回的值	#result

在上文的表中，除了最后一个，在实例中都使用 #root，如果使用 Root 对象的属性作为 key，Spring 默认使用 Root 对象，就可以不再写 #root。例如，@Cacheable （value="cache1",key="method"）。

在 SpEL 中，还存在运算符，这里也介绍一下，如表 8.2 所示。

表 8.2　SpEL 中的运算符

类型	运算符
算术	+，-，*，/，%，^
逻辑	&&，||，!，and，or，not，between，instanceof
条件	?: (ternary)，?: (elvis)
关系	<，>，<=，>=，==，!=，lt，gt，le，ge，eq，ne
正则	Matches

最后，还有一个知识点需要介绍。在使用方法参数的时候，可以使用"# 参数名"，也可以使用"#p 参数 index"，这种写法还是比较常见的。

4. 实例

关于缓存的注解知识点介绍结束了，那么在程序中我们如何使用呢？这里讲解一个新的案例：新建一个 annotationRedisCache 包。仍然先看程序结构，方便重现程序，如图 8.14 所示。

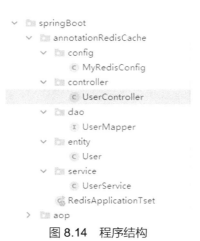

图 8.14　程序结构

首先，我们使用对象 user 进行演示，所以新建表，以 MySQL 为例，代码如下所示。

```
CREATE TABLE 'user' (
    'id' int(16) NOT NULL,
    'name' varchar(255) DEFAULT NULL,
```

```
  'age' varchar(255) DEFAULT NULL,
  PRIMARY KEY ('id')
) ENGINE=InnoDB DEFAULT CHARSET=utf8;
```

为了方便程序运行之后验证正确性，先在表中插入一条数据，插入的数据如图 8.15 所示。

图 8.15 user 表中数据

然后，新建一个 User 类，主要有 id、name、age 字段，同时都是 String 类型，代码如下所示。

```
package com.springBoot.annotationRedisCache.entity;
public class User implements Serializable{
    private static final long serialVersionUID = 366444554774130L;
    private String id;
    private String name;
    private String age;
}
```

在上面的代码中需要注意的是需要实现 Serializable，因为在 Redis 中，我们需要完成序列化。然后，我们需要开启缓存，这个时候就使用 @EnableCaching 注解，代码如下所示。

```
package com.springBoot.annotationRedisCache;
@SpringBootApplication
@EnableCaching
public class RedisApplicationTset {
    public static void main(String[] args) {
        SpringApplication.run(RedisApplicationTset.class, args);
    }
}
```

上面开启缓存的注解放在启动类上了，这个注解放在配置文件上也是一样的效果。然后，我们开始写 dao，进行"增删改查"操作，操作 user 表，代码如下所示。

```
package com.springBoot.annotationRedisCache.dao;
@Mapper
@CacheConfig(cacheNames = "user")
public interface UserMapper {
    //根据id查询user
    @Select("select * from user where id =#{id}")
    @Cacheable(key ="#p0")
    User findUserById(@Param("id") String id);
    //插入数据
    @Insert("insert into user(id,name,age) values(#{id},#{name},#{age})")
    int addUser(@Param("id")String id,@Param("name")String name,
@Param("age")String age);
    //根据id更新user
    @CachePut(key = "#p0")
    @Update("update user set name=#{name} where id=#{id}")
    void updateUserById(@Param("id")String id,@Param("name")String name);
    //如果指定为 true，则方法调用后将立即清空所有缓存
    @CacheEvict(key ="#p0",allEntries=true)
    @Delete("delete from user where id=#{id}")
    void deleteUserById(@Param("id")String id);
}
```

在上面的程序中，我们直接使用注解 @Mapper，这个标识是 MyBatis 体系中的，因为使用 MyBatis 进行操作，所以这里可以这么使用。其实在这里，可以使用另一个注解 @Repository，这个注解是 Spring 中用来表示 Dao 层的注解。

在上面的代码中，我们使用注解 @CacheConfig、@CachePut、@Cacheable、@CacheEvict。先说 @CacheConfig，这个注解的作用在上文的知识点讲解中说过，即统一配置本类的缓存属性，现在结合实例再具体介绍。

在程序中，我们在多个地方使用缓存，这时就可以使用当前注解统一设定 value 的值，也就是说在具体的方法上可以省略写 value 的属性，如果在方法上的注解中写 value，则使用方法上的 value。这个注解的好处是统一配置，更加方便。

只要使用 cacheNames 属性就可以统一设定 value 的值。当前注解还有其他的属性，代码如下所示。

```
public @interface CacheConfig {
    String[] cacheNames() default {};
    String keyGenerator() default "";
    String cacheManager() default "";
    String cacheResolver() default "";
}
```

keyGenerator：key 的生成器；cacheManager：指定缓存管理器；cacheResolver：指定获取解析器。在上面的代码中，使用 value 的值为 user。

再说 @Cacheable 注解，使用这个注解之后，会先查询缓存中是否存在缓存，如果有则使用缓存数据，没有则执行方法，并把结果缓存下来。

在缓存中，我们需要写 value，具体制定缓存的命名空间，因为在 @CacheConfig 注解中统一制定了 value 的值，在这里就沿用 user 值，所以这个缓存的命名空间也是 user。对于 key 的指定，这里使用 "#p 参数 index" 的方式。当前的注解还有其他的属性，这里做一些介绍，代码如下所示。

```
public @interface Cacheable {
    @AliasFor("cacheNames")
    String[] value() default {};
    @AliasFor("value")
    String[] cacheNames() default {};
    String key() default "";
    String keyGenerator() default "";
    String cacheResolver() default "";
    String condition() default "";
    String unless() default "";
    boolean sync() default false;
}
```

cacheNames 与 value 相同；keyGenerator：key 生成器，与上面的 key 属性两者选一；cacheResolver 指定获取解析器；conditon：条件符合则进行缓存；unless：缓存符合则不进行缓存；sync：是否采用异步模式缓存。

再说 @CachePut，这个注解针对方法，根据方法的请求参数对结果进行缓存，使用这个注解后，每次都会运行方法，适合的场景正是更新这种操作。

在 key 与 value 的属性上有一点要注意，注解上的 key 与 value 要和即将更新的缓存相同。我们来看这个注解的其他属性，代码如下所示。

```
public @interface CachePut {
    @AliasFor("cacheNames")
    String[] value() default {};
    @AliasFor("value")
    String[] cacheNames() default {};
    String key() default "";
    String keyGenerator() default "";
    String cacheManager() default "";
    String cacheResolver() default "";
    String condition() default "";
    String unless() default "";
}
```

上面是 CachePut 的源码，其中，每个属性都在前面讲过，这里就不再重复说明。

最后，在上文的代码中，我们还使用了 @CacheEvict 注解。这个注解根据条件对缓存进行清空，注解在方法上。

在程序中，使用了 allEntries 属性，表示是否清空缓存内容，如果是 true 则调用方法之后，清空缓存，默认是 false。这个注解的其他属性，代码如下所示。

```
public @interface CacheEvict {
    @AliasFor("cacheNames")
    String[] value() default {};
    @AliasFor("value")
    String[] cacheNames() default {};
    String key() default "";
    String keyGenerator() default "";
    String cacheManager() default "";
    String cacheResolver() default "";
    String condition() default "";
    boolean allEntries() default false;
    boolean beforeInvocation() default false;
}
```

在上面的属性中，有一个 beforeInvocation 属性，这个属性是指是否在方法执行之前清空缓存，默认是 false；如果是 true，则在方法执行前清空缓存。在 false 情况下，如果方法在执行后抛出异常，缓存不会被清空。

然后，我们开始写 service，这种写法显得正规一些，代码如下所示。

```java
package com.springBoot.annotationRedisCache.service;
@Service
public class UserService {
    @Autowired
    private UserMapper userMapper;
    public User findUserById(String id){
        return userMapper.findUserById(id);
    }
    public int addUser(String id,String name,String age){
        return userMapper.addUser(id,name,age);
    }
    public void updateUserById(String id,String name){
        userMapper.updateUserById(id,name);
    }
    public void deleteUserById(String id){
        userMapper.deleteUserById(id);
    }
}
```

然后，接着写控制层，代码如下所示。

```java
package com.springBoot.annotationRedisCache.controller;
@RestController
public class UserController {
    @Autowired
    private UserService userService;
    @RequestMapping("/findUserById")
    public User findUserById(@RequestParam("id") String id){
        return userService.findUserById(id);
    }
    @RequestMapping("/adduser")
    public int addUser(@RequestParam("id")String id,@RequestParam("name")String name, @RequestParam("age")String age){
        return userService.addUser(id,name, age);
    }
    @RequestMapping("/updateUserById")
```

```java
    public String updateUserById(@RequestParam("id") String id,@RequestParam("name") String name){
        try {
            userService.updateUserById(id, name);
        } catch (Exception ex) {
            return "error";
        }
        return "success";
    }
    @RequestMapping("/deleteUserById")
    public String deleteUserById(@RequestParam("id") String id){
        try {
            userService.deleteUserById(id);
        } catch (Exception ex) {
            return "error";
        }
        return "success";
    }
}
```

代码都写好了，现在我们进行测试。启动测试类。在测试前，我们进入 Redis，根据图 8.16，可以发现在 Redis 中没有缓存数据。

图 8.16 执行前的 Redis

输入链接 http://localhost:8082/findUserById?id=1 后，再进入 Redis，看数据是否被缓存。从图 8.17 中可以发现在查询之后，执行了缓存操作。

最后，我们执行删除缓存操作，输入链接 http://localhost:8082/deleteUserById?id=1，图 8.18 是执行删除操作的结果。

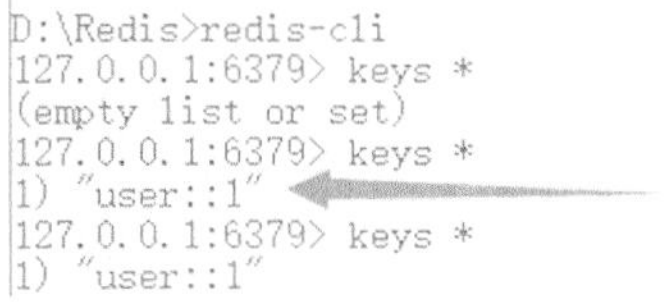

图 8.17 执行查询后 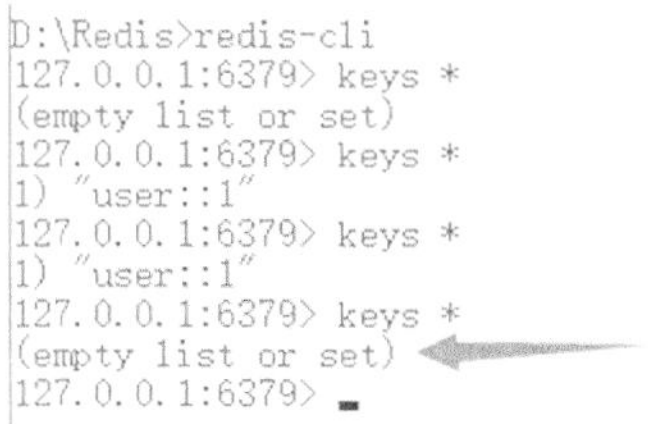　　　　　　图 8.18 执行删除操作后的结果

第9章 Spring Boot 中的 Security

Spring Security 是 Spring 社区的一个顶级项目，也是 Spring Boot 官方推荐使用的框架。通常，对网站的请求，只有先通过系统的认证才能对系统进行访问，或者系统间的交互通信，也需要先通过认证，才能进行业务操作。

项目中的各个模块都可以将自己的服务暴露出来，方便第三方进行调用，或者其他模块进行调用。这时需要一套授权机制保护系统安全，避免一些恶意的攻击，但是简单的拦截器已经不能再满足要求。对于上面提到的问题，Spring 提供安全框架 Spring Security（简称 Security），具有认证与授权两大功能，完全可以解决安全访问的问题，并且能满足企业构建分布式微服务的系统集成需求。

因此，微服务框架中的安全将会是重要的一章。Security 不同于普通的轻量级的组件，读者直接从 Demo 上很难学会，因为 Security 的体系强大且复杂，直接学习会花费一定的成本。本章将会系统介绍认证与授权，并通过示例解释 Security 的原理，让读者快速理解与上手。

在上文的 Web 基础篇第 2 章快速搭建一个微服务框架中，我们可以发现虽然是在搭建微服务框架，但是模块名看起来像用于安全。其实前面搭建的微服务框架主要用于两个地方，一是安全演示，二是最后的综合案例。所以本章将会在上文微服务框架的基础上进行程序的演示与讲解。

9.1 基本原理

本节先展示一下 Security 的默认安全登录方式，让读者快速直观地认识 Security。然后，分析 Security 的基本原理，以及部分源码，为进一步学习打下基础。

9.1.1 默认安全登录

首先，在项目中引入依赖。

```xml
<dependency>
    <groupId>org.springframework.boot</groupId>
    <artifactId>spring-boot-starter-security</artifactId>
</dependency>
```

为了启动 Spring Security，需要将 it-security-demo 中的配置项在配置文件中注释掉，这是为了启动项目方便，不需要每次输入密码。现在启动 Spring Security，将配置项在 application.properties 中注释，如下。

```
#security.basic.enabled = false
```

此时启动项目，就会启动 Security，这样可以看到在控制台上展示密码生成日志，如图 9.1 所示。

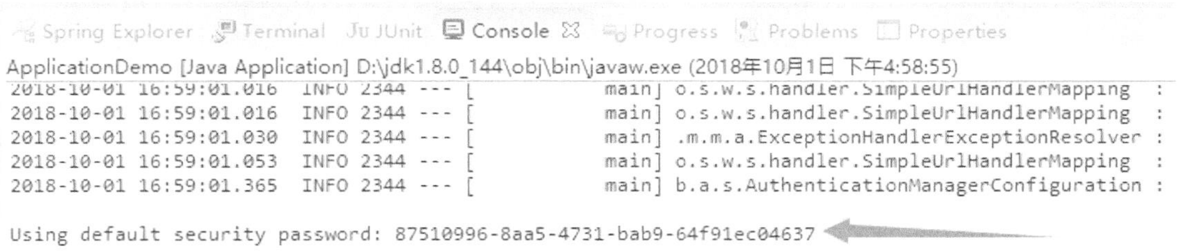

图 9.1　密码生成日志

多次启动后，会发现图中的密码每次都不同，这是因为 Security 的密码是随机生成的。

我们随意访问一个 RESTful API，会自动跳出一个登录对话框，这也是 Security 内部的默认跳转。图 9.2 是系统默认的登录对话框，以及登录成功后的效果（验证后会跳转到图 9.2 下方地址栏中的地址）。

图 9.2 默认登录对话框及登录成功后的效果

既然密码每次是随机的,那么用户名呢?在 Spring Security 中,用户名也被固定了,只能是 user。

目前为止,我们已经成功启动 Spring Security,并且登录进系统。但这不是我们想要的效果,其中暴露了很多问题,下面列举部分不足。

- 密码随机生成。用户也不知道自己的密码,系统将不能登录。
- 登录用户唯一。当用户申请使用系统后,每个用户都有自己的账号。没有唯一的密码。
- 登录页面是以弹框的方式打开,不是自定义的首页。系统没有自定义首页。
- 缺少多种登录方式,例如以第三方的方式登录。

对于这些问题,Spring Security 并不是不能解决,因为 Security 允许开发者根据自己的情况开发扩展,实现接口。上文列举的部分不足,我们将会在本章的后续章节一一解决。

9.1.2 Security 原理说明

Spring Security 最核心的其实是过滤器链,一组 Filter。所有发送的请求都会经过过滤器链,同样响应也会经过过滤器链,在系统启动时 Spring Boot 会自动地把它们配置进去。

1. 基本原理图

下面是 Security 的原理图,如图 9.3 所示。

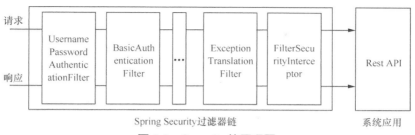

图 9.3　Security 的原理图

上面的图是一个最常见的介绍 Security 的原理图，下面就分别说明它们的功能，以及整体的运行流程。

- UsernamePasswordAuthenticationFilter：表单登录。
- BasicAuthenticationFilter：HTTP 登录。
- …：这里还有很多过滤器，可以根据自己的情况加入过滤器。
- ExceptionTranslationFilter：这个过滤器必须要在 FilterSecurityInterceptor 的前面，位置不能动，它的作用是处理 FilterSecurityInterceptor 抛出的异常。
- FilterSecurityInterceptor：这个过滤器处于整个过滤器链的最后一环，也是进入 RESTful 程序的前一个程序，这里将会做最后一次验证。

2. 整体流程

每个过滤器的作用都已经被说明了，下面将描述，从认证开始进入 RESTful API 的整个流程。

首先，用户输入用户名和密码，然后单击登录。其中绿色部分的每一种过滤器代表着一种认证方式，主要用于检查当前请求有没有涉及用户信息，如果当前没有，就会跳入到下一个绿色的过滤器中，请求成功会显示标记。绿色认证方式可以配置，比如短信认证、微信认证等。如果我们不配置 BasicAuthenticationFilter，那么它就不会生效。

FilterSecurityInterceptor 过滤器是最后一个，它会决定当前的请求可不可以访问 RESTful API，判断规则会放在这里面。当不通过时会把异常抛给前面的 ExceptionTranslationFilter 过滤器。

ExceptionTranslationFilter 接收异常信息时，将跳转页面引导用户进行认证。橘黄色和蓝色的位置不可更改。当没有认证的 request 进入过滤器链时，首先进入 FilterSecurityInterceptor，判断当前是否进行了认证，如果没有认证则进入 ExceptionTranslationFilter，处理抛出的异常，然后跳转到认证页面。部分源码如下所示。

```
UsernamePasswordAuthenticationFilter.java
public Authentication attemptAuthentication(HttpServletRequest request,
        HttpServletResponse response) throws AuthenticationException {
    if (postOnly && !request.getMethod().equals("POST")) {
        throw new AuthenticationServiceException(
            "Authentication method not supported:" + request.getMethod());
    }
    String username = obtainUsername(request);
    String password = obtainPassword(request);
    ......
}
```

这是表单过滤器，我们可以知道用户名与密码是从这里获取的，并封装返回 Authentication。Authentication 就是后续 Filter 决定页面跳转的依据。

9.2 自定义用户认证逻辑

在 Security 默认的机制中，不能自定义用户名，也不能自定义密码。本节将讲解开发人员在开发中如何获取自定义的用户名，并对用户进行校验。最后，对密码的加密与解密做一些探讨。

9.2.1 处理用户获取逻辑

读者看到这个标题，可能不是太明白，通俗一点地说，就是让后台程序可以接收前台的新用户名，并在后台进行逻辑处理。不论是进行运算还是数据库查询操作，重要的一步是，可以使得自己控制用户。首先，看 UserDetailsService 接口的代码。

```
public interface UserDetailsService {
    UserDetails loadUserByUsername(String username) throws UsernameNotFoundException;
}
```

这个接口的实现类中，可以获取 Username，最终返回 UserDetails。那么什么是 UserDetails？先看一段代码。

```java
public interface UserDetails extends Serializable {
    Collection<? extends GrantedAuthority> getAuthorities();
    String getPassword();
    String getUsername();
    boolean isAccountNonExpired();
    boolean isAccountNonLocked();
    boolean isCredentialsNonExpired();
    boolean isEnabled();
}
```

从代码中可以发现，这是关于用户名以及密码的一些方法，其实 User.java 继承了 UserDetails 接口的实现类。下面通过程序说明，代码如下所示。

```java
@Component
public class MyUserDetailsService implements UserDetailsService {
    private Logger logger=LoggerFactory.getLogger(getClass());
    @Override
    public UserDetails loadUserByUsername(String username) throws UsernameNotFoundException {
        logger.info("userName:"+username);
        // 根据用户名，可以查找用户信息，做一些操作
        return new User(username, "123456",
AuthorityUtils.commaSeparatedStringToAuthorityList("admin"));
    }
}
```

重新登录，如图 9.4 所示。

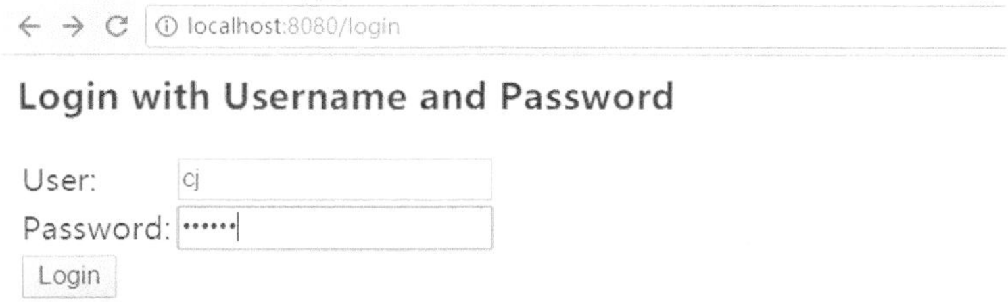

图 9.4　登录示意图

登录后，可以看到控制台上输出的日志，如图 9.5 所示。

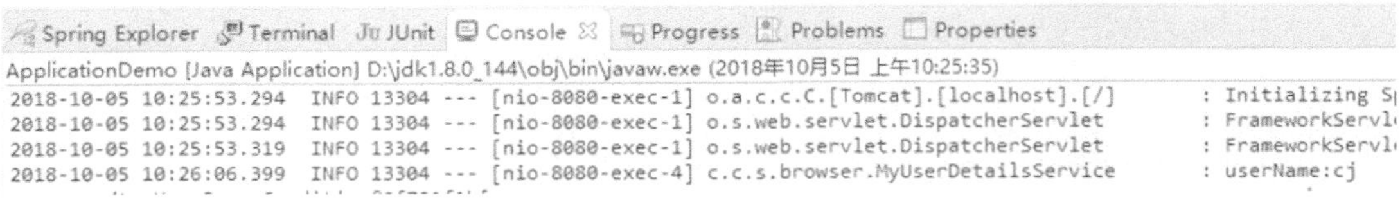

图 9.5　日志

在图 9.5 中，可以看到日志上有新的用户名，这说明，通过实现 UserDetailsService 接口，就可以获取用户登录的用户名。

同时，在类上可以添加 @Component 注解，将本类注入 Spring 容器中。而且，在本类中可以通过 @Autowired 注解注入对 Username 进行操作的 Dao 或者 Controller，进行逻辑处理。

9.2.2　处理用户校验逻辑

当获取到了新的用户名，并不是马上就可以使用了，因为账户是否被禁用、账户是否被锁定、密码是否过期、账户是否过期等都还没有经过校验，登录认证并没有完成。

其中，UserDetails 封装了所有登录需要的信息。UserDetails 只列举了几个方法，但是每个方法的作用还没有具体说明。在这一小节将具体说明它们的作用，并进一步说明 Security 是怎么进行用户校验的。

```java
// 返回验证用户密码，无法返回则 NULL
String getPassword();
// 返回验证用户名，无法返回则 NULL
String getUsername();
// 账户是否过期，过期无法验证
boolean isAccountNonExpired();
// 指定用户是否被锁定或者解锁，锁定的用户无法进行身份验证
boolean isAccountNonLocked();
// 指示是否已过期的用户的凭据（密码），过期的凭据无法进行认证
boolean isCredentialsNonExpired();
// 是否被禁用，禁用的用户不能身份验证
boolean isEnabled();
```

UserDetails 接口的功能已经介绍完了，但如何使用？下面通过代码实例来演示。

```
@Component
public class MyUserDetailsService implements UserDetailsService {
    private Logger logger=LoggerFactory.getLogger(getClass());
    @Override
    public UserDetails loadUserByUsername(String username) throws UsernameNotFoundException {
        logger.info("userName:"+username);
        return new User(username, "123456", true, true, true, false,
AuthorityUtils.commaSeparatedStringToAuthorityList("admin"));
    }
}
```

在上面的代码中，不再使用前面有 3 个参数的 User 作为返回，而是使用有 7 个参数的 User 作为返回。下面看看 User 中的 7 个参数的代码清单。

```
User(String username, String password, boolean enabled,
    boolean accountNonExpired, boolean credentialsNonExpired,
        boolean accountNonLocked, Collection<? extends GrantedAuthority> authorities)
```

对于每个参数，可以对应 UserDetails 中的方法来看。代码写好了，验证一下是否可以通过登录认证。图 9.6 中显示没有通过认证，然后我们再回去看代码就理解了。因为代码中的 accountNonLocked 参数，在返回时被赋值为 false，所以没有通过认证。

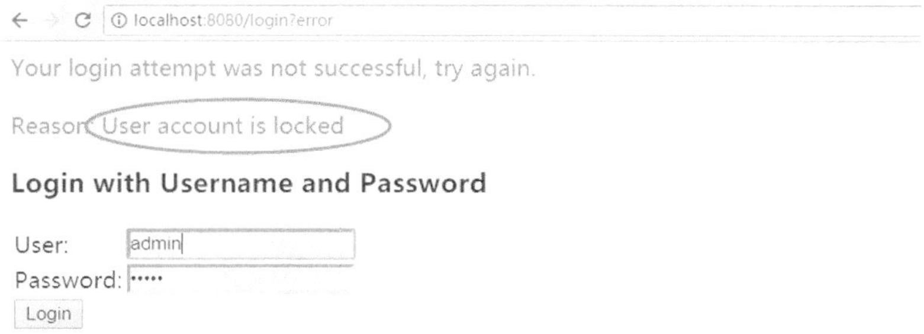

图 9.6　未通过认证

代码演示结束，相信读者对这种用法也理解了。在实际的开发中，并不是这么简单地返回。这里直接返回 true 或者 false，都是可以控制的参数，根据业务需要，引入控制器或者 Dao 进行逻辑处理，最终将结果显示出来。

9.2.3 密码加密与解密

这里使用的类是 PasswordEnCoder,下面是源码。

```
package org.springframework.security.crypto.password;
public interface PasswordEncoder {
    String encode(CharSequence var1);
    boolean matches(CharSequence var1, String var2);
}
```

encode:用于加密,建议在用户注册时,调用一次,对密码进行加密。

matches:用于检查加密的密码与用户的密码是否匹配,它是通过 Spring 调用的 matches(CharSequence rawPassword, String encodedPassword),其中 rawPassword 是原始的密码,encodedPassword 是加密的密码。

使用的加密类配置文件,代码如下所示。

```
package com.cao.security.browser;
/**
 * 覆盖掉 security 原有的配置
 */
@Configuration
public class BrowserSecurityConfig extends WebSecurityConfigurerAdapter{
    @Override
    protected void configure(HttpSecurity http) throws Exception {
        // 表单登录的一个安全认证环境
        http.formLogin()
        http.httpBasic()
            .and()
            .authorizeRequests()    // 请求授权
            .anyRequest()           // 任何请求
            .authenticated();       // 都需要认证

    }
    @Bean
    public PasswordEncoder passwordEncoder() {
        return new BCryptPasswordEncoder();
    }
```

}
```

处理加密与解密,代码如下所示。

```java
package com.cao.security.browser;
@Component
public class MyUserDetailsService implements UserDetailsService {
    private Logger logger=LoggerFactory.getLogger(getClass());

    //做一次加密
    @Autowired
    private PasswordEncoder passwordEncoder;
    @Override
    public UserDetails loadUserByUsername(String username) throws UsernameNotFoundException {
        logger.info("登录用户 userName:"+username);
        //根据用户名,可以查找用户信息,做一些操作
        /**
         * 简单地返回用户
         * User(username, password, authorities),这个User实现了UserDetails
         *  return new User(username, "123456", AuthorityUtils.commaSeparatedStringToAuthorityList("admin"));
         */
        /*
         * 这里涉及更多的校验,需要使用更加复杂的User
         * new User(username, password, enabled, accountNonExpired, credentialsNonExpired, accountNonLocked, authorities)
         */
        String password=passwordEncoder.encode("123456");
        logger.info("模拟的数据库密码 password:"+password);
        return new User(username, password, true, true, true, true, AuthorityUtils.commaSeparatedStringToAuthorityList("admin"));
    }
}
```

最终的执行结果如图9.7所示。
```

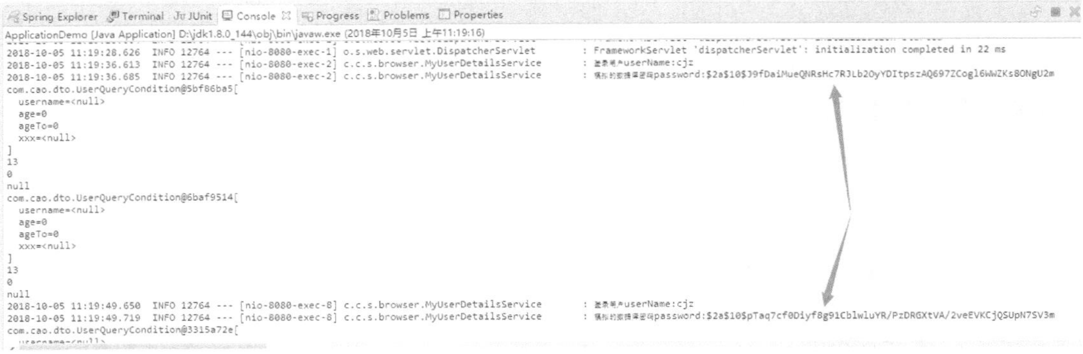

图 9.7 执行结果

每次用户登录的时候，即使被加密后的密码都不一样，但是解密后仍会是同一个密码。

9.3 自定义用户认证流程

本小节介绍用户自定义认证流程，主要包括自定义登录页面，优化自定义登录页面，以及登录成功或者登录失败之后的处理。在项目中，开发人员一般都会有自己的处理方式，可结合部分内容使得更符合自己的项目场景。

9.3.1 自定义登录页面

在 Security 中，默认的登录页面是固定的，但在实际开发中，多半是不符合的，因此需要使用自己的登录页面，在 Security 中支持自定义登录页面。原本的登录页面的源码如下所示。

```
public class UsernamePasswordAuthenticationFilter extends AbstractAuthenticationProcessingFilter {
    private boolean postOnly = true;
    public UsernamePasswordAuthenticationFilter() {
        super(new AntPathRequestMatcher("/login", "POST"));
    }
}
```

在上文的代码中，可以看到过滤器上的登录只能是 POST 的 login。自定义登录页面，首先设置配置文件，代码如下所示。

```java
package com.cao.security.browser;
/**
 * 覆盖掉 security 原有的配置
 * @author dell
 *
 */
@Configuration
public class BrowserSecurityConfig extends WebSecurityConfigurerAdapter{
    @Override
    protected void configure(HttpSecurity http) throws Exception {
        //表单登录的一个安全认证环境
        http.formLogin()
            .loginPage("/index.html")
            .loginProcessingUrl("/authentication/form")
//          http.httpBasic()
            .and()
            .authorizeRequests()    //请求授权
            .antMatchers("/index.html").permitAll()  //这个URL不需要认证
            .anyRequest()           //任何请求
            .authenticated()        //都需要认证
            .and()
            .csrf().disable();      //去掉csrf的防护

    }
    @Bean
    public PasswordEncoder passwordEncoder() {
        return new BCryptPasswordEncoder();
    }
}
```

在上面代码中，定义了登录的页面是 index.html，登录的方法是 authentication/form。这里需要注意的是，index 也是需要通过过滤器链的，但在实际中这个请求不存在用户名与密码，不需要进行校验。所以在请求的校验时，有 index 就不需要进行校验。然后，写一个登录的页面的程序，代码如下所示。

```html
<!DOCTYPE html>
<html>
<head>
<meta charset="UTF-8">
<title> 登录 </title>
</head>
<body>
    <h2> 标准登录页面 </h2>
    <h3> 表单登录 </h3>
    <form action="/authentication/form" method="post">
        <table>
            <tr>
                <td> 用户名 </td>
                <td><input type="text" name="username"></td>
            </tr>
            <tr>
                <td> 密码 </td>
                <td><input type="password" name="password"></td>
            </tr>
            <tr>
                <td colspan="2"><button type="submit"> 登录 </button></td>
            </tr>
        </table>
    </form>
</body>
</html>
```

在上面的代码中，只写用户名与密码，用于演示校验。这里需要注意的是，登录的方法需要和配置文件中的程序保持一致。运行程序，然后访问链接，就可以进行登录认证，登录页面如图 9.8 所示。

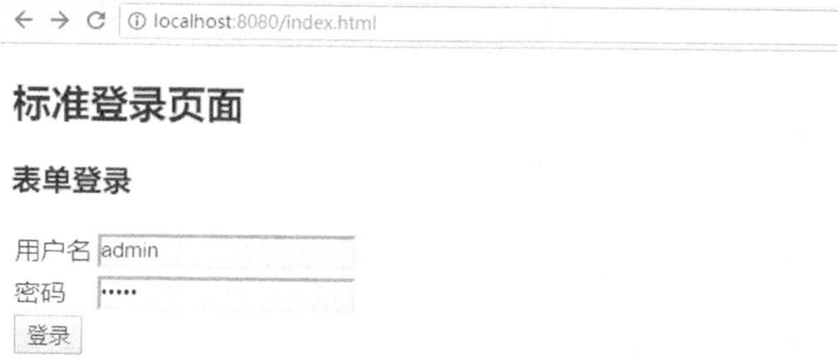

图 9.8　自定义登录页面

9.3.2 优化自定义登录页面

通过设置配置文件，我们已经实现自定义登录页面，但是这只是初步的实现，我们还需要对其进行优化。在上文的实现中，采取的是页面直接跳转的方式，而现在我们需要通过控制器进行统一管理，所以，就需要按照这个思路进行优化。在优化之前，先看看优化的思路图，如图 9.9 所示。

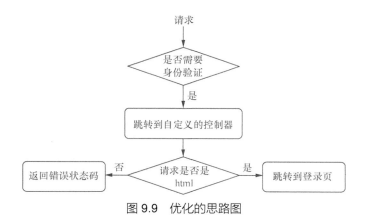

图 9.9 优化的思路图

首先，修改配置文件，代码如下所示。

```
package com.cao.security.browser;
/**
 * 覆盖 security 原有的配置
 * @author dell
 *
 */
@Configuration
public class BrowserSecurityConfig extends WebSecurityConfigurerAdapter{
    @Autowired
    private SecurityProperties securityProperties;

    @Override
    protected void configure(HttpSecurity http) throws Exception {
        // 表单登录的一个安全认证环境
        http.formLogin()
            .loginPage("/authentication/require")
            .loginProcessingUrl("/authentication/form")
```

```
            http.httpBasic()
                .and()
                .authorizeRequests()         // 请求授权
                .antMatchers("/authentication/require",
securityProperties.getBrowser().getLoginPage()).permitAll()  // 这个URL不
需要认证，包含自定义的登录页
                .anyRequest()                // 任何请求
                .authenticated()             // 都需要认证
                .and()
                .csrf().disable();           // 去掉csrf的防护

    }
    @Bean
    public PasswordEncoder passwordEncoder() {
        return new BCryptPasswordEncoder();
    }
}
```

在上面的配置文件代码中，可以发现没有 index.html 的相关内容，只有 authentication/require 的请求。

在上面的代码中，有 securityProperties 的这一段代码定义的 URL 不需要经过统一认证。对于这里的处理，我们还是通过抽象一些方法来实现，图 9.10 是抽象的一个框架。

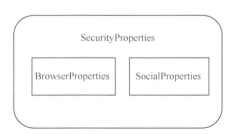

图 9.10　系统抽象封装

在 9.10 图中，最外层是 SecurityProperties，然后里面的对象分别是浏览器端与移动端的对象，分别用于做配置项。对于 SecurityProperties，代码如下所示。

```
package com.cao.security.core.properties;
@ConfigurationProperties(prefix="jun.security")
public class SecurityProperties {
    private BrowserProperties browser=new BrowserProperties();
```

```
    public BrowserProperties getBrowser() {
        return browser;
    }
    public void setBrowser(BrowserProperties browser) {
        this.browser = browser;
    }
}
```

在上面的程序中，我们先写一个 BrowserProperties 对象。这里会读取 jun.security 开头的配置项，同时会把配置项的第三个字段读取到同 Browser 相同的类中，所以后续还要写 Browser 的类。

现在开始写 BrowserProperties 对象，这里要读取的是配置项的第四个字段。loginPage 里有一个默认值，如果用户没有指定，就使用初始化的值，代码如下所示。

```
package com.cao.security.core.properties;
public class BrowserProperties {
    private String loginPage="/index.html";
    public String getLoginPage() {
        return loginPage;
    }
    public void setLoginPage(String loginPage) {
        this.loginPage = loginPage;
    }
}
```

然后，为了让配置项可以生效，还需要写一个配置类，代码如下所示。

```
package com.cao.security.core.properties;
@Configuration
// 让 SecurityProperties 读取器生效
@EnableConfigurationProperties(SecurityProperties.class)
public class SecurityCoreConfig {
}
```

现在，需要控制类处理请求，请求的代码如下所示。

```
package com.cao.security.browser;
```

```java
@RestController
public class BrowserSecurityController {
    private Logger logger=LoggerFactory.getLogger(getClass());
    // 拿到引发身份跳转的请求
    // 因为在跳转之前，security 会将请求缓存到 session 中
    private RequestCache requestCache=new HttpSessionRequestCache();

    // 跳转
    private RedirectStrategy redirectStrategy=new DefaultRedirectStrategy();

    // 方便读取自定义登录页的配置项
    @Autowired
    private SecurityProperties securityProperties;
    /**
     * 当需要身份认证的时候，跳转到这里
     * @param request
     * @param response
     * @return
     * @throws Exception
     */
    @RequestMapping("/authentication/require")
    @ResponseStatus(code=HttpStatus.UNAUTHORIZED)
    public SimpleResponse requiredAuthentication(HttpServletRequest request,HttpServletResponse response) throws Exception {
        SavedRequest saveRequest=requestCache.getRequest(request, response);
        if(saveRequest!=null) {
            String target=saveRequest.getRedirectUrl();
            logger.info(" 引发跳转的请求："+target);
            if(StringUtils.endsWithIgnoreCase(target, ".html")) {
                // 跳转到一个自定义的登录页
                redirectStrategy.sendRedirect(request, response, securityProperties.getBrowser().getLoginPage());
            }
        }
        return new SimpleResponse(" 访问的服务需要身份认证，请引导到登录页 ");
    }
}
```

在控制类中，在返回状态码的时候，需要使用一个对象，这个对象是 SimpleResonse，

这个类的代码如下所示。

```
package com.cao.security.browser.support;
public class SimpleResponse {
    public SimpleResponse(Object content) {
        this.content=content;
    }
    private Object content;
ect getContent() {
        return content;
    }
    public void setContent(Object content) {
        this.content = content;
    }

}
```

配置项如下所示。

```
#JDBC
spring.datasource.driver-class-name = com.mysql.jdbc.Driver
spring.datasource.url=
jdbc:mysql://127.0.0.1:3308/test?useUnicode=yes&characterEncoding=UTF-8&useSSL=false
spring.datasource.username = root
spring.datasource.password = 123456
##session store type
spring.session.store-type=none
#security login
#security.basic.enabled = false
jun.security.browser.loginPage=/newIndex.html
```

最后看效果。测试一：先访问 Demo 登录页，结果如图 9.11 所示。

← → C ① localhost:8080/newIndex.html

Demo 登录页

图 9.11　测试结果一

测试二：访问服务，结果如图 9.12 所示。

{"content":"访问的服务需要身份认证，请引导到登录页"}

图9.12　测试结果二

9.3.3　登录成功之后的处理

在登录成功之后，可以做一些处理，比如，进行自定义处理，具体的做法主要的思路有两部分，一是在配置文件中指定要处理的类，二是逻辑处理这个具体的类。因此，我们主要展示这两个部分的代码。配置类，指定登录之后的处理类，代码如下所示。

```java
package com.cao.security.browser;
/**
 * @Description 覆盖security原有的配置
 */
@Configuration
public class BrowserSecurityConfig extends WebSecurityConfigurerAdapter{
    // 获取自定义的登录页面
    @Autowired
    private SecurityProperties securityProperties;
    // 使用自己的登录成功后的处理类
    @Autowired
    private AuthenticationSuccessHandler browserAuthenticationSuccessHandler;
    @Override
    protected void configure(HttpSecurity http) throws Exception {
        // 表单登录的一个安全认证环境
        http.formLogin()
            .loginPage("/authentication/require")
            .loginProcessingUrl("/authentication/form")
            .successHandler(browserAuthenticationSuccessHandler)
//          http.httpBasic()
            .and()
            .authorizeRequests()  // 请求授权
            .antMatchers("/authentication/require",
securityProperties.getBrowser().getLoginPage()).permitAll()   // 这个url
不需要认证，包含自定义的登录页
            .anyRequest()          // 任何请求
```

```
                .authenticated()           //都需要认证
                .and()
                .csrf().disable();         //去掉csrf的防护
        }
        @Bean
        public PasswordEncoder passwordEncoder() {
            return new BCryptPasswordEncoder();
        }
    }
```

在上面的代码中，我们使用 successHandler 来指定登录成功之后的处理类，在这里指定一个 browserAuthenticationSuccessHandler 类进行处理。下面是登录成功之后的处理逻辑代码如下所示。

```
    package com.cao.security.browser.authentication;
    @Component(value="browserAuthenticationSuccswsHandler")
    public class BrowserAuthenticationSuccessHandler implements AuthenticationSuccessHandler {
        private Logger logger=LoggerFactory.getLogger(getClass());

        @Autowired
        private ObjectMapper objectMapper;
        /**
        * @Description 登录成功会被调用
        */
        @Override
        public void onAuthenticationSuccess(HttpServletRequest request, HttpServletResponse response,
                Authentication authentication) throws IOException, ServletException {
            //Authentication 封装了认证信息
            logger.info("登录成功");
            response.setContentType("application/json;charset=UTF-8");
            // 将 authentication 转为 json 字符串
    response.getWriter().write(objectMapper.writeValueAsString(authentication));
        }
    }
```

在上面的代码中，需要让类实现 AuthenticationSuccessHandler，然后在方法中重写 onAuthenticationSuccess，具体的逻辑处理放在这个方法中。

9.3.4 登录失败之后的处理

对比登录成功之后的处理，登录失败之后同样可以进行一些处理，分两个部分。一个部分是配置项，另一个部分是配置文件具体指定的失败处理类。配置文件指定的失败处理类，代码如下所示。

```
package com.cao.security.browser;
@Configuration
public class BrowserSecurityConfig extends WebSecurityConfigurerAdapter{
    // 获取自定义的登录页面
    @Autowired
    private SecurityProperties securityProperties;

    // 使用自己的登录成功后的处理类
    @Autowired
    private AuthenticationSuccessHandler browserAuthenticationSuccessHandler;

    // 使用自己的登录失败后的处理类
    @Autowired
    private BrowserAuthenticationFailHandler browserAuthenticationFailHandler;

    @Override
    protected void configure(HttpSecurity http) throws Exception {
        // 表单登录的一个安全认证环境
        http.formLogin()
            .loginPage("/authentication/require")
            .loginProcessingUrl("/authentication/form")
            .successHandler(browserAuthenticationSuccessHandler)
            .failureHandler(browserAuthenticationFailHandler)
//          http.httpBasic()
            .and()
            .authorizeRequests()  // 请求授权
            .antMatchers("/authentication/require",
```

```
securityProperties.getBrowser().getLoginPage()).permitAll()
                                    // 这个url不需要认证,包含自定义的登录页
            .anyRequest()           // 任何请求
            .authenticated()        // 都需要认证
            .and()
            .csrf().disable();      // 去掉csrf的防护
    }
    @Bean
    public PasswordEncoder passwordEncoder() {
        return new BCryptPasswordEncoder();
    }
}
```

在上面的程序中,使用 failureHandler 指定登录失败的处理类,这段代码直接写在登录成功代码的后面即可。然后,看看登录失败的处理代码,如下所示。

```
package com.cao.security.browser.authentication;
@Component(value="browserAuthenticationFailHandler")
public class BrowserAuthenticationFailHandler implements AuthenticationFailureHandler {
    private Logger logger=LoggerFactory.getLogger(getClass());
    @Autowired
    private ObjectMapper objectMapper;
    @Override
     public void onAuthenticationFailure(HttpServletRequest request, HttpServletResponse response,
            AuthenticationException exception) throws IOException, ServletException {
            // 这里不会有Authentication
            logger.info("登录失败");
response.setStatus(HttpStatus.INTERNAL_SERVER_ERROR.value());
            response.setContentType("application/json;charset=UTF-8");
response.getWriter().write(objectMapper.writeValueAsString(exception));
    }
}
```

在上面的代码中,需要让类实现 AuthenticationFailureHandler,然后在方法中重写 onAuthenticationFailure 方法,具体的逻辑处理放在这个方法中。

第 3 篇　Spring Cloud

第10章 服务治理 Spring Cloud Eureka

从这一章开始进入 Spring Cloud 的学习阶段。Spring Cloud 是一个微服务的技术栈，而在微服务中最重要、最基础的是微服务的治理。

Spring Cloud Eureka 基于 Netflix Eureka 进行了封装，增加了 Spring Boot 特有的自动化配置风格，主要负责微服务中的服务治理功能，包括服务注册与服务发现。

在这一章中，会先搭建一个 Eureka 的演示环境，包括 Eureka 的简单使用与高可用，然后对 Eureka 做一个讲解，接着会对其配置做一个说明，最后还会说明在使用 Eureka 的基础上如何进入源码的学习。

10.1 Eureka 快速入门

本节主要介绍什么是服务治理，如何做到服务治理。在具体的服务治理中，包括服务注册中心的搭建，服务提供者模块的搭建，以及如何搭建高可用的服务端。

10.1.1 服务治理

在微服务中，服务治理是最基础的模块，用于完成自动化注册与发现。那么为什么要服务注册与发现呢？什么是服务的注册与发现？

1. 为什么要服务注册与发现

在最开始时，我们的微服务系统中服务不是太多，手动静态地配置，手动维护即可，我们也不会涉及服务注册与发现，如图 10.1 所示。

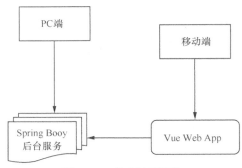

图 10.1　静态注册服务

在图 10.1 中，我们不需要进行服务注册与发现，也不会涉及负载均衡，直接调用即可。如果系统再大一些，我们可以多花一些时间维护；如果系统想让服务高可用，只要继续维护这个服务中的几个节点就行。

但是如果系统再大一些，发展到图 10.2 所示的情况时，我们的集群规模、服务命名、服务位置的情况也会变得复杂，可能随时在进行变化。手动维护时，花费更多时间的同时，也会出现更多的错误，使得微服务的开发变得困难。

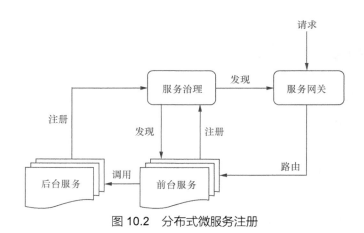

图 10.2　分布式微服务注册

在上面的图中可发现，我们的后台服务与前台服务在部署的时候，服务的维护就很复杂。这个时候，我们就希望有一个模块可以自动注册存在的微服务，而不是再手动配置。在调用的时候，我们不再直接调用，而是到这个模块中查找被注册的服务的位置，然后直接调用，这个就是服务治理。

在图 10.2 中有一个服务网关它会在后面被介绍，在这里重要的是理解上图的服务治理的概念与思路。

2. 服务注册与发现

一般的服务注册，首先需要存在一个服务注册中心，然后，每个服务向这个服务注册中心进行注册。在服务注册时，一般需要保存主机 IP、端口号等。下面举一个实例，具体 Eureka 的注册信息会在后面说明，这里只是说明普通的服务注册概念，实例如表 10.1 所示。

表 10.1 注册实例

服务名	注册信息
ServiceA	192.168.25.33:8671，192.168.24.38:8671

在注册完成之后，服务注册中心需要以心跳的方式检测服务的状态，如果服务变得不可用，则需及时进行清除，保持服务列表的可用性。

服务注册之后，我们就可开始在服务治理框架中进行操作了，不会再直接调用指定的服务实例。这时请求是通过服务名实现，没有服务的地址，所以首先向服务注册中心发送一个请求，服务注册中心会将这个服务对应的位置以清单的方式返回，这样我们就可以知道这个服务的具体位置。当然后续还有别的操作。一般来说，返回的清单中的位置是多个的，此时会采用一定的负载均衡策略获取其中的一个。

10.1.2 Eureka 的服务治理

Eureka 是一个服务治理的模块，对于它的原理我们先从大的框架上看，主要有两个组件，服务端和客户端。服务端也称为服务注册中心，客户端则包含服务提供者与服务消费者，这样就分为三个部分，服务注册中心、服务提供者、服务消费者。图 10.3 是 Eureka 框架图。

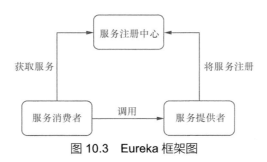

图 10.3 Eureka 框架图

对上图整个流程进行一些说明：服务提供者启动之后，根据配置文件指定的服务注册中心位置，进行服务注册。服务消费者启动之后，根据配置文件指定的服务注册中心，去服务注册中心订阅所需要的服务。服务消费者获取从服务注册中心返回的地址清单，并调用服务提供者提供的服务。

当这三个部分完全运行起来时，Eureka 的客户端则根据配置文件或者默认值不断地发送心跳给服务注册中心来续约服务，如果超过了一个时间值没有接收到心跳，服务注册中心会将服务剔除。当然，所有的客户端都会从服务注册中心查询服务缓存到本地，并周期地刷新状态。

Eureka 服务端，主要充当服务注册中心。它不仅可以单机部署，还可以高可用部署。在高可用部署的时候，面对故障场景，如在集群中有分片出现问题，它会进入自我保护模式，继续提供服务治理功能，当分片恢复后，其他的分片会同步服务状态。在后面，我们会搭建单机服务端，也会搭建集群服务端，并和大家熟悉的 zookeeper 注册中心做一个简单的对比。

Eureka 客户端，实现服务注册与服务发现。关于客户端，主要是通过注解与参数配置，将客户端服务嵌入应用程序。程序运行起来，就开始分为服务提供者与服务消费者，而且客户端会发送心跳，与服务端进行维护服务。

10.1.3 Eureka 的服务注册中心搭建

在这里，先搭建一个服务注册中心。因为使用 IDEA 进行搭建更加方便，所以在下面的演示中，继续使用 IDEA 进行搭建。在新建项目时，选择 Spring Initializr，如图 10.4 所示。

图 10.4　创建项目

新建一个 eureka 项目，如图 10.5 所示。

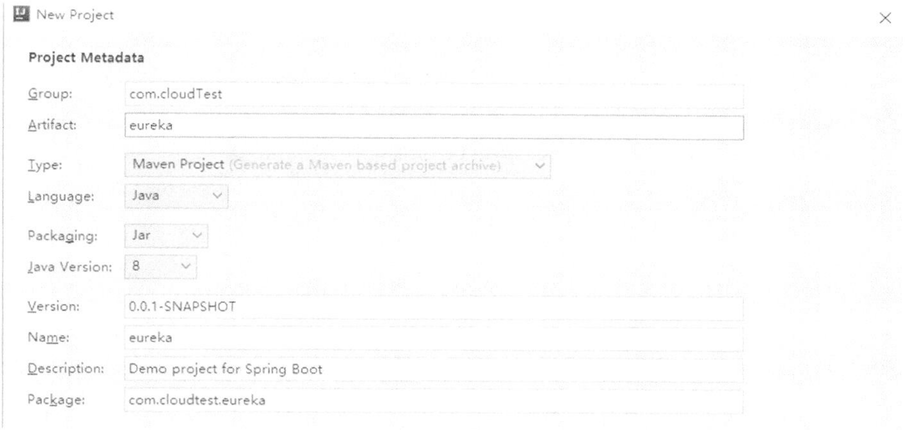

图 10.5　新建 Eureka 项目

在这里选择依赖，服务注册中心使用的是 Eureka Server，如图 10.6 所示。

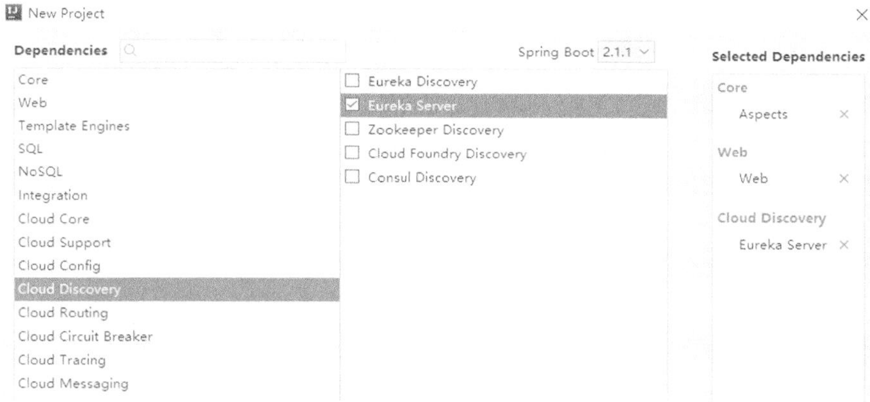

图 10.6　选择依赖

现在已经完成了新建一个服务注册中心的项目，不过还有一些细节需要处理。下面是新建项目的 pom 文件，我们做一些分析。

```
<parent>
    <groupId>org.springframework.boot</groupId>
    <artifactId>spring-boot-starter-parent</artifactId>
    <version>2.1.1.RELEASE</version>
    <relativePath/><!-- lookup parent from repository -->
</parent>
```

```xml
<groupId>com.cloudTest</groupId>
<artifactId>eureka</artifactId>
<version>0.0.1-SNAPSHOT</version>
<name>eureka</name>
<description>Demo project for Spring Boot</description>
<properties>
    <java.version>1.8</java.version>
    <spring-cloud.version>Greenwich.RC2</spring-cloud.version>
</properties>
<dependencies>
<!-- 在这里省略了 AOP 与 Web 的依赖 -->
    <dependency>
        <groupId>org.springframework.cloud</groupId>
        <artifactId>spring-cloud-starter-netflix-eureka-server</artifactId>
    </dependency>
</dependencies>
<dependencyManagement>
    <dependencies>
        <dependency>
            <groupId>org.springframework.cloud</groupId>
            <artifactId>spring-cloud-dependencies</artifactId>
            <version>${spring-cloud.version}</version>
            <type>pom</type>
            <scope>import</scope>
        </dependency>
    </dependencies>
</dependencyManagement>
```

首先，因为篇幅过长这里省略了 AOP 与 Web 的依赖，同时我们可以看到，其实 parent 引用的是 Spring Boot，也就是说明在学习 Spring Cloud 之前要熟悉 Spring Boot。在搭建服务注册中心时，需要引用 spring-cloud-starter-eureka-server 的依赖。最后是对 Spring Cloud 的依赖管理，使用的版本是 Greenwich.RC2。需要说明，在搭建时 Spring Boot 使用的版本是 2.1.1。

然后，修改启动类程序，添加 @EnableEurekaServer 注解，代码如下所示。

```
package com.cloudtest.eureka;
@SpringBootApplication
```

```
@EnableEurekaServer
public class EurekaApplication {
    // 启动类
    public static void main(String[] args) {
        SpringApplication.run(EurekaApplication.class, args);
    }
}
```

在上面的代码中，使用注解 @EnableEurekaServer，用于启动服务注册中心，以提供给其他应用一个对话。只要在 Spring Boot 应用上添加，声明这是一个 Eureka Server，这时，就可以进行启动了。在启动之后，访问 http://localhost:8080/，可以看到一个界面，如图 10.7 所示（地址栏默认省略"http://"）。

但是，我们发现后台的控制台不断地出现报错信息，这是因为 Eureka 模块中服务端包含了客户端，具体原因可以看看下面这段代码，即注解 @EnableEureka 的代码清单。

```
package org.springframework.cloud.netflix.eureka.server;
@Target({ElementType.TYPE})
@Retention(RetentionPolicy.RUNTIME)
@Documented
@Import({EurekaServerMarkerConfiguration.class})
public @interface EnableEurekaServer {
}
```

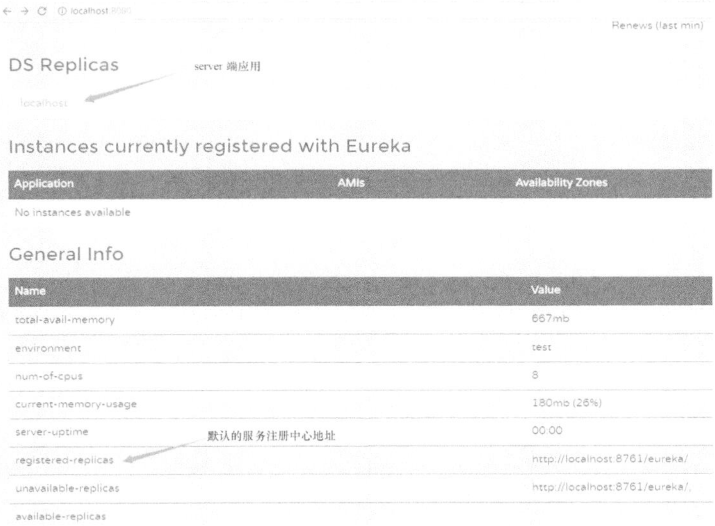

图 10.7　桌面控制

默认服务注册中心也可以作为客户端，使得服务注册中心也可以把自己注册。因此，我们需要禁止自己注册自己的这种行为，这里可以用配置文件 application.properties 增加配置。在图 10.7 中，我们还标注了一下默认的服务注册中心地址，在配置文件中，可以对其进行修改。最后，设置应用的端口与注册地址端口相同。

```
server.port=8764
eureka.client.service-url.defaultZone=http://localhost:8764/eureka/
eureka.client.register-with-eureka=false
```

10.1.4 Eureka 的服务提供者

在 10.1.3 节的服务注册中心搭建中，在将服务注册中心自身不作为服务之后，对服务注册中心来说它还是一个空的中心。根据 10.1.2 节的理论说明，我们需要将服务注册到服务注册中心。因此下一步我们开始搭建一个服务提供者。

搭建服务的提供者，可以使用 Spring Boot 的项目进行改造，主要是添加依赖文件与注解。考虑到本书后面会继续使用，也方便单独章节读者可以阅读，这里将重新进行搭建，而且搭建的是 Eureka 的客户端。首先，新建项目，如图 10.8 所示。

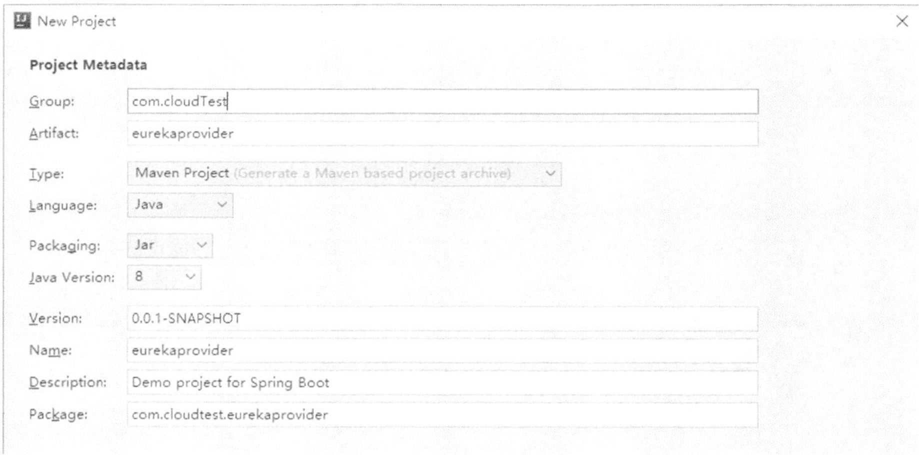

图 10.8　新建服务提供者

在添加依赖时，选择 Eureka Discovery，如图 10.9 所示。

图 10.9　依赖选择

现在，在 pom 文件中可以发现在客户端新增了如下依赖。

```
<dependency>
    <groupId>org.springframework.cloud</groupId>
    <artifactId>spring-cloud-starter-netflix-eureka-client</artifactId>
</dependency>
```

然后，在启动类上添加注解 @EnableEurekaClient。

```
package com.cloudtest.eurekaprovider;
@SpringBootApplication
@EnableEurekaClient
public class EurekaproviderApplication {
    public static void main(String[] args) {
        SpringApplication.run(EurekaproviderApplication.class, args);
    }
}
```

在上面的代码中，使用注解 @EnableEurekaClient，激活 Eureka 的客户端。然后，我们写一个应用，并把这个应用注册上去。按照惯例，这里写一个"/hello"的访问请求，代码如下所示。

```
package com.cloudtest.eurekaprovider.controller;
@RestController
```

```java
public class HelloController {
    @Autowired
    private DiscoveryClient client;
    @Autowired
    private Registration registration; // 服务注册
    private final Logger logger =
LoggerFactory.getLogger(HelloController.class);
    @GetMapping("/hello")
    public String hello(){
        ServiceInstance instance = serviceInstance();
        String result = "host:port=" + instance.getUri() + ", "
            + "service_id:" + instance.getServiceId();
        logger.info(result);
        return "hello eureka!";
    }
    public ServiceInstance serviceInstance() {
        List<ServiceInstance> list =
client.getInstances(registration.getServiceId());
        if (list != null && list.size() > 0) {
            for(ServiceInstance itm : list){
                if(itm.getPort()==8090){
                    return itm;
                }
            }
        }
        return null;
    }
}
```

在上面的代码中，使用客户端特有的 DiscoveryClient 类访问 "/hello" 时，能够将信息输出。最后，修改 application.properties，让应用可以注册到服务注册中心。下面是配置项。

```
server.port=8090
spring.application.name=helloService
eureka.client.service-url.defaultZone=http://localhost:8764/eureka/
```

在配置项中，defaultZone 配置服务注册中心的地址。为了方便管理，我们还需要配置一个信息，就是应用的 name，否则在服务注册中心中显示的是 UNKNOWN。

进入服务注册中心页面，我们可以发现新建的应用已经被注册成功，如图 10.10 所示。

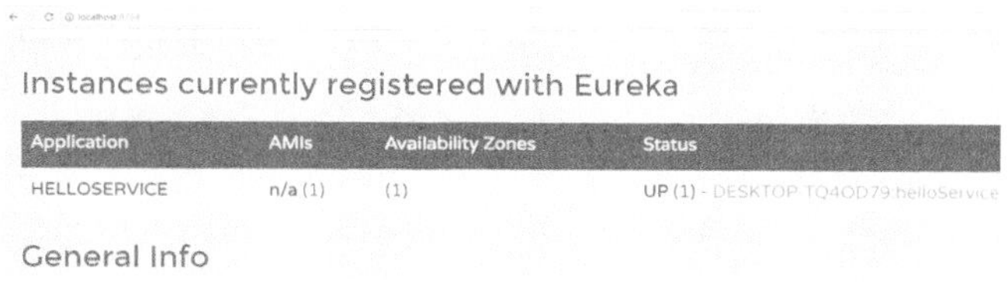

图 10.10　服务注册中心页面

在应用写完后，验证服务的结果，输入网址 localhost:8090/hello，在控制台上可以看到下面的信息。

```
2019-01-06 10:37:28.948  INFO 22256 --- [nio-8090-exec-1]
c.c.e.controller.HelloController         :
host:port=http://DESKTOP-TQ4OD79:8080, service_id:HELLOSERVICE
```

在日志上，我们发现这里输出的信息与服务注册中心面板上的信息相同。

10.1.5　Eureka Server 的高可用

在上面的实例中，我们使用的 Eureka Server 是单节点的，但在实际使用中肯定会配置成高可用。在配置高可用前，我们通过框架图说明它的原理。首先，我们看下面这种框架，它就是配置为高可用，只对某一个 Server 进行注册。高可用框架图如图 10.11 所示。

通过实验，将 Client 注册到左边一台 Server 上，在右边的服务注册中心上依旧可以查询到 Client。所以如果左边的 Server 宕机，依旧可以执行查询服务。但是这种情况是有缺点的，就是左边的 Server 宕机之后，不能够再注册 Client。

我们再看另一种框架，它可以避免这种缺陷，框架如图 10.12 所示。

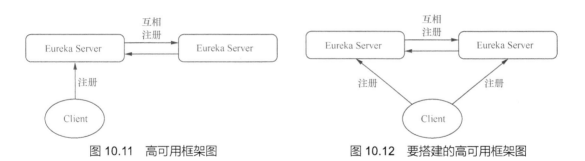

图 10.11　高可用框架图　　　　　图 10.12　要搭建的高可用框架图

图 10.12 是我们即将要搭建的高可用 Eureka 框架图。在图上可以看到，有两个 Eureka Server，它们互相注册，保持了数据的同步。然后 Client 分别在 Server 上进行注册。

我们使用前面搭建过的 Eureka 项目，修改应用名称为 EurekaApplication1，配置文件 application.properties 的配置项如下。

```
server.port=8764
eureka.client.service-url.defaultZone=http://localhost:8765/eureka/
eureka.client.register-with-eureka=false
```

在上面的配置文件中，我们知道把应用往 8765 服务注册中心进行注册。启动应用，然后我们使用 IDEA 将第一个应用复制一份，应用名称改为 EurekaApplication2，如图 10.13 所示。

图 10.13　双应用

修改它的配置文件，配置文件如下。

```
server.port=8765
eureka.client.service-url.defaultZone=http://localhost:8764/eureka/
eureka.client.register-with-eureka=false
```

在上面的配置文件中可以看到，将应用 EurekaApplication2 注册到 8764 服务注册中心上。

然后启动。最后我们对 Client 进行注册，修改客户端应用 eurekaprovider 的配置文件，配置文件如下。

```
server.port=8090
spring.application.name=helloService
```

```
eureka.client.service-url.defaultZone=http://localhost:8764/
eureka/,http://localhost:8765/eureka/
```

在上面的这段配置文件中，Client 的注册地址分别是 8765 与 8764。我们访问 http://localhost:8764/ 与 http://localhost:8765/ 将会发现，Client 被注册成功。

10.2　Eureka 的消费

在上文我们进行了 Eureka 的服务注册中心单机与高可用搭建，也对服务提供者进行了搭建。通过讲解，我们知道客户端有两个部分，服务提供者与服务消费者。那么，我们应该如何让一个客户对服务端提供的服务进行消费？

10.2.1　RestTemplate 直接调用

我们再搭建一个项目 eurekaconsumer，这个项目与搭建服务提供者的步骤相同，都是客户端，所以这里不再重复。首先，启动类比较普通，在后面我们会对启动类做一些修改，代码如下所示。

```
package com.cloudtest.eurekaconsumer;
@SpringBootApplication
@EnableEurekaClient
public class EurekaconsumerApplication {
    public static void main(String[] args) {
            SpringApplication.run(EurekaconsumerApplication.class, args);
    }
    @Bean
    RestTemplate restTemplate(){
        return new RestTemplate();
    }
}
```

然后为了方便消费"/hello"应用，我们在这里也写一个应用，用来消费服务提供者提供的服务，新建类，代码如下所示。

```
package com.cloudtest.eurekaconsumer.controller;
@RestController
public class ConsumerController {
    @Autowired
    RestTemplate restTemplate;
    @GetMapping("/consumer")
    public String consumer(){
        return restTemplate.getForEntity("http://HELLOSERVICE/hello",String.class).getBody();
        // 第一种方式
        return restTemplate.getForEntity("http://localhost:8090/hello",String.class).getBody();
    }
}
```

在上面的程序中，RestTemplate 在进行应用间的调用时，需要配置 URL。因为"/hello"服务在 8090 上，所以直接将 URL 写在这里即可。同样需要修改配置文件，配置文件如下。

```
server.port=8070
spring.application.name=consumerService
eureka.client.service-url.defaultZone=http://localhost:8764/eureka/
```

在上面的程序中，将应用名定义为 ConsumerService，并将服务注册。进入 http://localhost:8765/ 信息面板进行观察，根据预期，在配置高可用的情况下，会在这个服务注册中心上查询到这个应用，结果如图 10.14 所示。

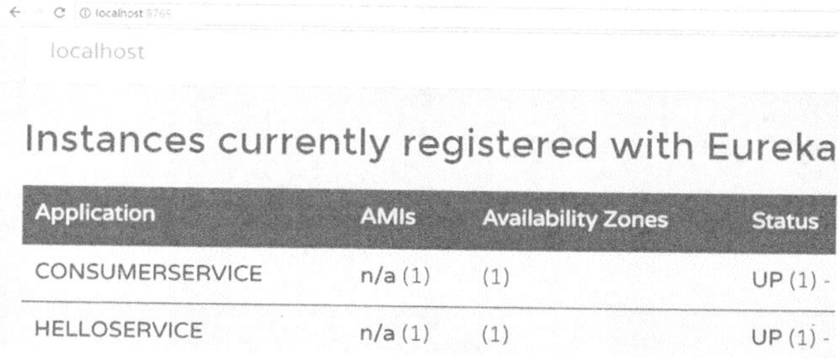

图 10.14　信息面板注册信息

启动新建的服务。在页面上访问 http://localhost:8070/consumer 链接，结果如图 10.15 所示。

图 10.15 访问结果

同时，进入服务提供者的控制台，可以看到如下的日志。

```
2019-01-06 18:07:10.463  INFO 17300 --- [nio-8090-exec-7] c.c.e.controller.HelloController         : host:port=http://DESKTOP-TQ4OD79:8090, service_id:HELLOSERVICE
```

看到日志说明调用成功。

10.2.2 LoadBalancerClient 调用

学完 10.2.1 节，可以完成应用之间的直接调用，但是这种直接调用是有问题的。其一，没有走服务注册中心；其二，如果有多台服务器，URL 被固定，明显不会存在负载均衡，而且，如果 URL 没有写进来，服务器是一种空闲状态。

因此可以使用 LoadBalancerClient 方式进行负载均衡。相对于第一种方式，程序启动的地方不需要进行修改，只修改控制类，控制类的代码如下所示。

```
package com.cloudtest.eurekaconsumer.controller;
@RestController
public class ConsumerController {
    @Autowired
    LoadBalancerClient loadBalancerClient;
    @GetMapping("/consumer")
    public String consumer(){
        // 第二种方式
        ServiceInstance serviceInstance=loadBalancerClient.choose("HELLOSERVICE");
        String
```

```
url=String.format("http://%s:%s",serviceInstance.getHost(),serviceInstance.getPort())+"/hello";
            return restTemplate.getForEntity(url,String.class).getBody();
        }
    }
```

在代码中，使用 LoadBalancerClient 的 choose 方法，选择服务 ID 获取实例。然后，从实例中，取出主机、端口，最后拼接服务，这样就形成一个 URL。通过变化的 URL，我们可以继续使用 RestTemplate。

10.2.3 @LoadBalanced 注解

上面的第二种方式，用来实现应用间调用完全没有问题，唯一的缺点就是每次都要写，特别浪费时间，而且都是重复代码。此时，我们使用第三种方式，会更加方便。

首先修改启动类，在 RestTemplate 上添加注解 @LoadBalanced，将 RestTemplate 注册到 Bean。在这里也可以使用配置类，不过在启动类中演示更加方便。启动类代码如下所示。

```
package com.cloudtest.eurekaconsumer;
@SpringBootApplication
@EnableEurekaClient
public class EurekaconsumerApplication {
    public static void main(String[] args) {
        SpringApplication.run(EurekaconsumerApplication.class, args);
    }
    @Bean
    @LoadBalanced
    RestTemplate restTemplate(){
        return new RestTemplate();
    }
}
```

在上面的代码中，可以看到注解 @LoadBalanced 被添加了。现在，我们修改前文的控制类，控制类代码如下所示。

```
package com.cloudtest.eurekaconsumer.controller;
@RestController
public class ConsumerController {
    @Autowired
    RestTemplate restTemplate;
    @GetMapping("/consumer")
    public String consumer(){
        // 第三种方式
        return restTemplate.getForEntity("http://HELLOSERVICE/hello",String.class).getBody();
    }
}
```

上面的代码，相较前面两种方式而言更加简洁了，URL 上直接将应用名写进去。不过需要注意的是，程序中需要依赖注入 RestTemplate。启动程序，并进行调用，在服务提供者的控制台上日志如下所示。

```
2019-01-06 18:53:16.001  INFO 17300 --- [io-8090-exec-10] c.c.e.controller.HelloController         : host:port=http://DESKTOP-TQ4OD79:8090, service_id:HELLOSERVICE
```

10.3　Eureka 原理详解

按照 10.1 小节与 10.2 小节的介绍，对于读者来说入门已经够了，而且前面我们也构建了 Eureka 的框架。但是在实际场景中，对 Eureka 的应用肯定会更加复杂，在开发中只知道基础是不够的。为了在实际中可以更好满足业务需求，本节将会对基础的框架、机制做一些说明。

10.3.1　基础框架

Eureka 主要用于服务治理，因此它主要包含两大部分，服务注册中心与客户端。而客户端又可以根据需要抽象为服务提供者与服务消费者。当然，这里的服务提供者与服务消费者没有被固定，有时候，应用可以充当消费者也可以充当提供者。

根据图 10.3，已经对基础框架做了一个抽象的解释，在这里就不再进行讲解。

为了说明服务治理机制，下面将会介绍 Eureka 运行图，并根据图讲解服务治理中的机制原理，如图 10.16 所示。

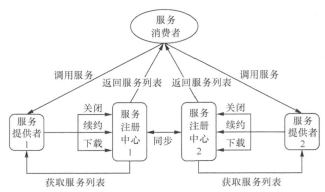

图 10.16　Eureka 运行图

在图 10.16 中，使用了两个服务注册中心、两个服务提供者，以及一个服务消费者，来展示服务治理机制。

10.3.2　机制

1. 服务注册中心

失效剔除：在正常情况下，服务提供者下线时，将会提醒服务注册中心下线，然后服务注册中心会将服务的实例从服务列表剔除。但在网络故障等情况下，并没有将下线的请求信息发送给服务注册中心，服务注册中心不知道已下线，此时消费者来调用服务可能就会出现问题。因此在服务注册中心中，是有一套机制处理这种情况的。

在 Eureka Server 启动时，一个定时任务将会被创建，每 60s（默认）便去清单中剔除超时 90s（默认）的服务实例。关于 60s 与 90s 的值的配置，到后面再讲解。

自我保护：在服务注册中心的信息面板上，很多时候会遇见下面的情况，如图 10.17 所示。

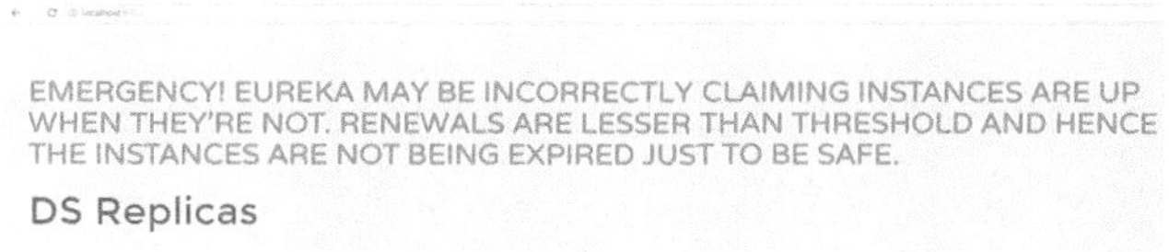

图 10.17　自我保护

那么这种情况是怎么出现的呢？我们在调试开发时，因为在 Eureka Server 上会维持一个心跳，如果在运行时，统计心跳失败的比例在 15 分钟内低于 85%，则服务注册中心将会自动启动自我保护机制。

在自我保护机制中，当前的注册信息会被保护起来，使得这些信息不会过期。在实际情况中，网络不稳定常会造成心跳的失败，因此自我保护还是必要的。但是在调试的过程中，还是需要将自我保护机制关闭，因为在调试中，很多时候会调用到不存在的服务实例。

如果要关闭保护机制，将默认值 true 修改为 false 即可，如下。

```
eureka.server.enable-self-preservation=false
```

2. 服务提供者

服务注册：它是 Eureka 的基本功能，在使用过程中引用依赖之后，只要加上注解就可以使得客户端到服务注册中心进行注册。客户端在启动之后，会马上发送请求，并按照配置信息注册到服务注册中心，在请求中会带上服务的元数据信息。

服务续约：在服务注册之后，服务提供者需要使用心跳维护这些注册的服务。在服务注册中心上刚才提到过，会存在服务剔除。为了防止服务剔除，服务提供者使用心跳进行维护，这个过程被称为服务续约。30s 为续约时间，也是心跳时间；90s 为服务时效时间。具体设置如下。

```
eureka.instance.lease-renewal-interval-in-seconds=30
eureka.instance.lease-expiration-duration-in-seconds=90
```

3. 服务消费者

服务下线：在图 10.16 中，有一个下线，在这里说明一下。当服务进行关闭时，客户端程序会触发一个服务消息的请求给 Eureka Server，提醒这是一个正常的服务关闭操作，然后服务注册中心就可以把服务实例从列表中剔除。

获取服务：启动服务消费者应用，将会触发一个请求给服务注册中心，将服务注册中心上的服务清单获取下来，并在客户端维护，这也是为了性能考虑。然后，有可能服务有一些变化，就需要定期更新本地维护的清单。我们可以使用配置项控制刷新时间，默认是

30s，如下。

```
eureka.client.registry-fetch-interval-seconds=30
```

10.4 进阶配置项说明

在对 Eureka 的原理机制进行更深一步了解之后，我们可能会想，根据服务治理机制做一些个性化的调整，这个时候，就需要使用 Eureka 的配置。原本在前面介绍的内容可能不满足需求，这里进行深一步的介绍。

根据分类原则，Eureka 的配置可以分为四个部分，服务注册类、服务实例类、服务注册中心、服务注册中心仪表盘。在这里不仅会列举配置项，也会说明如何通过源码查找配置项。

10.4.1 服务注册类的配置

如何查看服务注册类的信息的源码呢？首先，需要知道在哪个类中查找，这个类就是 org.springframework.cloud.netflix.eureka.EurekaClientConfigBean。看一下部分源码，如下。

```
@ConfigurationProperties(EurekaClientConfigBean.PREFIX)
public class EurekaClientConfigBean implements EurekaClientConfig, Ordered {
    public static final String PREFIX = "eureka.client";
    public static final String DEFAULT_URL = "http://localhost:8761" + DEFAULT_PREFIX
            + "/";
    public static final String DEFAULT_ZONE = "defaultZone";
    private static final int MINUTES = 60;
    ……
}
```

在上面的源码中，我们可以看到注解的 PREFIX 是 eureka.client，这里说明客户端的配置项都是以 eureka.client 开头。

在搭建服务注册中心时，我们写过服务注册中心地址的配置项。如何看源码怎么确定呢？先看看 serviceUrl 的定义，下面是源码。

```
private Map<String, String> serviceUrl = new HashMap<>();
{
    this.serviceUrl.put(DEFAULT_ZONE, DEFAULT_URL);
}
```

通过上面的源码可以知道 serviceUrl 是一个 Map 类型，然后 Map 中的 key 是 DEFAULT_ZONE，所以配置项的 key 也就出来了。

下面通过表格的方式，将源码中的所有配置项都列举出来，方便查阅，有兴趣的读者可以根据表 10.2，查看源码。

表 10.2 配置项配置

序号	参数字段	功能	默认值
1	enabled	是否启动客户端	true
2	registryFetchIntervalSeconds	获取服务的时间间隔	30
3	instanceInfoReplicationIntervalSeconds	更新实例到 Server 的时间	30
4	initialInstanceInfoReplicationIntervalSeconds	初始化实例到 Server 时间	40
5	eurekaServiceUrlPollIntervalSeconds	轮询 Server 地址更改时间	300
6	eurekaServerReadTimeoutSeconds	读取 Server 超时时间	8
7	eurekaServerConnectTimeoutSeconds	连接 Server 时间	5
8	eurekaServerTotalConnections	Client 到 Server 的连接总数	200
9	eurekaServerTotalConnectionsPerHost	Client 到每个主机的连接总数	50
10	eurekaConnectionIdleTimeoutSeconds	Client 连接空闲关闭时间	30
11	heartbeatExecutorThreadPoolSize	心跳连接池初始化线程数	5
12	heartbeatExecutorExponentialBackOffBound	心跳超时重试延迟的最大乘数	10
13	cacheRefreshExecutorThreadPoolSize	缓存刷新线程池的初始化线程数量	5
14	cacheRefreshExecutorExponentialBackOffBound	缓存刷新重试延迟时间的最大乘数	10
15	gZipContent	注册表内容是否被压缩	true
16	useDnsForFetchingServiceUrls	使用 DNS 获取服务端 URL	false
17	registerWithEureka	是否将自身注册	true
18	preferSameZoneEureka	指示当出现延迟或者其他原因，此实例是否会优先从同一个 zone 中寻找服务提供者	true

续表

序号	参数字段	功能	默认值
19	filterOnlyUpInstances	获取实例时是否过滤，仅保留 UP 状态的实例	true
20	fetchRegistry	指示 Client 是否从 Server 获取注册信息	true
21	allowRedirects	服务器是否可以将客户端请求重定向到备份服务器/集群	false
22	onDemandUpdateStatusChange	通过 ApplicationInfoManager 更新本地状态将会触发（有限的速率）注册/更新到远程的 Server	true
23	shouldUnregisterOnShutdown	指示客户端是否应在客户端关闭时从远程服务器显式注销自身	true
24	shouldEnforceRegistrationAtInit	客户端是否应在初始化期间强制注册	false
25	region	获取实例所在地区，可以为任意值，一个 region 中有多个 zone	us-east-1

10.4.2 服务实例类的配置

对于服务实例类的信息，如何查看源码？首先需要知道在哪个类中查找，这个类就是 org.springframework.cloud.netflix.eureka. EurekaInstanceConfigBean。看一下部分源码。

```
@ConfigurationProperties("eureka.instance")
public class EurekaInstanceConfigBean implements CloudEurekaInstanceConfig, EnvironmentAware {
    private static final String UNKNOWN = "unknown";
    private HostInfo hostInfo;
    private InetUtils inetUtils;
    ……
}
```

通过上面的源码，可以知道所有的实例类的 PREFIX 都是 eureka.instance。

1. 元数据信息

Eureka 的元数据主要分为两种类型，标准元数据和自定义元数据。其中标准元数据主要包括主机名、IP、端口号、状态页和健康检查等信息，这些信息直接注册到服务注册中心，以便客户端可以联系到服务。

所有的配置项通过 EurekaInstanceConfigBean 进行加载，但是在真正注册时则会包装成 com.netflix.appinfo.InstanceInfo，然后发送给服务端。

自定义元数据时，使用 eureka.instance.metadataMap 的格式进行。在 EurekaInstance-ConfigBean 中我们可以看下源码。

```
/**
 * Gets the metadata name/value pairs associated with this instance. This information
 * is sent to eureka server and can be used by other instances.
 */
private Map<String, String> metadataMap = new HashMap<>();
```

在上面源码中，可以知道这里的 metadataMap 使用的是 Map 类型。

2. 其他的配置

具体的配置如表 10.3 所示。

表 10.3　配置项配置

序号	参数字段	说明	默认值
1	Appname	应用名	unknown
2	actuatorPrefix	配置前缀	/actuator
3	appGroupName	应用组名	unknown
4	instanceEnabledOnit	实例注册之后，是否马上开启通信	false
5	nonSecurePort	非安全的端口	80
6	securePort	安全端口	443
7	nonSecurePortEnabled	非安全端口是否开启	true
8	securePortEnabled	安全端口是否开启	false
9	leaseRenewalIntervalInSeconds	实例续约时间	30
10	leaseExpirationDurationInSeconds	实例超时时间	90
11	virtualHostName	虚拟主机名	Null
12	instanceId	实例 ID，唯一	Null
13	secureVirtualHostName	安全虚拟主机名	Null
14	aSGName	与此实例相关联的 AWS 自动缩放组名称	Null

续表

序号	参数字段	说明	默认值
15	dataCenterInfo	实例部署的数据中心	Null
16	ipAddress	实例的 IP	Null
17	statusPageUrlPath	状态页 URL	actuatorPrefix + "/info"
18	statusPageUrl	状态页绝对 URL	Null
19	homePageUrlPath	实例主页相对 URL	/
20	homePageUrl	实例主页绝对 URL	Null
21	healthCheckUrlPath	健康检查相对 URL	actuatorPrefix + "/health"
22	healthCheckUrl	健康检查绝对 URL	Null
23	Namespace	配置属性的命名空间	eureka
24	Hostname	主机名	Null
25	preferIpAddress	是否优先使用 IP 地址作为标识	false

10.4.3 服务注册中心配置

对于服务注册中心的配置，如何查看源码呢？首先需要知道在哪个类中查找，这个类就是 org.springframework.cloud.netflix.eureka.EurekaServerConfigBean。看一下部分源码。

```java
@ConfigurationProperties(EurekaServerConfigBean.PREFIX)
public class EurekaServerConfigBean implements EurekaServerConfig {
    public static final String PREFIX = "eureka.server";
    private static final int MINUTES = 60 * 1000;
    @Autowired(required = false)
    PropertyResolver propertyResolver;
……
}
```

所有服务注册中心的配置项都是以 eureka.server 开头。这里的配置项特别多，建议读者直接看源码。为了说明服务注册中心的配置，这里只列举几个配置项做一些说明。

```java
// 开启自我保护
rivate boolean enableSelfPreservation = true;
// 自我保护续约百分百
private double renewalPercentThreshold = 0.85;
```

```
// 续约数阈值更新频率
private int renewalThresholdUpdateIntervalMs = 15 * MINUTES;
```

10.4.4 服务注册中心仪表盘配置

服务注册中心的仪表盘用于服务注册中心的可视化展示，同上面的几个配置一样，在这里也存在单独的源码，org.springframework.cloud.netflix.eureka.server.EurekaDashboardProperties 部分源码如下。

```
@ConfigurationProperties("eureka.dashboard")
public class EurekaDashboardProperties {
    /**
     * The path to the Eureka dashboard (relative to the servlet
path). Defaults to "/".
     */
    private String path = "/";
    ......
}
```

通过源码可以知道，配置项以 eureka.dashboard 开头。配置项如表 10.4 所示。

表 10.4 配置项配置

序号	参数字段	说明	默认值
1	Path	仪表盘访问路径	/
2	enabled	是否启用仪表盘	true

10.5 Eureka 源码分析

前面对 Eureka 做了比较全面的说明，相信大部分读者都可以搭建 Eureka 框架和根据自己的需求从代码层面选择合适的配置项，同时也能够写一些服务进行开发。

上文也对 Eureka 基础框架、服务治理的机制做了说明，读者可以从中理解 Eureka 的运行原理。但是还不曾涉及代码层面，许多读者想理解源码，却无从下手，因此，在这里对 Eureka 的源码做一个分析，让读者了解服务端与客户端的通信。这里只说明重点，具体读者可以通过设置断点观察。

10.5.1　DiscoveryClient 实例

在客户端的启动类上添加注解 @EnableEurekaClient，启动 DiscoveryClient 实例。在进行具体的说明前，我们先看 DiscoveryClient 的类关系图，如图 10.18 所示。

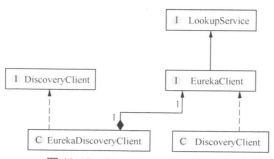

图 10.18　DiscoveryClient 关系图

DiscoveryClient 类是 Spring Cloud 提供的接口，用于定义服务发现的抽象发现，而实现类 EurekaDiscoveryClient 则是对接口的实现，即 Eureka 服务发现。而 EurekaDiscoveryClient 则依赖于 EurekaClient 接口。

DiscoveryClient 类也实现了 EurekaClient 接口，而且是 Netfix 对服务发现的一个实现。因此，真正用于服务发现的类是 DiscoveryClient。对这个类的说明如下。

```
 * The class that is instrumental for interactions with <tt>Eureka
Server</tt>.
 *
 * <p>
 * <tt>Eureka Client</tt> is responsible for a) <em>Registering</em> the
 * instance with <tt>Eureka Server</tt> b) <em>Renewal</em>of the
lease with
 * <tt>Eureka Server</tt> c) <em>Cancellation</em> of the lease from
 * <tt>Eureka Server</tt> during shutdown
 * <p>
 * d) <em>Querying</em> the list of services/instances registered with
 * <tt>Eureka Server</tt>
 * <p>
 *
```

```
 * <p>
 * <tt>Eureka Client</tt> needs a configured list of <tt>Eureka
Server</tt>
 * {@link java.net.URL}s to talk to.These {@link java.net.URL}s are
typically amazon elastic eips
 * which do not change. All of the functions defined above fail-over
to other
 * {@link java.net.URL}s specified in the list in the case of failure.
 * </p>
```

上文主要说明了 DiscoveryClient 类的功能。它主要用于与 Eureka Server 互相协作。

Eureka Client 负责向 Server 注册服务实例；向 Server 租约续期；服务关闭期间，向 Server 取消租约；查询 Server 中的服务实例列表，Eureka Client 还需要配置一个 Eureka Server 的 URL 列表。

10.5.2 服务发现

根据 DiscoveryClient 的说明，我们需要进入这个类查找源码。首先，我们需要得到与 Eureka 客户端对话的所有 Eureka Server 的 URL 列表，通过此思路可以找到相应的代码，代码如下所示。

```
    /**
     * @deprecated see replacement in {@link com.netflix.discovery.
endpoint.EndpointUtils}
     * @param instanceZone The zone in which the client resides
     * @param preferSameZone true if we have to prefer the same zone as
the client, false otherwise
     * @return The list of all eureka service urls for the eureka client
to talk to
     */
    @Deprecated
    @Override
    public List<String> getServiceUrlsFromConfig(String instanceZone,
boolean preferSameZone) {
        return EndpointUtils.getServiceUrlsFromConfig(clientConfig,
instanceZone, preferSameZone);
    }
```

注意，在这里标注 @deprecated，参照 EndpointUtils。那么我们来看 EndpointUtils 的程序，部分代码如下所示。

```java
    public static Map<String, List<String>> getServiceUrlsMapFromConfig(EurekaClientConfig clientConfig, String instanceZone, boolean preferSameZone) {
        Map<String, List<String>> orderedUrls = new LinkedHashMap<>();
        String region = getRegion(clientConfig);
        String[] availZones = clientConfig.getAvailabilityZones(clientConfig.getRegion());
        if (availZones == null || availZones.length == 0) {
            availZones = new String[1];
            availZones[0] = DEFAULT_ZONE;
        }
        // 省略一部分代码
        int currentOffset = myZoneOffset == (availZones.length - 1) ? 0 : (myZoneOffset + 1);
        while (currentOffset != myZoneOffset) {
            zone = availZones[currentOffset];
            serviceUrls = clientConfig.getEurekaServerServiceUrls(zone);
            if (serviceUrls != null) {
                orderedUrls.put(zone, serviceUrls);
            }
            if (currentOffset == (availZones.length - 1)) {
                currentOffset = 0;
            } else {
                currentOffset++;
            }
        }
        // 省略一部分代码
        return orderedUrls;
    }
```

上面的加粗部分是重点。在这里客户端主要加载两个部分，一个为 region，另一个为 zone。getRegion 函数在这里就不讲了，主要功能是读取 region 并返回，如果不配置则默认为 default。每个微服务对应一个 region。getAvailabilityZones 函数在这里也不讲解了，只说说这里的功能，默认的 zone 为 defaultZone，如果设置了则会通过逗号进行分割。

最后，是 getEurekaServerServiceUrls 方法。这个方法会真正地加载 Server 的具体地址。

关于该方法的源码如下所示。

```java
public List<String> getEurekaServerServiceUrls(String myZone) {
    String serviceUrls = configInstance.getStringProperty(
        namespace + CONFIG_EUREKA_SERVER_SERVICE_URL_PREFIX + "." + myZone, null).get();
    if (serviceUrls == null || serviceUrls.isEmpty()) {
        serviceUrls = configInstance.getStringProperty(
            namespace + CONFIG_EUREKA_SERVER_SERVICE_URL_PREFIX + ".default", null).get();
    }
    if (serviceUrls != null) {
        return Arrays.asList(serviceUrls.split(URL_SEPARATOR));
    }
    return new ArrayList<String>();
}
```

第11章　负载均衡 Spring Cloud Ribbon

Spring Cloud Ribbon 是一个客户端负载均衡器，且并不是单独进行部署的。它看起来不像是一个重点内容，其实不然。应用与服务间的调用、网关请求转发等，都是通过使用 Ribbon 实现的。

在上一章中，服务在进行消费时，只有一个提供者，自然没法做到负载均衡，因此将负载均衡的使用放在这一章进行说明。Ribbon 实现负载均衡有三要素，服务发现、服务选择规则、服务监听。为了加深读者对 Ribbon 的理解，这里做一些说明。

11.1　Ribbon 使用

在上一章中，虽然服务之间的调用使用的负载均衡方式是 Ribbon，但是表面并没有涉及包的依赖。其实，在内部是引用了的，为了让读者可以理解负载均衡在客户端的使用，本节会做一个演示。

11.1.1　客户端负载均衡

首先，我们需要知道 Ribbon 的负载均衡是客户端负载均衡。负载均衡主要的功能是缓解网络压力，实现系统的高可用。在系统中，一般分为服务端负载均衡与客户端负载均衡。

关于服务端的负载均衡，主要有两个策略，即硬件负载均衡与软件负载均衡。硬件负载均衡就是在服务器的各个节点上安装用于负载均衡的设备；软件负载均衡一般是在服务端存在软件时可以对请求进行转发，例如常见的 Nginx。

在这一章节，我们使用的 Ribbon 则是客户端负载均衡，请求列表维护在客户端，然后通过一定的规则，在列表中选择请求进行访问，最后达到负载均衡的效果。

为了更好地说明服务端与客户端的区别，将通过图 11.1、图 11.2 进行讲解。

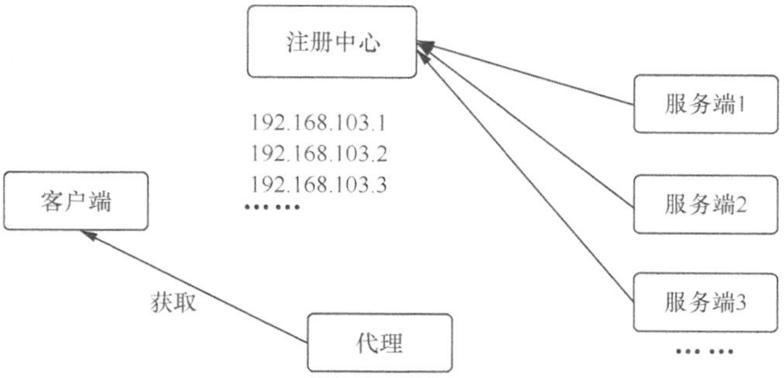

图 11.1　服务端负载均衡

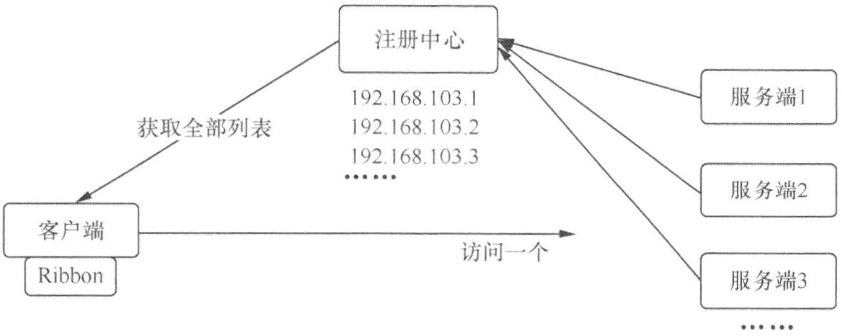

图 11.2　客户端负载均衡

使图 11.1 与图 11.2 进行对比，在服务端负载均衡时，存在代理对服务端的列表进行选择，并返回一个请求给客户端；但在客户端负载均衡时，则是把列表全部给客户端，这个代理相当于在客户端，均衡的操作逻辑由客户端完成。不过，在这一个章节中，负载均衡就由 Ribbon 自己进行。

11.1.2　Ribbon 实例

这里进行的实例演示，不再重新搭建环境，直接在第 10 章的基础上进行，这里会向读者清晰说明，可以迅速实现效果。

首先，我们启动一个服务注册中心。在 Ribbon 的演示中，重要的是演示服务提供者都可以被轮询执行到，所以启动服务注册中心就好，不需要使用高可用，增加重现复杂度。下面是 application.properties 的内容。

```
server.port=8764
eureka.client.service-url.defaultZone=http://localhost:8764/eureka/
```

```
eureka.client.register-with-eureka=false
```

在这段配置内容上,我们可以看到服务注册中心端口是 8764,后面的服务提供者和消费者都使用这个服务注册中心。

然后,我们分别启动两个服务提供者应用。先启动一个应用,然后直接复制,再修改启动端口的方式,作为下一个启动的应用。这个应用将会有两段 application.properties 的配置内容,第一段代码如下所示。

```
server.port=8091
spring.application.name=helloService
eureka.client.service-url.defaultZone=http://localhost:8764/eureka/
```

第二段代码如下所示。

```
server.port=8090
spring.application.name=helloService
eureka.client.service-url.defaultZone=http://localhost:8764/eureka/
```

根据配置文件,可以知道在注册中心的信息面板上,应该会出现两个应用都是 helloservice 的注册信息。

最后,启动服务消费者应用。下面是服务消费者应用中的 application.properties 的配置内容。

```
server.port=8070
spring.application.name=consumerService
eureka.client.service-url.defaultZone=http://localhost:8764/eureka/
```

这段配置说明我们可以通过 8070 端口访问注册中心上注册的应用服务。所以,下面通过多次访问 8070 端口上的服务,观察在控制台上的信息,并观察这里的服务是否通过 Ribbon 完成了负载均衡。

访问链接 http://localhost:8070/consumer。这个链接的代码如下所示。

```
package com.cloudtest.eurekaconsumer.controller;
```

```java
@RestController
public class ConsumerController {
    @Autowired
    RestTemplate restTemplate;
    @GetMapping("/consumer")
    public String consumer(){
        // 第三种方式
        sreturn restTemplate.getForEntity("http://HELLOSERVICE/hello",String.class).getBody();
    }
}
```

在这段代码中,我们在第 10 章解释过有关问题,就是通过"/consumer"的访问,将请求发送到服务注册中心,访问应用 Helloservice 中的 hello 服务。再看看"/hello"的代码,代码如下所示。

```java
@RestController
public class HelloController {
    @Autowired
    private DiscoveryClient client;
    @Autowired
    private Registration registration; // 服务注册
    private final Logger logger = LoggerFactory.getLogger(HelloController.class);
    @GetMapping("/hello")
    public String hello(){
        ServiceInstance instance = serviceInstance();
        String result = "host:port=" + instance.getUri()  + ", "
                + "service_id:" + instance.getServiceId();
        logger.info(result);
        return "hello eureka!";
    }
    public ServiceInstance serviceInstance() {
// 这里的代码,在第 10 章有,此处省略
    }
}
```

在上面的代码中,根据预期,最终的测试结果,页面上会返回"hello eureka!",然后

在控制台上输出服务实例的信息。执行结果如图 11.3 所示。

> hello eureka!

图 11.3 执行结果

在页面上，展示了我们的预期效果。然后，我们对这个链接进行两次请求访问，下面观察控制台的信息。展示应用的控制台的日志如下。

```
2019-01-13 22:02:22.066
INFO16492---[nio-8090-exec-5]c.c.e.controller.HelloController:
host:port=http://DESKTOP-TQ4OD79:8090, service_id:HELLOSERVICE
```

在上面的日志中，我们可以发现在 8090 端口上返回客户端实例信息。继续测试，展示应用的控制台的日志。

```
2019-01-13 22:02:23.697
INFO1760--[nio-8091-exec-8]c.c.e.controller.HelloController:
host:port=http://DESKTOP-TQ4OD79:8090, service_id:HELLOSERVICE
```

在上面的日志中，可以发现在 8091 端口上返回了客户端实例信息。

11.1.3　Ribbon 用法总结

回忆一下，在讲解 10.2 节的 Eureka 服务消费时使用过 RestTemplate，但具体原因没有说明，这里我们需要了解一下，做到对程序"知其然"也"知其所以然"。

Ribbon 通过 RestTemplate 来实现客户端负载均衡。在客户端的负载均衡时，不需要单独引用关于 Ribbon 的依赖，因为在引用 Eureka Client 时，依赖已经被引用了。找到 IDEA 关于依赖的引用，可以查找到图 11.4 所示的依赖。

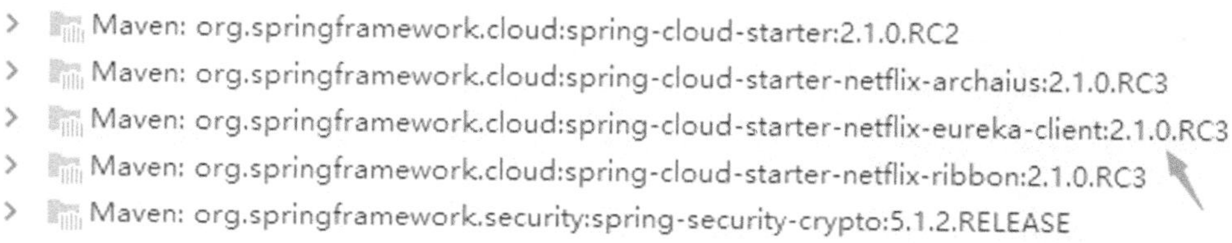

> Maven: org.springframework.cloud:spring-cloud-starter:2.1.0.RC2
> Maven: org.springframework.cloud:spring-cloud-starter-netflix-archaius:2.1.0.RC3
> Maven: org.springframework.cloud:spring-cloud-starter-netflix-eureka-client:2.1.0.RC3
> Maven: org.springframework.cloud:spring-cloud-starter-netflix-ribbon:2.1.0.RC3
> Maven: org.springframework.security:spring-security-crypto:5.1.2.RELEASE

图 11.4　Ribbon 的依赖

在 Eureka 上实现服务的负载均衡主要有两个步骤，即引用一个被 @LoadBalanced 注解过的 RestTemplate 对象，然后在程序中使用 RestTemplate 即可。

11.2 RestTemplate 的详细使用方法

在 Eureka 中，使用 RestTemplate 类进行服务调用，相信读者也能感觉到这个类还是比较实用。最重要的是，这个调用只要加上注解 @LoadBalanced，就可以使用 Ribbon 的客户端负载均衡。所以，本节将对这个类进行讲解。

在前面只讲解了简单的一种请求方式，也只有一种 API 的调用。但在实际场景中，我们四种 Restful 都是存在的，因此这里重点讲解 GET、POST、PUT、DELETE 的使用。

11.2.1 RestTemplate 功能

首先，我们需要知道 RestTemplate 是由 Spring 提供的一个客户端，主要用于对 Rest 服务进行访问。在这个类中，提高了开发效率，使 HTTP 服务的通信得到简化，简化了提交表单的难度，还自带 Json 自动转换功能。

在默认情况下使用 JDK 的 HTTP 连接工具，但是可以通过属性切换不同的 HTTP 源，例如 Netty、OkHttp 或者 HttpComponents。RestTemplate 的方法如表 11.1 所示。

表 11.1 RestTemplate 方法

Http 方法	RestTemplate 方法
GET	getForObject，getForEntity
POST	postForObject，postForLocation
PUT	PUT
DELETE	DELETE
HEAD	headForHeaders
OPTIONS	optionsForAllow
Any	Exchange,excute

在这里主要介绍的是四种常用的请求方式，其他的先不进行介绍。为了对底层稍微有些了解，我们看看 GET 的其中一个方法，代码如下所示。

```java
// GET
@Override
@Nullable
public <T> T getForObject(String url, Class<T> responseType,
Object... uriVariables) throws RestClientException {
    RequestCallback requestCallback = acceptHeaderRequestCallback
(responseType);
    HttpMessageConverterExtractor<T> responseExtractor =
            new HttpMessageConverterExtractor<>(responseType,
getMessageConverters(), logger);
    return execute(url, HttpMethod.GET, requestCallback,
responseExtractor, uriVariables);
}
```

在上面的代码中，在使用时只需要传递 responseType，然后内部方法默认会使用 HttpMessageConverter 实例将 HTTP 转成 pojo 或者将 pojo 转成 HTTP。

在这里顺便了解一下 HttpMessageConverter 的接口功能，代码如下所示。

```java
package org.springframework.http.converter;
/**
 * Strategy interface that specifies a converter that can convert
from and to HTTP requests and responses.
 */
public interface HttpMessageConverter<T> {
    // 说明转换器是否可以读取给定的类
    boolean canRead(Class<?> clazz, @Nullable MediaType mediaType);
    // 说明转换器是否可以写入给定的类
    boolean canWrite(Class<?> clazz, @Nullable MediaType mediaType);
    // 返回
    List<MediaType> getSupportedMediaTypes();
    // 读取 inputMessage
    T read(Class<? extends T> clazz, HttpInputMessage inputMessage)
throws IOException;
    // 往 outputMessage 中写 Object
    void write(T t, @Nullable MediaType contentType, HttpOutputMessage
outputMessage)
}
```

图 11.5 是 RestTemplate 的类关系图。

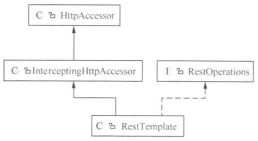

图 11.5　RestTemplate 的类关系图

从图 11.5 中可以了解到，RestTemplate 实现了 RestOperations。这个 RestOperations 是一个定义了对 Rest 操作的基本集合，RestTemplate 实现这个接口，是对 Rest 操作的一次封装。在上图中有一个 HttpAccessor，这个类是基础的 HTTP 访问类，用来构建 HttpRequestFactory。

11.2.2　GET 请求 API

图 11.6 是主要 GET 的 API。

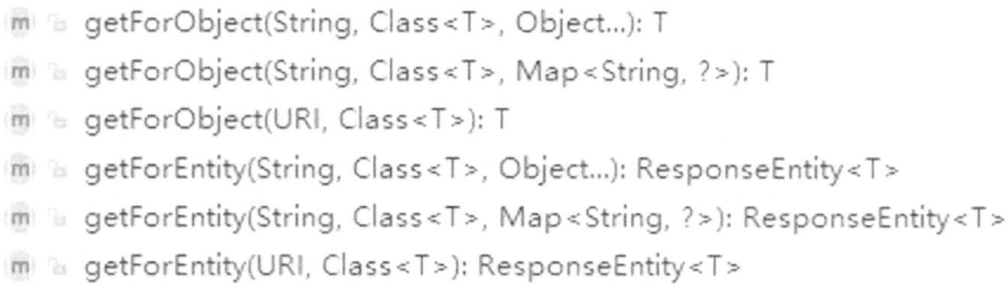

- getForObject(String, Class<T>, Object...): T
- getForObject(String, Class<T>, Map<String, ?>): T
- getForObject(URI, Class<T>): T
- getForEntity(String, Class<T>, Object...): ResponseEntity<T>
- getForEntity(String, Class<T>, Map<String, ?>): ResponseEntity<T>
- getForEntity(URI, Class<T>): ResponseEntity<T>

图 11.6　GET 的 API

通过图 11.6，说明 RestTemplate 访问 GET 主要有两种方式。

1. getForEntity 方式

先说明这种方式让人更加容易理解。通过图 11.6 可以知道，这种方式有三个重载实现，并且在方法中将会返回 ResponseEntity 类型。先看什么是 ResponseEntity，代码如下所示。

```
public class ResponseEntity<T> extends HttpEntity<T>
{
public HttpStatus getStatusCode(){}
public int getStatusCodeValue(){}
public boolean equals(@Nullable Object other) {}
public String toString() {}
public static BodyBuilder status(HttpStatus status) {}
public static BodyBuilder ok() {}
public static <T> ResponseEntity<T> ok(T body) {}
public static BodyBuilder created(URI location) {} ...
}
```

从上面代码中可以知道，这里包含 HttpStatus 与 BodyBuilder 的信息，说明可以对 response 进行处理。这个对象 ResponseEntity 是 Spring 对于 HTTP 请求响应 response 的封装。

HttpStatus 是一个枚举类，包含了 HTTP 的请求状态；BodyBuilder 封装请求体对象；父类 HttpEntity 包含了请求头信息对象 HttpHeaders。

下面，我们看看提供出来的三个方法，主要是参数不同。

（1）public <T> ResponseEntity<T> getForEntity(String url, Class<T> responseType, Object... uriVariables)

在这个方法中，需要三个参数。第一个为 url，表示请求地址；第二个为 responseType，是请求响应体的封装类型；第三个为 uriVariables，表示不定参数。

使用方式主要是使用占位符，然后将参数放在第三个位置上。如果我们返回的是基本类型 String，代码如下所示。

```
RestTemplate restTemplate=new RestTemplate();
ResponseEntity<String> responseEntity=restTemplate.getForEntity("http://HELLOSERVER/hello?id={1}",String.class,"100");
String bodyStr=responseEntity.getBody();
```

如果返回的响应体 Body 是一个对象，例如 User，则代码如下所示。

```
RestTemplate restTemplate=new RestTemplate();
ResponseEntity<User>
```

```
responseEntity=restTemplate.getForEntity("http://HELLOSERVER/
hello?id={1}",User.class,"100");
    User bodyStr=responseEntity.getBody();
```

在代码中,将会把占位符和第三个位置的数据进行替换。需要注意的是,如果存在多个参数,需要按照顺序进行书写。

(2) public <T> ResponseEntity<T> getForEntity(String url, Class<T> responseType, Map<String, ?> uriVariables)

将这个重载的方法与上面的方法进行对比,将会发现,第三个位置的参数使用 Map 类型进行封装。但是在使用时,不是简单地修改第三个位置的数据,还需要对 url 进行修改。在 url 中,占位符需要使用 Map 中的 key 作为参数。

使用方法如下,这里只使用 String 类型进行举例说明。

```
RestTemplate restTemplate=new RestTemplate();
Map<String> map=new HashMap<>();
map.put("id","100");
ResponseEntity<String>
responseEntity=restTemplate.getForEntity("http://HELLOSERVER/
hello?id={id}",String.class,map);
String bodyStr=responseEntity.getBody();
```

(3) public <T> ResponseEntity<T> getForEntity(URI url, Class<T> responseType)

在这个方法中,使用 URI 对 url 与 uriVariavles 进行封装。

```
package java.net;
public final class URI implements Comparable<URI>, Serializable
```

URI 是 JDK 原始的封装类,标识一个资源标识符,使用方式如下。

```
RestTemplate restTemplate=new RestTemplate();
UriComponents uriComponents=UriComponentsBuilder.fromUriString(
        "http://HELLOSERVER/hello?id={id}"
).build()
        .expand("100")
        .encode();
```

```
URI uri=uriComponents.toUri();
ResponseEntity
responseEntity=restTemplate.getForEntity(uri,String.class).getBody();
```

在上面的代码中，我们可以看到，有一个 expand 方法，添加了一个参数。在本实例中，只是简单地添加了一个参数，属于方法一中的不定参数。其实在这里还有一种方式，和方法二一样，在这里可以添加 Map 存放参数。

2. getForObject 方式

在理解了 getForEntity 方式之后，再来理解 getForObject 方式，会比较容易。相比于 getForEntity，这种方式包含了 HTTP 转换成 pojo 的功能，通过上文说过的默认转换器 HttpMessageConverter 进行转换，将响应体 Body 的内容转换成对象，在断点调试时会发现最后看到的是一个 pojo。

这里的使用场景，因为返回的是不包含 HTTP 的其他信息，所以只关注 Body 时，非常适用。实例如下。

```
RestTemplate restTemplate=new RestTemplate();
User user=restTemplate.getForObject"http://HELLOSERVER/hello?id={1}",User.class,"100");
```

在这段代码中，我们可以看到，返回时直接获取到了 pojo，不再需要从 HttpEntity 中 getBody 这段代码。这种方式还有多个使用场景如下。

（1）public <T> T getForObject(String url, Class<T> responseType, Object... uriVariables)

这种方式对应了 getForEntity 中的方法一，使用方式也相同。这里的函数直接返回 T，即是 responseType 的类型。

（2）public <T> T getForObject(String url, Class<T> responseType, Map<String, ?> uriVariables)

这种方式对应了 getForEntity 中的方法二，使用方式也相同。

（3）public <T> T getForObject(URI url, Class<T> responseType)

这种方式对应了 getForEntity 中的方法三，使用方式也相同。

11.2.3　POST 请求 API

首先，看看 POST 的 API 有哪些，如图 11.7 所示。

```
m  postForLocation(String, Object, Object...): URI    RestOperations
m  postForLocation(String, Object, Map<String, ?>): URI    RestOperations
m  postForLocation(URI, Object): URI    RestOperations
m  postForObject(String, Object, Class<T>, Object...): T    RestOperations
m  postForObject(String, Object, Class<T>, Map<String, ?>): T    RestOperations
m  postForObject(URI, Object, Class<T>): T    RestOperations
m  postForEntity(String, Object, Class<T>, Object...): ResponseEntity<T>    RestOperations
m  postForEntity(String, Object, Class<T>, Map<String, ?>): ResponseEntity<T>    RestOperations
m  postForEntity(URI, Object, Class<T>): ResponseEntity<T>    RestOperations
```

图 11.7　POST 的 API

根据上图的 API 汇总，可以分为三种方式。

1. postForLocation 方式

在图 11.7 中，关于 postForLocation 的方法共有三个，而且返回参数都是资源定位 URI，这个 URI 在上文说过，是 JDK 中的类。

为了说明三个方法的不同点，我们先看看里面的代码，代码如下所示。

```java
public URI postForLocation(String url, @Nullable Object request,
Object... uriVariables)
            throws RestClientException {
    RequestCallback requestCallback = httpEntityCallback(request);
    HttpHeaders headers = execute(url, HttpMethod.POST, requestCallback,
headersExtractor(), uriVariables);
    return (headers != null ? headers.getLocation() : null);
}
public URI postForLocation(String url, @Nullable Object request,
Map<String, ?> uriVariables)
            throws RestClientException {
    RequestCallback requestCallback = httpEntityCallback(request);
    HttpHeaders headers = execute(url, HttpMethod.POST,
requestCallback, headersExtractor(), uriVariables);
    return (headers != null ? headers.getLocation() : null);
}
```

```
    public URI postForLocation(URI url, @Nullable Object request)
throws RestClientException {
        RequestCallback requestCallback = httpEntityCallback(request);
        HttpHeaders headers = execute(url, HttpMethod.POST, requestCallback,
headersExtractor());
        return (headers != null ? headers.getLocation() : null);
    }
```

从上面的代码中可以看到,每个方法中的操作几乎相同。首先会根据 request 返回一个 RequestCallback,然后执行 execute,返回 headers,最后从 headers 中取得 location。

其中,RequestCallback 允许操作请求头并写到请求体中。当使用 execute 方法时,不必担心任何资源管理,模板将总是关闭请求并处理任何错误。

这三个方法都是对给定的数据发送 POST 创建资源,返回 HTTP 头,这也就是一个新的资源。看一下 getLocation 的代码,代码如下所示。

```
    @Nullable
    public URI getLocation() {
        String value = getFirst(LOCATION);
        return (value != null ? URI.create(value) : null);
    }
```

每个方法上都有如下的一段代码。

```
The {@code request} parameter can be a {@link HttpEntity} in order
to add additional HTTP headers to the request.
```

这里解释了参数 Object request 的通常用法。如果想要在 HTTP headers 里面加点什么东西,可以在此处传一个 HttpEntity 对象。具体如何使用,将会在具体的使用方法上讲解。

(1) public URI postForLocation(String url, @Nullable Object request, Object... uriVariables)

在这个方法中,需要参数访问地址 url 和 uriVariables 变量。

这里有一点需要特别注意,request 可以是一个 HttpEntity,这样就可以被当作一个完整的 HTTP 请求进行处理,因为这里包含了请求头和请求体。但是这里的类型是 Object,就是说 request 也可以是一个普通的对象,然后 RestTemplate 会把请求对象转换成

HttpEntity 进行处理，request 的内容被当成一个消息体进行处理。

```
RestTemplate restTemplate=new RestTemplate();
HttpHeaders headers = new HttpHeaders();
// 在 header 里面设置编码方式
headers.setContentType(MediaType.APPLICATION_JSON_UTF8);
String body = "tom";
HttpEntity<String> requestEntity = new HttpEntity<String>(body , headers);
URI url=restTemplate.postForLocation(URI.create("http://HELLOSERVER/hello"), requestEntity);
```

在上面的代码中，直接使用了 HttpEntity 对象。

（2）public URI postForLocation(String url, @Nullable Object request, Map<String, ?> uriVariables)

这里的参数保存方式使用 Map 方式，我们在前面已经介绍过，如果读者还是不清楚，可以看看 postForObject 的使用方式。

（3）public URI postForLocation(URI url, @Nullable Object request)

这个方法可以将变量的参数封装在 URI 中。

2. postForObject 方式

对于 POST 请求方式，请求参数一般都是放在 Body 体中，这样比较安全。但是有时候，一些普通的参数也可以放在 URL 上。但在控制类 Controller 获取参数的时候，情况稍微有些不同，下面也会做一些介绍。

（1）public <T> T postForObject(String url, @Nullable Object request, Class<T> responseType,Object... uriVariables)

使用方式如下。

```
RestTemplate restTemplate=new RestTemplate();
Map<String, Object> object = restTemplate.postForObject("http://HELLOSERVER/hello?name={name}", null, Map.class,"tom");
```

上面的代码没有写 request, 按照前面的说法直接写即可。然后 url 中的参数, 没有放在 Body 体中, 而是放在 url 上, 这样直接写在最后即可。然后, 关于在控制类中如何获取参数的问题, 在这里做一个实例。

```java
@PostMapping(value = "/hello")
public Map<String, Object> hello(@RequestParam String name){
    Map<String, Object> ret = new HashMap();
    User user= new User ();
    user.setName(name);
    userService.save(user);
    ret.put("user", user);
    return ret;
}
```

上面的代码比较简单, 我们还可以根据 name 与 Body 体做很多事情。在 URL 挂载参数还有另一种方式, 如下所示。

```java
RestTemplate restTemplate=new RestTemplate();
Map<String, Object> object =
restTemplate.postForObject("http://HELLOSERVER/hello/{name}", null, Map.class,"tom");
```

控制类的处理方式也稍有不同, 主要是 URL 上获取参数使用的注解不同, 代码如下所示。

```java
@PostMapping(value = "/hello/{name}")
public Map<String, Object> hello2(@PathVariable String name){
    Map<String, Object> ret = new HashMap();
    User user= new User ();
    user.setName(name);
    userService.save(user);
    ret.put("user", user);
    return ret;
}
```

（2）public <T> T postForObject(String url, @Nullable Object request, Class<T> responseType,Map<String, ?> uriVariables)

这里的使用方式与上面的方式不同。这里的 URL 的参数写在了 Map 中。同样，在 URL 挂载参数的方式也有两种，这里只讲一种使用方式，代码如下所示。

```
Map<String,Object> requestMap = new HashMap();
requestMap.put("name", "tom");
RestTemplate restTemplate=new RestTemplate();
Map<String, Object> object =
restTemplate.postForObject("http://HELLOSERVER/hello?name={name}",
null, Map.class,requestMap);
```

（3）public <T> T postForObject（URI url, @Nullable Object request, Class<T> responseType）

这个使用方式与 GET 的方式几乎相同，将参数写在 URI 中。

在使用 Body 体时，如何在控制类中获取参数？这个问题在上文没有说明过。其实只需说明一次，其他方法的用法均相同。用法代码如下所示。

```
HttpHeaders headers = new HttpHeaders(); // HTTP 请求头
    headers.setContentType(MediaType.APPLICATION_JSON_UTF8); // 请求头设置属性
    Map<String,Object> body = new HashMap(); // 请求 body
    body.put("name", "tom");
    HttpEntity<Map<String,Object>> requestEntity = new
HttpEntity<Map<String,Object>>(body,headers);
    Map<String, Object> object =
    restTemplate.postForObject("http://HELLOSERVER/hello", requestEntity,
Map.class);
```

然后，写一个控制类，来对应本次请求调用，代码如下所示。

```
@PostMapping(value = "/hello")
    public Map<String, Object> hello(@RequestBody Map<String, Object>
request){
        Map<String, Object> ret = new HashMap();
```

```java
            User user= new User();
            user.setName((String)request.getOrDefault("name", null));
            userService.save(user);
            ret.put("user", user);
            return ret;
        }
```

在上面的代码中,我们获取 Body 体需要使用 @RequestBody 注解。

3. postForEntity 方式

这个方法与 postForObject 的区别在于,postForObject 返回的类型需要自己指定,然后返回结果就是 Body 体转换成的自己指定的类型,而 postForEntity 则包含了 HTTP 响应的 headers,Body 体等信息。这里,不具体讲解,读者可以参考 getForEntity 的使用方式。

4. HttpEntity

为了让读者更好地理解上面的代码,这里单独对 HttpEntity 做一个小说明。首先,直接看看构造函数,代码如下所示。

```java
    protected HttpEntity() {
        this(null, null);
    }
    public HttpEntity(T body) {
        this(body, null);
    }
    public HttpEntity(MultiValueMap<String, String> headers) {
        this(null, headers);
    }
    public HttpEntity(@Nullable T body, @Nullable MultiValueMap<String, String> headers) {
        this.body = body;
        HttpHeaders tempHeaders = new HttpHeaders();
        if (headers != null) {
            tempHeaders.putAll(headers);
        }
        this.headers = HttpHeaders.readOnlyHttpHeaders(tempHeaders);
    }
```

在上面的代码中，可以传递 headers，也可以传递 body，还可以同时传递 headers 和 body，可以根据自己的需要选择。

11.2.4　PUT 请求 API

PUT 的三个 API，如图 11.8 所示。

- put(String, Object, Object...): void　RestOperations
- put(String, Object, Map<String, ?>): void　RestOperations
- put(URI, Object): void　RestOperations

图 11.8　PUT 的 API

通过 PUT 的请求方式对资源进行创建或者更新，通过上图，我们可以看到 PUT 是不存在返回值的。然后，这个操作还是幂等性的。

使用方式与 postFor 基本相同，不过这里也看一个实例程序，代码如下所示。

```
RestTemplate restTemplate=new RestTemplate();
int id=100;
User user=new User("tom");
restTemplate.put("http://HELLOSERVER/hello/{id}",user,id);
```

11.2.5　DELETE 请求 API

关于 DELETE 的 API，也有三种，如图 11.9 所示。

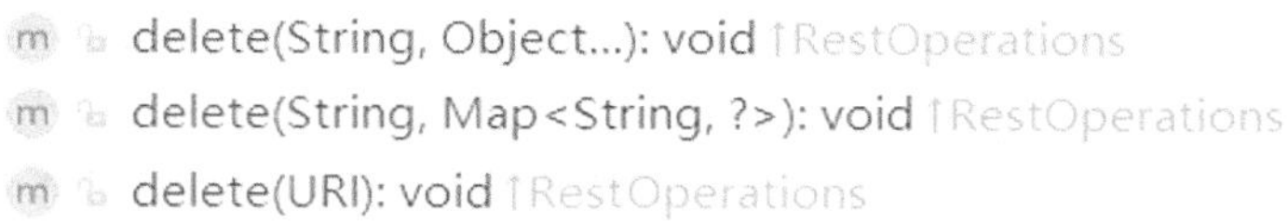

- delete(String, Object...): void　RestOperations
- delete(String, Map<String, ?>): void　RestOperations
- delete(URI): void　RestOperations

图 11.9　DELETE 的 API

在使用 DELETE 时，使用的都是唯一标识进行删除数据，所以，这里只要一个标识加在 URL 中就可以了，不需要 Body 体，使用方式也比较简单。

11.3 Ribbon 的负载均衡入口

关于 Ribbon 的使用的内容在上文已说明，还是比较简单。下面几节会对相关原理做一个说明，让读者学习其原理，并且可以在自己的程序中使用。真正负责 Ribbon 负载均衡的是 Spring Cloud 定义的接口 LoadBalancerClient，下面看看这个接口的代码，代码如下所示。

```
package org.springframework.cloud.client.loadbalancer;
public interface LoadBalancerClient extends ServiceInstanceChooser {
    <T> T execute(String serviceId, LoadBalancerRequest<T> request) throws IOException;
    <T> T execute(String serviceId, ServiceInstance serviceInstance, LoadBalancerRequest<T> request) throws IOException;
    URI reconstructURI(ServiceInstance instance, URI original);
}
```

在上面的接口代码中定义了一些抽象方法。

- execute：使用从负载均衡器中挑选出来的实例执行请求内容。
- reconstructURI：为系统构建一个合适 URI，构建的 URI 形式是"host: port"。在代码中，我们发现这里有一个 ServiceInstance 对象，在这个对象中就有 host 和 port 信息。

对于接口 LoadBalancerClient，在 Ribbon 中使用默认的实现类。当然，在 Spring Cloud 中 LoadBalancerClient 只有一个实现类，就是 RibbonLoadBalancerClient。下面，我们针对第一个 execute 方法进行说明。

首先，进入 RibbonLoadBalancerClient 看看 execute 的实现，代码如下所示。

```
public <T> T execute(String serviceId, LoadBalancerRequest<T> request, Object hint) throws IOException {
    ILoadBalancer loadBalancer = getLoadBalancer(serviceId);
    Server server = getServer(loadBalancer, hint);
    if (server == null) {
        throw new IllegalStateException("No instances available for " + serviceId);
    }
    RibbonServer ribbonServer = new RibbonServer(serviceId, server, isSecure(server,
```

```
            serviceId), serverIntrospector(serviceId).getMetadata(server));
    return execute(serviceId, ribbonServer, request);
}
```

在上面的代码中，函数 getServer 获取具体的服务实例。在这里，我们获取到了服务实例，具体如何实现，看如下代码。

```
protected Server getServer(ILoadBalancer loadBalancer, Object hint) {
    if (loadBalancer == null) {
        return null;
    }
    // Use 'default' on a null hint, or just pass it on?
    return loadBalancer.chooseServer(hint != null ? hint : "default");
}
```

在上面的代码中，我们发现服务的获取使用了 ILoadBalancer 接口的方法。我们主要看这个接口的功能，代码如下所示。

```
package com.netflix.loadbalancer;
public interface ILoadBalancer {
    public void addServers(List<Server> newServers);
    public Server chooseServer(Object key);
    public void markServerDown(Server server);
    @Deprecated
    public List<Server> getServerList(boolean availableOnly);
    public List<Server> getReachableServers();
    public List<Server> getAllServers();
}
```

这个接口主要用于对负载均衡器做一些抽象，这里对接口的方法稍微做一些说明，下一章节再说明负载均衡器。

- addServers：向负载均衡器的实例列表添加服务实例。
- chooseServer：从负载均衡器的实例列表中选择一个具体的服务实例。
- markServerDown：在负载均衡器中标注某个服务实例已经下线。
- getReachableServers：获取正常使用的服务实例列表。

- getAllServers：获取全部的服务实例列表，包括停止的服务实例，这里读者需要和 getReachableServers 做一个区别。

11.4　Ribbon 的负载均衡器

在 11.3 节中，只说到了真正的负载均衡还是要在负载均衡器中进行，但是没有仔细说明。在上一章节中，我们可以了解到，在负载均衡时，使用的是 LoadBalancerClient 接口，具体的实现则需要 RibbonLoadBalancerClient，然后具体实现负载均衡则又需要使用新的接口 ILoadBalancer。而且，在上文也说明这是负载均衡器的一个接口。

因此本节会对负载均衡器做一个比较全面的介绍，帮助读者理解 Ribbon 的源码。

11.4.1　AbstractLoadBalancer 类

这个类是 ILoadBalancer 接口的一个实现类。代码如下所示。

```
public abstract class AbstractLoadBalancer implements ILoadBalancer {
    public enum ServerGroup{
        ALL,
        STATUS_UP,
        STATUS_NOT_UP
    }
    public Server chooseServer() {
        return chooseServer(null);
    }
        public abstract List<Server> getServerList(ServerGroup serverGroup);
    public abstract LoadBalancerStats getLoadBalancerStats();
}
```

在这个类中定义了一个关于服务实例的枚举数组，定义如下三种类型。
- ALL：所有的服务实例。
- STATUS_UP：正常的服务实例。
- STATUS_NOT_UP：停止服务的服务实例。

然后，外加三个函数，因为后面 11.4.2 小节要说明的 BaseLoadBalancer 类将会继承这个 AbstractLoadBalancer 类，类关系如图 11.10 所示。

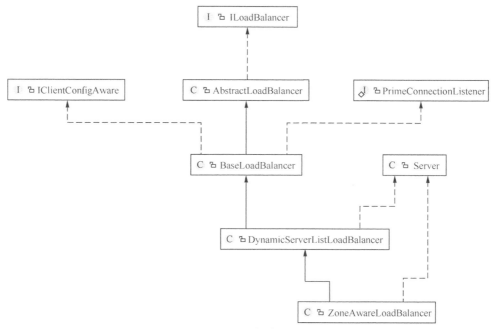

图 11.10　类关系图

11.4.2　BaseLoadBalancer 类

在图 11.10 中，我们可以看到这个类，是 Ribbon 的基础负载均衡器类，定义了负载均衡器的基本操作。下面针对内部选取一些进行说明。

（1）定义了两个存放服务实例的列表

```
@Monitor(name = PREFIX + "AllServerList", type =
DataSourceType.INFORMATIONAL)
protected volatile List<Server> allServerList = Collections
        .synchronizedList(new ArrayList<Server>());
@Monitor(name = PREFIX + "UpServerList", type = DataSourceType.
INFORMATIONAL)
protected volatile List<Server> upServerList = Collections
        .synchronizedList(new ArrayList<Server>());
```

根据上文的代码说明，可以看到两个列表分别是全部的服务实例列表和正常的服务实例列表。

（2）定义 LoadBalancerStats 对象

```
lbStats = new LoadBalancerStats(DEFAULT_NAME);
```

（3）定义检查服务实例是否正常的 Iping 对象

```
this.ping = null;
```

在默认情况下是 null。

（4）定义了负载均衡使用的 IRule 规则

代码如下所示。

```
public void setRule(IRule rule) {
    if (rule != null) {
        this.rule = rule;
    } else {
        /* default rule */
        this.rule = new RoundRobinRule();
    }
    if (this.rule.getLoadBalancer() != this) {
        this.rule.setLoadBalancer(this);
    }
}
```

通过代码可以发现，在 setRule 的时候，默认使用了 RoundRobinRule，意思是线性负载均衡规则。关于具体的实例选择，可以通过 chooseServer 方法进行，这里使用了 rule 的 choose 方法选择服务实例。

（5）启动 ping 任务

在代码中，会启动一个定时任务，定时检查服务实例代码如下所示。

```
void setupPingTask() {
    if (canSkipPing()) {
        return;
```

```
        }
        if (lbTimer != null) {
            lbTimer.cancel();
        }
         lbTimer = new ShutdownEnabledTimer("NFLoadBalancer-PingTimer-"
 + name,
                    true);
        lbTimer.schedule(new PingTask(), 0, pingIntervalSeconds * 1000);
        forceQuickPing();
    }
```

setupPingTask 会写在构造函数中,所以这里直接启动。其中 pingIntervalSeconds 是 10,意味着这里的时间间隔是 10s。

(6)定义负载均衡器的基本操作

内容比较多,建议读者直接看源码。

- addServers(List newServers):向负载均衡器中增加服务实例列表。
- chooseServer(Object key):挑选一个具体的服务实例。
- getReachableServers():获取可用的服务实例列表。
- getAllServers():获取所有的服务实例列表。

11.4.3　DynamicServerListLoadBalancer 类

这个类在图 11.10 也可以看到,继承了基础类 BaseLoadBalancer,属于扩展类。这个类比较重要,它实现了服务实例清单动态更新,是服务发现中的核心。在这个类中,还有一个重要的功能,就是过滤,它可以选择性地获取服务实例。

1. ServerList

这里介绍服务实例列表。在类中有下面的一段代码。

```
public ServerList<T> getServerListImpl() {
    return serverListImpl;
```

```
    }
    volatile ServerList<T> serverListImpl;
```

上文的代码中,有一个获取服务实例列表的函数,返回的是一个ServerList的对象,然后我们看看这个对象,会发现是一个接口,代码如下所示。

```
public interface ServerList<T extends Server> {
    public List<T> getInitialListOfServers();
    public List<T> getUpdatedListOfServers();
}
```

在上文的代码中,可以发现接口中定义了两个抽象方法,第一个方法是获取初始化的服务实例列表;第二个方法是获取更新后的服务实例列表。

然后,我们将会发现,这个接口中有五个子类,在Spring Cloud中使用的是DomainExtractingServerList。至于为什么是这个类,可以从EurekaRibbonClientConfiguration类的方法的RibbonServerList中找到结果。现在看看DomainExtractingServerList中的具体实现方式,代码如下所示。

```
@Override
public List<DiscoveryEnabledServer> getInitialListOfServers() {
    List<DiscoveryEnabledServer> servers = setZones(this.list
        .getInitialListOfServers());
    return servers;
}
@Override
public List<DiscoveryEnabledServer> getUpdatedListOfServers() {
    List<DiscoveryEnabledServer> servers = setZones(this.list
        .getUpdatedListOfServers());
    return servers;
}
public DomainExtractingServerList(ServerList<DiscoveryEnabledServer> list,
    IClientConfig clientConfig, boolean approximateZoneFromHostname) {
    this.list = list;
    this.ribbon = RibbonProperties.from(clientConfig);
    this.approximateZoneFromHostname = approximateZoneFromHostname;
}
```

对于上文的代码，最开始我们都能发现有两个实现方法，返回两种列表。然后在最下面，看到构造函数时，使用的是 ServerList，就是说在进行构造时，需要把返回的列表信息写入。

在构造函数的时候加入了 DiscoveryEnabledServer。其中，DiscoveryEnabledServer 包含了 InstanceInfo，这个类在前面说过，它包含了服务实例需要的基本信息。

在上面的两个实现方法中都存在 setZones，代码如下所示。

```
private List<DiscoveryEnabledServer> setZones(List<DiscoveryEnabled
Server> servers) {
    List<DiscoveryEnabledServer> result = new ArrayList<>();
    boolean isSecure = this.ribbon.isSecure(true);
    boolean shouldUseIpAddr = this.ribbon.isUseIPAddrForServer();
    for (DiscoveryEnabledServer server : servers) {
        result.add(new DomainExtractingServer(server, isSecure, 
shouldUseIpAddr,
            this.approximateZoneFromHostname));
    }
    return result;
}
```

2. ServerListUpdater

这里介绍服务更新器，我们需要了解 DynamicServerListLoadBalancer 类，在这里面我们可以看到有这部分代码，主要用于对列表的更新，代码如下所示。

```
protected final ServerListUpdater.UpdateAction updateAction = new 
ServerListUpdater.UpdateAction() {
    @Override
    public void doUpdate() {
        updateListOfServers();
    }
};
```

这里先不看 updateListOfServers 具体的实现方法，因为这里面涉及过滤器，在后面再介绍。这里主要介绍 ServerListUpdater 接口，因为其在上面是覆盖了 doUpdate 方法。来看这个接口的主要抽象方法，代码如下所示。

```java
public interface ServerListUpdater {
    public interface UpdateAction {
        void doUpdate();
    }
    void start(UpdateAction updateAction);
    void stop();
    String getLastUpdate();
    long getDurationSinceLastUpdateMs();
    int getNumberMissedCycles();
    int getCoreThreads();
}
```

上面是接口的抽象方法，先说明如下几个方法。

- start：启动服务更新器，具体的实现是 UpdateAction。
- stop：停止服务更新器。
- getLastUpdate：获取最近一次更新的时间。
- getDurationSinceLastUpdateMs：获取上次更新到目前的时间间隔。
- getNumberMissedCycles：获取错过的周期数。
- getCoreThreads：获取线程数。

最后介绍接口的实现类。通过 IDEA，发现它只有两个实现类，分别是 EurekaNotificationServerListUpdater 和 PollingServerListUpdater。

- EurekaNotificationServerListUpdater：这种触发需要通过 Eureka 的事件监听来驱动服务列表进行更新。
- PollingServerListUpdater：这是默认的策略。

下面看看这个接口是怎么定时更新服务实例列表的。代码如下所示。

```java
public synchronized void start(final UpdateAction updateAction) {
    if (isActive.compareAndSet(false, true)) {
        final Runnable wrapperRunnable = new Runnable() {
```

```
            @Override
            public void run() {
                if (!isActive.get()) {
                    if (scheduledFuture != null) {
                        scheduledFuture.cancel(true);
                    }
                    return;
                }
                try {
                    updateAction.doUpdate();
                    lastUpdated = System.currentTimeMillis();
                } catch (Exception e) {
                    logger.warn("Failed one update cycle", e);
                }
            }
        };
        scheduledFuture = getRefreshExecutor().scheduleWithFixedDelay(
                wrapperRunnable,
                initialDelayMs,
                refreshIntervalMs,
                TimeUnit.MILLISECONDS
        );
    } else {
        logger.info("Already active, no-op");
    }
}
```

上面就是定时更新服务实例列表的线程实现，里面使用 updateAction.daoUpdate 进行实现。

3. ServerListFilter

刚才在讲解更新服务实例列表时，没有讲解具体的实现方式，因为里面存在过滤器，其实使用的过滤器就是这个 ServerListFilter 接口。首先，我们看看这个方法，代码如下所示。

```
public void updateListOfServers() {
    List<T> servers = new ArrayList<T>();
```

```
        if (serverListImpl != null) {
            servers = serverListImpl.getUpdatedListOfServers();
            LOGGER.debug("List of Servers for {} obtained from Discovery client: {}",
                    getIdentifier(), servers);
            if (filter != null) {
                servers = filter.getFilteredListOfServers(servers);
                LOGGER.debug("Filtered List of Servers for {} obtained from Discovery client: {}",
                    getIdentifier(), servers);
            }
        }
        updateAllServerList(servers);
    }
```

在上文的代码中，引入了 Filter。在上文介绍过 ServerList，用于获取服务实例列表。在这里将会使用过滤器对服务实例列表进行过滤。

11.4.4　服务注册

在介绍完服务发现后，再说明如何进行服务注册。根据 DiscoveryClient 的说明，我们同样需要进入这个类查找源码。这个类是构造类，进入构造类中，过滤判断条件代码后，留下如下代码。

```
    DiscoveryClient(ApplicationInfoManager applicationInfoManager,
EurekaClientConfig config, AbstractDiscoveryClientOptionalArgs args,
            Provider<BackupRegistry> backupRegistryProvider) {
        // 省略一部分代码
        // finally, init the schedule tasks (e.g. cluster resolvers, heartbeat, instanceInfo replicator, fetch
        initScheduledTasks();
        // 省略一部分代码
    }
```

上面的方法是初始化任务。我们进入这个方法，代码如下所示。

```java
/**
 * Initializes all scheduled tasks.
 */
private void initScheduledTasks() {
// 省略一部分代码
        if (clientConfig.shouldRegisterWithEureka()) {
// 省略一部分代码
                // InstanceInfo replicator
            instanceInfoReplicator = new InstanceInfoReplicator(
                this,
                instanceInfo,
                clientConfig.getInstanceInfoReplicationIntervalSeconds(),
                2); // burstSize
            // 省略一部分代码
instanceInfoReplicator.start(clientConfig.getInitialInstanceInfoReplicationIntervalSeconds());
        } else {
            logger.info("Not registering with Eureka server per configuration");
        }
    }
}
```

在上面的代码中，将会创建一个 InstanceInfoReplicator 类的实例，并且会执行一个定时任务，在这里会真正触发服务注册。关于定时任务，可以进入 InstanceInfoReplicator 类中查看，主要的 run 函数代码如下所示。

```java
public void run() {
    try {
        discoveryClient.refreshInstanceInfo();
        Long dirtyTimestamp = instanceInfo.isDirtyWithTime();
        if (dirtyTimestamp != null) {
            **discoveryClient.register();**
            instanceInfo.unsetIsDirty(dirtyTimestamp);
        }
    } catch (Throwable t) {
        logger.warn("There was a problem with the instance info replicator", t);
    } finally {
        Future next = scheduler.schedule(this, replicationIntervalSeconds, TimeUnit.SECONDS);
```

```
            scheduledPeriodicRef.set(next);
        }
    }
```

加粗的部分就是注册。如果进入这个方法，将会发现使用了 Rest 请求方式，同时传入元数据 instanceInfo。

第12章　声明式服务调用 Spring Cloud Feign

在前面我们介绍过 Eureka，它是一个服务治理模块，这期间还介绍过使用 RestTemplate 进行服务之间的调用。Feign 基于 Netfix Feign，主要整合了 Ribbon 与 Hystrix，同时提供了一种声明式调用的方式。因此，这一章主要介绍声明式调用的使用，对于 Hystrix 将会在下一章进行说明。

在前面进行服务之间的调用，使用的是 RestTemplate 进行请求。RestTemplate 对 HTTP 请求进行了封装，形成了模板化的接口调用。Feign 在此基础上，做了一些封装。只要在创建接口时，使用注解进行配置，就可以与服务提供者绑定。

Feign 的声明式调用，可以帮助我们更加快捷地调用 HTTP API。它支持自带的注解，JAX-Rs 注解，同时支持 Spring MVC 注解。

12.1　Feign 的使用实例

在这个部分，先做一个快速入门的演示来认识 Feign，然后结合 Spring MVC，说明 Feign 能扩展 Spring MVC，本节重点是理解参数传递的不同与相同点。

12.1.1　Feign 演示实例

按照惯例，仍然先演示一个实例，让我们对 Feign 有一个直观的印象。实例中需要启动三个项目，服务注册中心、服务提供者、服务消费者。

在服务调用之前，做准备工作。首先启动服务注册中心，此处还是选择在第 10 章使用的服务注册中心，下面是服务注册中心的配置。

```
server.port=8764
```

```
eureka.client.service-url.defaultZone=http://localhost:8764/eureka/
eureka.client.register-with-eureka=false
```

然后，启动服务提供者。在服务提供者中，有一段服务程序将被暴露出来，在后面的服务消费者中，将会调用这段代码。为了不翻看前面的代码，这里展示一下将会被调用的服务的程序。代码如下所示。

```
package com.cloudtest.eurekaprovider.controller;
@RestController
public class HelloController {
    @Autowired
    private DiscoveryClient client;
    @Autowired
    private Registration registration; // 服务注册
    private final Logger logger = LoggerFactory.getLogger(HelloController.class);
    @GetMapping("/hello")
    public String hello(){
        ServiceInstance instance = serviceInstance();
        String result = "host:port=" + instance.getUri()  + ", "
                + "service_id:" + instance.getServiceId();
        logger.info(result);
        return "hello eureka!";
    }
    public ServiceInstance serviceInstance() {
    List<ServiceInstance> list =
    client.getInstances(registration.getServiceId());
        if (list != null && list.size() > 0) {
            for(ServiceInstance itm : list){
                if(itm.getPort()==8091){
                    return itm;
                }
            }
        }
        return null;
    }
}
```

在上面的代码中，可以看到提供的 Rest 接口是 "/hello"。在服务提供者中，我们的配置文件也会用到，代码如下所示。

```
server.port=8091
spring.application.name=helloService
eureka.client.service-url.defaultZone=http://localhost:8764/eureka/
```

现在，开始写服务消费者。为了方便重现程序，我们先看实例的程序结构，如图 12.1 所示。

图 12.1　程序结构

在上面的程序结构中，演示实例主要位于 feign 包，当然启动类也需要修改。首先，给客户端添加 Feign 依赖，代码如下所示。

```
<dependency>
    <groupId>org.springframework.cloud</groupId>
    <artifactId>spring-cloud-starter-feign</artifactId>
</dependency>
```

然后，修改启动类，给启动类添加 @EnableFeignClients 注解，其功能是开启 Spring Cloud Feign。代码如下所示。

```
package com.cloudtest.eurekaconsumer;
```

```java
@SpringBootApplication
@EnableEurekaClient
@EnableFeignClients
public class EurekaconsumerApplication {
    public static void main(String[] args) {
        SpringApplication.run(EurekaconsumerApplication.class, args);
    }
    @Bean
    @LoadBalanced
    RestTemplate restTemplate(){
        return new RestTemplate();
    }
}
```

最后，定义一个接口，该接口是内部要调用的接口，代码如下所示。

```java
package com.cloudtest.eurekaconsumer.feign;
/**
 * 定义需要调用的接口
 */
@FeignClient(name="helloService")
@Component
public interface HelloInterface {
    @GetMapping("/hello")
    public String getHelloMsg();
}
```

在上面的代码中，我们需要添加 @FeignClient 注解绑定应用服务，并使用属性 name 制定应用服务名，这个服务名需要和服务注册中心的应用名相同，不过不区分大小写。在上面代码中，制定的应用服务名为 helloService。可以发现 helloService 与前面服务提供者中的配置文件中的应用名是相同的。

当知道应用服务名后，还需要指定调用的 Rest 接口。在上面的代码中，getHelloMsg 方法调用的接口是 "/hello"，这个 hello 接口就是指定的服务提供者的 "/hello" 接口。

然后就是如何使用。新建一个控制类，在浏览器上进行调用，代码如下所示。

```java
package com.cloudtest.eurekaconsumer.feign.controller;
@RestController
```

```
public class HelloMsgController {
    @Autowired
    HelloInterface helloInterface;
    @GetMapping("/helloTest")
    public String helloMsg(){
        String msg=helloInterface.getHelloMsg();
        System.out.println("+++"+msg+"+++");
        return "success";
    }
}
```

在上面的代码中，使用注解 @Autowired 引进接口。然后在代码中，直接使用接口中的方法，就像在调用本地类中的方法。

在这里，将返回的内容放入变量 msg 中，然后输出，最后运行、检查效果。进入链接 http://localhost:8070/helloTest。浏览器效果如图 12.2 所示。

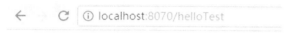

图 12.2　浏览器效果

这个效果最明显，说明程序成功运行。控制台如图 12.3 所示。

图 12.3　控制台

这个效果是说明服务调用之后，返回的值是"hello eureka"。我们看服务提供者的"/hello"，可以发现代码的最后是"return "hello eureka！""，说明这里返回结果是正确的，同时说明可以使用这种方式进行服务间的调用。

查看日志。为什么还要查看日志？这里主要看服务提供者的控制台上是否有日志输出。进入服务提供者的控制台，我们发现有如下日志。

```
    2019-01-21 22:31:35.315  INFO 17088 --- [nio-8091-exec-9]
c.c.e.controller.HelloController         :
host:port=http://DESKTOP-TQ4OD79:8091, service_id:HELLOSERVICE
```

12.1.2　Feign 与 Spring MVC

在 12.1.1 节中演示的实例程序，可以帮助我们快速理解在 Spring Cloud 项目中 Feign 是如何使用的。虽然在客户端写 Restful 风格的接口和以前有些不同，但是在 Eureka 中，客户端也是服务端的概念下，理解起来也不困难。

上一个章节中，我们直接简单地调用服务，不涉及参数的传递。如果读者认真看过 11.2 节的 RestTemplate 的介绍后，这里就很好理解，因为两者使用方式的注解相同。

（1）服务提供者

我们对服务提供者程序进行修改，为了方便重现程序，先看程序结构，如图 12.4 所示。

图 12.4　服务提供者程序结构

新建一个参数请求控制类 ParamHelloController，代码如下所示。

```
package com.cloudtest.eurekaprovider.controller;
@RestController
public class ParamHelloController {
    @GetMapping("/getUserName")
    public String hello(@RequestParam String name){
        return "get:" + "name=" +name;
    }
```

```
    @GetMapping("/getUser")
    public String hello(@RequestHeader String name,@RequestHeader String age){
        return "get:" + "name=" +name+" age=" +age;
    }
    @PostMapping("/postUser")
    public String hello(@RequestBody User user){
        return "post:" + user.getName()+", "+user.getAge();
    }
}
```

在上面的代码中列举了三种场景，即两种 GET 方式和一种 POST 方式的场景。在代码中，引用了 User 类，代码如下所示。

```
package com.cloudtest.eurekaprovider.bean;
public class User {
    private String name;
    private String age;
    // 其他省略
}
```

（2）服务消费者

在开始程序前，依旧先展示程序结构，如图 12.5 所示。

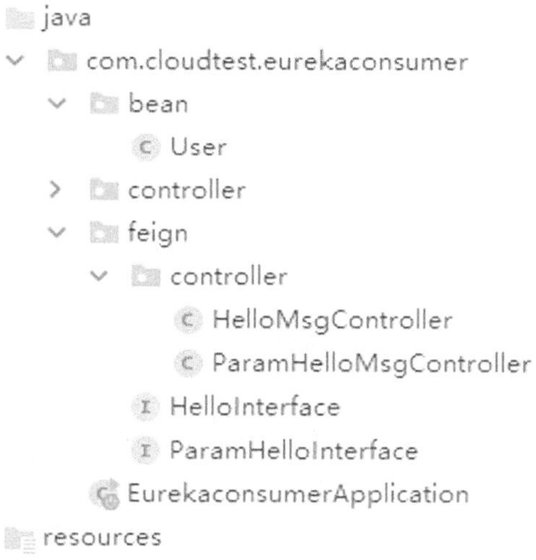

```
java
└─ com.cloudtest.eurekaconsumer
   ├─ bean
   │  └─ User
   ├─ controller
   ├─ feign
   │  ├─ controller
   │  │  ├─ HelloMsgController
   │  │  └─ ParamHelloMsgController
   │  ├─ HelloInterface
   │  └─ ParamHelloInterface
   └─ EurekaconsumerApplication
resources
```

图 12.5　服务消费者程序结构

首先，复制一份服务提供者的 User 对象，在这里需要保证两个程序相同，因为若在服务提供者的 User 对象中添加参数，需要在服务消费者处使用 User 中的参数。

然后定义一个接口，ParamHelloInterface 接口的代码如下所示。

```java
package com.cloudtest.eurekaconsumer.feign;
@FeignClient(name="helloService")
public interface ParamHelloInterface {
    @GetMapping("/getUserName")
    public String hello(@RequestParam("name") String name);
    @GetMapping("/getUser")
    public String hello(@RequestHeader("name") String name, @RequestHeader("age") String age);
    @PostMapping("/postUser")
    public String hello(@RequestBody User user);
}
```

在上面的代码中需要注意，在 Spring MVC 中，@RequestParam 注解中不需要指定参数名，因为默认的值就是参数名，但是在这里，如果不指定参数名则不能通过编译。当然，@RequestHeader 注解也需要指定参数名。然后进行服务调用，代码如下所示。

```java
package com.cloudtest.eurekaconsumer.feign.controller;
@RestController
public class ParamHelloMsgController {
    @Autowired
    ParamHelloInterface paramHelloInterface;
    @GetMapping("/testParamHello")
    public String test(){
        String msg1=paramHelloInterface.hello("tom1");
        System.out.println("msg1:"+msg1);
        String msg2=paramHelloInterface.hello("tom2","18");
        System.out.println("msg2:"+msg2);
        String msg3=paramHelloInterface.hello(new User( "tom3" ,"19"));
        System.out.println("msg3:"+msg3);
        return "param test success";
    }
}
```

其实，我们还需要修改一些东西。因为这个代码是直接在实例的基础上添加的，但是定义接口时，另外定义了一个接口。因此，如果不修改，程序将会报错，下面是日志。

```
Description:
The bean 'helloService.FeignClientSpecification', defined in null, could not be registered. A bean with that name has already been defined in null and overriding is disabled.
```

这里的意思是，我们不能有 @FeignClient（相同服务名）这种情况，因为不允许，所以要注释与本实例无关的接口与控制类。

最后，开始测试。访问链接 http://localhost:8070/testParamHello，控制台日志如下。

```
2019-01-21 23:58:59.706  INFO 18272 --- [nio-8070-exec-2] c.n.l.DynamicServerListLoadBalancer: DynamicServerListLoadBalancer for client helloService initialized: DynamicServerListLoadBalancer:{NFLoadBalancer:name=helloService,current list of Servers=[DESKTOP-TQ4OD79:8091],Load balancer stats=Zone stats: {defaultzone=[Zone:defaultzone; Instance count:1; Active connections count: 0;
    Circuit breaker tripped count: 0; Active connections per server: 0.0;]
},Server stats: [[Server:DESKTOP-TQ4OD79:8091; Zone:defaultZone;
    Total Requests:0;Successive connection failure:0; Total blackout seconds:0;Last connection made:Thu Jan 01 08:00:00 CST 1970; First connection made: Thu Jan 01 08:00:00 CST 1970; Active Connections:0;total failure count in last (1000) msecs:0; average resp time:0.0;90 percentile resp time:0.0; 95 percentile resp time:0.0; min resp time:0.0; max resp time:0.0; stddev resp time:0.0]
]}ServerList:org.springframework.cloud.netflix.ribbon.eureka.DomainExtractingServerList@7c17214e
    msg1:get:name=tom1
    msg2:get:name=tom2age=18
    msg3:post:tom3,19
```

对于上面的日志，主要指加粗的部分。第一处，说明使用的是 Ribbon 负载均衡；第二处，说明使用的是服务提供者，具体信息可以在服务注册中心的信息面板上看；第三处，就是我们调用服务返回的信息。

12.2 Feign 中 Ribbon 的配置

通过 12.1.2 节最后的日志可以看到，Feign 的负载均衡使用的还是 Ribbon。当然，在 Eureka 中，使用 RestTemplate 的时候也存在 Ribbon。在使用 Feign 的时候，我们也要注意 Ribbon 的配置。因此，这里会对 Feign 中 Ribbon 的配置做一个说明。

12.2.1 全局配置与指定服务的配置

对于配置，存在全局配置，也存在对某个指定服务的配置。

1. 全局配置

在 Feign 中，对于全局配置的修改，遵循下面的规则：ribbon.<key>=<value>。下面看一个实例。

```
ribbon.ConnectionTimeout=1000
```

这样，全局配置就配置好了。

2. 指定服务的配置

全局配置比较简单，但有时还是需要针对特别的应用服务做一些配置，这样就需要单独个性化配置，而且这种配置和服务有关系。个性化配置的规则：<client>.ribbon.<key>=<value>。

解释一下 client 的来源。使用 Feign 需要定义一个接口，然后添加注解 @FeignClient(×××)，其中注解中的"×××"就是 client 应用名。在使用这个注解的时候，将会创建一个 Feign 客户端，这个是必然的，但同时也创建了一个 Ribbon 的客户端，这个客户端还是 ××× 客户端。所以，我们在配置时，直接使用应用名即可。实例如下所示。

```
helloService.ribbon.ConnectionTimeout=1000
```

12.2.2 重试机制

在 Feign 中默认使用 Ribbon 的重试机制。关于超时的设置，在 Spring Cloud 中，主要有三个层面，网关 Zuul、Ribbon 和 Hystrix。

这里还没开始讲解 Hystrix 的熔断机制，虽然看起来和 Feign 的重试机制有些相同，但还是有本质区别的。在这里，我们先了解 Ribbon 在 Feign 中的重试机制，涉及超时的问题。此处先看如何进行超时重试的配置，配置如下所示。

```
helloService.ribbon.ConnectionTimeout=1000
helloService.ribbon.ReadTimeout=2000
helloService.ribbon.okToRetryOnAllOperations=true
helloService.ribbon.MaxAutoRetriesNextServer=2
helloService.ribbon.MaxAutoRetries=1
```

对于这几个配置，结合实例更方便说明。下面是服务提供者的程序，我们新加一个 Rest 接口，重要的是看使用方式，代码如下所示。

```
package com.cloudtest.eurekaprovider.controller;
@RestController
public class PrintInfo {
    @GetMapping("/printInfo")
    public String printInfo() {
        int time=new Random().nextInt(3000);
        try {
            System.out.println("time:"+time);
            Thread.sleep(time);
        } catch (InterruptedException e) {
            e.printStackTrace();
        }
        System.out.println("==printInfo+=");
        return "print info";
    }
}
```

在这段代码中，使用 Random 类随机让线程休眠一段时间，这样可以重现出重试的效果。例如第一次休眠时间为 2 500ms，肯定超时，启动重试机制，当第二次休眠时间小于 2 000ms 时，就可以成功调用。

现在说明一下我们的部分配置项：Ribbon.MaxAutoRetries 设置为 1 的意思是先访问首选的实例一次，如果失败，则更换实例进行访问；Ribbon.MaxAutoRetriesNextServer 设置为 2，意思是将会更换两次实例进行重试。

12.3　Feign 的配置

在 Feign 中有几个常见的配置，例如日志的配置，自定义配置，以及一些其他的配置，这些都是需要掌握的，下面进行系统的说明。

12.3.1　日志配置

在 Feign 中，我们可以使用日志对象的 Debug 调试程序。当添加注解 @FeignClient 时，客户端将会创建一个实例 feign.Logger。可以通过下面的步骤开启日志。

1. 修改配置文件

首先，在有 Feign 的应用中的配置文件 application.properties 中添加日志输出级别，在配置的时候，按照一定的规则，规则为 logging.level.<Client>=<Value>。

然后，看下如何确定 client 的客户端路径，图 12.6 是一个客户端程序结构截图。

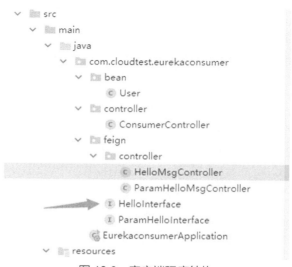

图 12.6　客户端程序结构

我们的客户端程序在 HelloInterface 接口中，所以，客户端的完整路径到这里查找即可。此时，配置如下所示。

```
logging.level.com.cloudtest.eurekaconsumer.feign.HelloInterface=debug
```

2. 配置日志 Bean

在 Feign 客户端中 Logger.Level 对象默认的级别是 NONE 级别，这个级别不会记录 Feign 调用过程中的信息，所以，我们需要进行调整。

为了方便，可以直接在启动主类中添加 Bean。为了严格一些，也可以写在配置类中。配置启动类中的代码如下所示。

```
package com.cloudtest.eurekaconsumer;
@SpringBootApplication
@EnableEurekaClient
@EnableFeignClients
public class EurekaconsumerApplication {
    public static void main(String[] args) {
        SpringApplication.run(EurekaconsumerApplication.class, args);
    }
    @Bean
    @LoadBalanced
    RestTemplate restTemplate(){
        return new RestTemplate();
    }
    @Bean
    Logger.Level feignLoggerLevel(){
        return Logger.Level.FULL;
    }
}
```

最后，进行测试验证。访问链接 http://localhost:8070/helloTest，关于这个链接在前面快速演示 Feign 实例中使用过，代码没有变动，读者可以参考前面。这时，我们在控制台上可以看到如下信息。

```
2019-01-22 23:19:07.520 DEBUG 5376 --- [nio-8070-exec-1]
```

```
       c.c.eurekaconsumer.feign.HelloInterface   : [HelloInterface#getHelloMsg] 
<--- HTTP/1.1 200 (499ms)
    2019-01-22 23:19:07.520 DEBUG 5376 --- [nio-8070-exec-1] 
c.c.eurekaconsumer.feign.HelloInterface   : [HelloInterface#getHelloMsg] 
content-length: 13
    2019-01-22 23:19:07.520 DEBUG 5376 --- [nio-8070-exec-1] 
c.c.eurekaconsumer.feign.HelloInterface   : [HelloInterface#getHelloMsg] 
content-type: text/plain;charset=UTF-8
    2019-01-22 23:19:07.520 DEBUG 5376 --- [nio-8070-exec-1] 
c.c.eurekaconsumer.feign.HelloInterface   : [HelloInterface#getHelloMsg] 
date: Tue, 22 Jan 2019 15:19:07 GMT
    2019-01-22 23:19:07.520 DEBUG 5376 --- [nio-8070-exec-1] 
c.c.eurekaconsumer.feign.HelloInterface   : [HelloInterface#getHelloMsg] 
    2019-01-22 23:19:07.521 DEBUG 5376 --- [nio-8070-exec-1] 
c.c.eurekaconsumer.feign.HelloInterface   : [HelloInterface#getHelloMsg] 
hello eureka!
    2019-01-22 23:19:07.522 DEBUG 5376 --- [nio-8070-exec-1] 
c.c.eurekaconsumer.feign.HelloInterface   : [HelloInterface#getHelloMsg] 
<--- END HTTP (13-byte body)
    +++hello eureka!+++
```

3. Logger.Level 级别

- NONE：默认级别，不记录任何信息。
- BASIC：记录请求方法、URL、执行的时间、响应状态码。
- HEADERS：在 BASIC 的基础上，外加请求和响应的头信息。
- FULL：记录全部的请求域响应信息、元数据、头信息、请求体。
  关于日志级别的效果，可以参看上面的日志信息。

12.3.2 其他配置

Feign 支持对请求的压缩处理，用来提高效率，配置如下所示。

```
# 配置请求 GZIP 压缩
feign.compression.request.enabled=true
# 配置响应 GZIP 压缩
feign.compression.response.enabled=true
# 配置压缩支持的 MIME TYPE
```

```
feign.compression.request.mime-types=text/xml,application/
xml,application/json
# 配置压缩数据大小的下限
feign.compression.request.min-request-size=2048
```

12.3.3 自定义配置

在 Feign 配置中，很多时候默认的配置不符合场景，就需要自定义 Feign 配置，在这里对 Feign 的自定义配置做一个深入的说明。

1. 默认配置

在配置中，只要把配置写在 application.properties 中即可，但是如何生效的，就需要看 org.springframework.cloud.openfeign.FeignClientFactoryBean 类中的 configureFeign 方法。代码如下所示。

```
protected void configureFeign(FeignContext context, Feign.Builder builder) {
    // 配置文件，下面会说
        FeignClientProperties properties = applicationContext.getBean(FeignClientProperties.class);
        if (properties != null) {
            if (properties.isDefaultToProperties()) {
    // 使用配置文件
                configureUsingConfiguration(context, builder);
configureUsingProperties(properties.getConfig().get(properties.getDefaultConfig()), builder);
                configureUsingProperties(properties.getConfig().get(this.name), builder);
            } else {
configureUsingProperties(properties.getConfig().get(properties.getDefaultConfig()), builder);
                configureUsingProperties(properties.getConfig().get(this.name), builder);
                configureUsingConfiguration(context, builder);
            }
```

```
        } else {
          configureUsingConfiguration(context, builder);
        }
}
```

在上面的代码中，可以看到使用FeignClientProperties类。在这个类中，应该配置属性，代码如下所示。

```
@ConfigurationProperties("feign.client")
public class FeignClientProperties {
    private boolean defaultToProperties = true;
    private String defaultConfig = "default";
    private Map<String, FeignClientConfiguration> config = new HashMap<>();
    // 省略其他程序
}
```

上面的代码，说明读取的配置项是以 feign.client 开头的，同时可以知道 config 是一个 Map 类型，并且值为 FeignClientConfiguration。所以为了解 Feign 有哪些配置，可以看看这个类，这个类是 FeignClientProperties 的内部类，代码如下所示。

```
public static class FeignClientConfiguration {
    private Logger.Level loggerLevel;
    private Integer connectTimeout;
    private Integer readTimeout;
    private Class<Retryer> retryer;
    private Class<ErrorDecoder> errorDecoder;
    private List<Class<RequestInterceptor>> requestInterceptors;
    private Boolean decode404;
    private Class<Decoder> decoder;
    private Class<Encoder> encoder;
    private Class<Contract> contract;
    // 省略其他代码
}
```

上面的代码说明 Feign 支持的一些配置，下面对这些配置项做一个说明。

- loggerLevel：日志级别。

- connectTimeout：连接超时时间。
- readTimeout：读取超时时间。
- retryer：重试接口实现类，默认是 default 类。
- errorDecoder：错误编码。
- requestInterceptors：请求拦截器。
- decode404：404 编码是否开启。
- contract：用于处理 Feign 接口注解，使用 SpringMvcContract 实现，处理 Feign 支持的 Spring MVC 注解。
- decoder：解码器，将 HTTP 响应转换成对象，使用 ResponseEntityDecoder，这里可以从上面的 Decoder 找到。
- encoder：编码器，将对象转换到 HTTP 请求体中，使用的是 SpringEncoder。

2. 优先级

这里分三种情况进行说明，优先级从低到高。

第一种，配置文件没有内容。使用 FeignClientConfiguration 类中的全局配置，这个类在上面说明过。并且会使用 @EnableFeignClients 注解中的 defaultConfiguration 自定义属性，本小节的后面会说明这个属性。使用 FeignClient 类中的 configuration，单个 Feign 接口局部配置。

第二种，feign.client.default-to-properties=true。如果我们想让所有的配置都生效，则配置全局配置，配置如下所示。

```
feign.client.config.default.connectTimeout=5000
feign.client.config.default.readTimeout=5000
```

如果针对特定名称的，则配置如下所示。

```
feign.client.config.HelloInterface.connectTimeout=5000
feign.client.config.HelloInterface.readTimeout=5000
```

对于特定名称，指明了配置文件的配置，如果想给所有的名称进行配置，则可以使用注解 @EnableFeignClients，注解中有自定义属性 defaultConfiguration，可以将配置写成一个类，然后在这里进行引用。

```
@EnableFeignClients(defaultConfiguration = MyDefaultConfig.class)
```

这时，不仅设置了配置文件，而且配置了 defaultConfiguration 属性，优先级就需要通过我们最开始说的属性来控制了。

因此，这里先说明属性值为 true 的情况，也是默认情况。
- 使用 FeignClientConfiguration 中的全局配置。
- 使用 @EnableFeignClients 注解中的 defaultConfiguration 自定义属性。
- FeignClient 类中的 configuration，单个 Feign 接口局部配置。
- application.properties 中配置的全局配置，使用方式上面说明过，使用的是 default。当然，这个是可以控制的，通过 feign.client.default-config 指定即可。
- application.properties 中配置的局部配置，指定 FeignClient 中的 name 即可。

第三种，feign.client.default-to-properties=false，理解上面的第二种，这里就方便了很多。
- application.properties 中配置的全局配置。
- application.properties 中配置的局部配置，指定 FeignClient 中的 name 即可。
- 使用 FeignClientConfiguration 中的全局配置。
- 使用 @EnableFeignClients 注解中的 defaultConfiguration 自定义属性。
- FeignClient 类中的 configuration，单个 Feign 接口局部配置。

第13章　服务容错保护 Spring Cloud Hystrix

在介绍 Feign 中的重试机制时，提过 Hystrix 的熔断机制，这一章节将会进行全面的介绍，并且包含其他有用的特性。那么什么是 Hystrix？

在微服务框架中，系统间都是通过微服务进行调用，在微服务之间会存在着互相依赖的关系。假设每个微服务运行在不同的进程中，依赖的调用则需要使用远程调用的方式。如果其中一段网络出现问题，或者延迟，此时，调用方在不断地调用，后方的依赖就会出现故障。当响应过多，就可能出现雪崩效应，造成系统的崩溃。

针对某些依赖出现问题，最终导致系统的不稳定，Spring Cloud 也有相应的方式进行解决。这个方式就是要讲解的 Hystrix，它可以提供各种保护措施。Hystrix 具备服务熔断、线程与信号量隔离、服务降级、请求缓存、请求合并等功能，并且它是基于 Netfix 的开源框架 Hystrix 实现的。

13.1　Hystrix 的使用

Hystrix 的使用实例中，会介绍几个重要的概念：什么是服务降级，如何进行服务降级；服务超时的场景下，如何解决超时问题；什么是服务熔断。

13.1.1　服务降级

在 Hystrix 中，服务降级是一个重要的概念。在下面的实例中，会介绍服务降级的概念，主要是演示服务降级的场景，并讲解服务降级的默认方式。

1. 服务降级演示

对于服务降级，我们也遇见过，例如在访问某个网站的不重要的功能的时候，会跳出一个静态页面，说网络出错等。

服务降级是当系统访问量突然特别大时，因为资源有限，不可能提供全部服务的时候，优先保证核心服务，非核心服务不可用或者弱可用。

在 Hystrix 中，同样有这种机制，下面看基础的使用方式。首先，展示一下要操作的框架，如图 13.1 所示。

图 13.1　框架

启动一台服务注册中心，一台服务提供者，一台服务消费者，这三个应用还是使用以前搭建过的框架。然后，启动两个应用，分别是服务注册中心、服务提供者。对于服务消费者，暂时不启动，因为 Hystrix 暂时不在这个应用上写。

现在，正式开始按照步骤执行。在服务消费者应用 pom 文件中，添加 Hystrix 依赖，如下所示。

```xml
<dependency>
    <groupId>org.springframework.cloud</groupId>
    <artifactId>spring-cloud-starter-hystrix</artifactId>
</dependency>
```

然后，在应用启动类上添加注解，这个注解的功能是启动 Hystrix 功能。代码如下所示。

```
package com.cloudtest.eurekaconsumer;
@SpringClondApplication
@EnableEurekaClient
@EnableFeignClients
// 开启断路器功能
@EnableCircuitBreaker
public class EurekaconsumerApplication {
    public static void main(String[] args) {
        SpringApplication.run(EurekaconsumerApplication.class, args);
    }
    @Bean
    @LoadBalanced
```

```
    RestTemplate restTemplate(){
        return new RestTemplate();
    }
    @Bean
    Logger.Level feignLoggerLevel(){
        return Logger.Level.FULL;
    }
}
```

在上面的代码中,有一个加粗的注解 @EnableCircuitBreaker,用于开启断路器功能。这时在启动类上有了比较多的注解,我们还有一个注解可以简化,是 @SpringCloudApplication,其代码如下所示。

```
package org.springframework.cloud.client;
@Target({ElementType.TYPE})
@Retention(RetentionPolicy.RUNTIME)
@Documented
@Inherited
@SpringBootApplication
@EnableDiscoveryClient
@EnableCircuitBreaker
public @interface SpringCloudApplication {
}
```

然后,对需要降级的服务添加注解,以及降级的代码。关于服务的调用可以使用 RestTemplate 方式和 Feign,这里使用 RestTemplate 进行演示,代码如下所示。

```
package com.cloudtest.eurekaconsumer.controller;
@RestController
public class ConsumerController {
    @Autowired
    RestTemplate restTemplate;
    @Autowired
    LoadBalancerClient loadBalancerClient;
    @HystrixCommand(fallbackMethod = "fallback")
    @GetMapping("/consumer")
    public String consumer(){
            return restTemplate.getForEntity("http://HELLOSERVICE/hello",String.class).getBody();
```

```
    }
    public String fallback(){
        return "fallback,请稍后再试！ ";
    }
}
```

在上面的代码中，在服务 "/consumer" 上添加注解 @HystrixCommand，然后使用降级函数 fallback，如果使用降级函数，降级函数返回的值类型需要与原函数的返回类型相同，这里为了方便演示，直接使用 String。

最后，进行测试验证。测试一，启动服务消费者，访问链接 http://localhost:8070/consumer，效果如图 13.2 所示。

图 13.2　效果一

在图 13.2 效果中，可以看到对"/consumer"直接进行访问时，运行结果没有问题，也不需要进行降级。为了实现降级效果，我们开始验证测试二。

测试二，关闭服务提供者应用，再次访问链接 http://localhost:8070/consumer，效果如图 13.3 所示。

图 13.3　效果二

在图 13.3 中，说明如果服务在调用时不可用，则有降级时，会触发降级功能。

测试三，在测试二中，成功使用了服务降级，如果服务自身出现了异常，是否会触发服务降级呢？我们修改代码再进行测试，代码如下所示。

```
package com.cloudtest.eurekaconsumer.controller;
@RestController
public class ConsumerController {
    @Autowired
```

```
    RestTemplate restTemplate;
    @Autowired
    LoadBalancerClient loadBalancerClient;
    @HystrixCommand(fallbackMethod = "fallback")
    @GetMapping("/consumer")
    public String consumer(){
        int aa=1/0;
        // 第三种方式
        return restTemplate.getForEntity("http://HELLOSERVICE/hello",
String.class).getBody();
    }
    public String fallback(){
        return "fallback, 请稍后再试! ";
    }
}
```

在上面的"/consumer"中，将会出现异常。启动刚关闭的服务提供者应用，然后访问链接 http://localhost:8070/consumer，效果如图 13.4 所示。

图 13.4　效果三

在测试三中，我们知道服务自身出现错误异常，依旧会触发服务降级。

2. 默认降级方式

如果每个服务都写一次服务降级的注解比较麻烦，所以 Hystrix 提供一种默认的服务降级注解 @DefaultProperties。服务消费者代码如下所示。

```
package com.cloudtest.eurekaconsumer.controller;
@RestController
@DefaultProperties(defaultFallback = "defaultFallback")
public class ConsumerController {
    @Autowired
    RestTemplate restTemplate;
```

```
    @Autowired
    LoadBalancerClient loadBalancerClient;
    @HystrixCommand
    @GetMapping("/consumer")
    public String consumer(){
        int aa=1/0;
         return restTemplate.getForEntity("http://HELLOSERVICE/
hello",String.class).getBody();
    }
    public String fallback(){
        return "fallback,请稍后再试!  ";
    }
    public String defaultFallback(){
        return "defaultFallback,请稍后再试!  ";
    }
}
```

在上面的程序中，我们需要在降级的服务上添加注解 @HystrixCommand，然后在类上添加 @DefaultProperties 注解。关于默认的服务降级是使用 defaultFallback 方法进行指定，这个方法与 fallback 有点区别，但方便下面观察效果。

最后，进行测试。依旧访问链接 http://localhost:8070/consumer。在图 13.5 中，可以看到，如果不写降级方法，将会执行注解 @DefaultProperties 指定的默认降级方法。

图 13.5　测试效果

13.1.2　超时设置

在微服务中，由于网络或者运算量等问题，超时是比较常见的。首先，会模拟服务超时，实现一个简单的服务降级。但是，有些场景，处理时间的确会长一些，超过默认的超时时间，此时在 Hystrix 中也可以根据需要自己设置超时时间。

1. 超时服务降级

关于超时设置，这里也需要单独说明。在互联网中，有些服务需要访问第三方应用，或者处理大量的数据，默认的时间下很容易超时，这时就需要进行超时设置。

首先，需要关闭服务提供者应用，模拟一个花费时间比较长的依赖服务，在这个服务中，添加一个 2s 的休眠，代码如下所示。

```
package com.cloudtest.eurekaprovider.controller;
@RestController
public class HelloController {
    @Autowired
    private DiscoveryClient client;
    @Autowired
    private Registration registration; // 服务注册
    private final Logger logger = LoggerFactory.getLogger(HelloController.class);
    @GetMapping("/hello")
    public String hello() throws InterruptedException {
        ServiceInstance instance = serviceInstance();
        String result = "host:port=" + instance.getUri()  + ", "
                + "service_id:" + instance.getServiceId();
        logger.info(result);
        Thread.sleep(2000);
        return "hello eureka!";
    }
// 省略了部分不重要的程序，在前文有，可以参考
}
```

然后，我们再修改服务消费者应用，对上文的 "/hello" 服务进行访问，代码如下所示。

```
package com.cloudtest.eurekaconsumer.controller;
@RestController
@DefaultProperties(defaultFallback = "defaultFallback")
public class ConsumerController {
    @Autowired
    RestTemplate restTemplate;
    @HystrixCommand
    @GetMapping("/consumer")
```

```
    public String consumer(){
        return restTemplate.getForEntity("http://HELLOSERVICE/hello",
String.class).getBody();
    }
    public String defaultFallback(){
        return "defaultFallback,请稍后再试! ";
    }
}
```

最后,将应用都启动起来,访问链接http://localhost:8070/consumer。结果如图13.6所示。

defaultFallback,请稍后再试!

图 13.6 结果

2. 解决方式

在图 13.6 中,我们看到程序进行服务降级了,但这时没有程序报错,为什么?因为超时了。请求方有一个超时时间,如果被调用的服务时间比较久,超过了这个时间,就返回。于是出现了服务降级。

我们只是在服务提供者那里加了 2s 的休眠。接下来我们看看 Hystrix 程序中规定的默认时间。因为超时时间的 name 比较长,不需要记住,学会怎么查找就行。首先,点进注解 @HystrixProperty,代码如下所示。

```
package com.netflix.hystrix.contrib.javanica.annotation;
@Target({ElementType.METHOD})
@Retention(RetentionPolicy.RUNTIME)
@Documented
public @interface HystrixProperty {
    String name();
    String value();
}
```

然后,点进 com.netflix.hystrix 包中,找到 HystrixCommandProperties 类,如图 13.7 所示。

```
     com.netflix.hystrix
       collapser
       config
       exception
       metric
       strategy
       util
     AbstractCommand
     ExecutionResult
     Hystrix
     HystrixCachedObservable
     HystrixCircuitBreaker
     HystrixCollapser
     HystrixCollapserKey
     HystrixCollapserMetrics
     HystrixCollapserProperties
     HystrixCommand
     HystrixCommandGroupKey
     HystrixCommandKey
     HystrixCommandMetrics
     HystrixCommandProperties
     HystrixCommandResponseFromCache
```

图 13.7　查找 HystrixCommandProperties

然后，进入程序，我们在代码中可以看到如下的默认值。

```
private static final Integer default_executionTimeoutInMilliseconds = Integer.valueOf(1000);
```

查找 default_executionTimeoutInMilliseconds，将会在类中找到如下代码。

```
this.executionTimeoutInMilliseconds = getProperty(propertyPrefix, key,
"execution.isolation.thread.timeoutInMilliseconds",
builder.getExecutionIsolationThreadTimeoutInMilliseconds(),
default_executionTimeoutInMilliseconds);
```

在代码中，有一个参数"execution.isolation.thread.timeoutInMilliseconds"，如果这个参数不设置，将会使用默认值，这个默认值是 1s。所以，刚才设置休眠了 2s，肯定会超时。现在，回到服务消费者程序，开始设置超时时间。"/consumer"的代码如下所示。

```
package com.cloudtest.eurekaconsumer.controller;
@RestController
@DefaultProperties(defaultFallback = "defaultFallback")
public class ConsumerController {
    @Autowired
    RestTemplate restTemplate;
    @HystrixCommand(commandProperties = {
@HystrixProperty(name="execution.isolation.thread.timeoutInMilliseconds", value = "3000")
    })
    @GetMapping("/consumer")
    public String consumer(){
        return restTemplate.getForEntity("http://HELLOSERVICE/hello",String.class).getBody();
    }
        public String defaultFallback(){
        return "defaultFallback, 请稍后再试！";
    }
}
```

在上面的代码中，使用注解 @HystrixProperty 进行。考虑到"/hello"服务有一个休眠时间，这里设置超时时间为3s。再次访问链接 http://localhost:8070/consumer。执行效果如图 13.8 所示。

图 13.8　执行效果

在图 13.8 中，我们看到程序运行时间为 2.02s，在 3s 之内，所以不会进行服务降级。

13.1.3 服务熔断

继续使用注解 @HystrixProperty。按照上面的方式，进入类中，可以找到设置熔断器的 name。服务消费者的代码如下所示。

```java
package com.cloudtest.eurekaconsumer.controller;
@RestController
@DefaultProperties(defaultFallback = "defaultFallback")
public class ConsumerController {
    @Autowired
    RestTemplate restTemplate;
        @HystrixCommand(commandProperties = {
            // 设置熔断
            @HystrixProperty(name="circuitBreaker.enabled",value = "true"),
    @HystrixProperty(name="circuitBreaker.requestVolumeThreshold",value = "10"),
    @HystrixProperty(name="circuitBreaker.sleepWindowInMilliseconds",value = "10000"),
    @HystrixProperty(name="circuitBreaker.errorThresholdPercentage",value = "60"),
        })
        @GetMapping("/consumer")
        public String consumer(@RequestParam("number") Integer number){
            // 第三种方式
            // 如果是偶数，则进行
            if (number%2==0){
                return "success";
            }
            return restTemplate.getForEntity("http://HELLOSERVICE/hello",String.class).getBody();
        }
        public String fallback(){
            return "fallback,请稍后再试！";
        }
        public String defaultFallback(){
            return "defaultFallback,请稍后再试！";
        }
}
```

为了模拟熔断的情况，我们使用不同的参数，保证一个访问成功，另一个失败。在上面的代码中，删除了超时设置的 3s，所以如果直接进行访问肯定失败，如果参数 number 是一个偶数，则显示成功。然后，我们开始测试。

测试一，直接访问 http://localhost:8070/consumer?number=1，则失败。

测试二，直接访问 http://localhost:8070/consumer?number=2，则成功。

测试三，不断地访问 http://localhost:8070/consumer?number=1，然后再访问 http://localhost:8070/consumer?number=2，则出现图 13.9 的情况。

图 13.9　执行结果

因为在程序注解中设置了，在一定的时间内访问出现错误的概率达到 60%，则进行熔断，所以虽然 number 是 2 时，也可以返回 success，但是出现了服务降级，就是因为熔断的原因。

测试四：在一段时间之后，熔断状态将会变为半熔断状态，接受访问。如果访问失败，继续保持熔断状态；如果访问成功，则进入正常的状态，重新统计。观察再次访问的执行结果如图 13.10 所示。

图 13.10　执行结果

13.2　Hystrix 的原理

在 13.1 节中，使用过 Hystrix 之后，读者就差不多理解了 Hystrix，不过可能只是感性的理解。在这一节，将会对 Hystrix 的原理做一个系统的介绍。

13.2.1 Hystrix 产生背景

这里用数据说明为什么要使用 Hystrix。在微服务中,一个复杂的业务场景会被拆分成许多个微服务,每个微服务都是一个轻量级的子服务,通过网络进行服务之间的调用。

我们也说过,在微服务框架中可以快速地开发和维护,做到互不影响,实现敏捷开发部署。但是微服务的稳定性是一个挑战。举例,一个服务依赖 30 个微服务,如果每个微服务的可用性都是 99.99%,那么这个微服务的可用性是多少呢?

(99.99%)^{30} ≈ 99.7%。

这意味着,10 亿个请求中有 0.3%,即 3 000 000 不可用。

即使所有依赖项都具有良好的正常运行时间,每月也有 2 小时以上的停机时间。在实际场景中,情况肯定会更加糟糕,因为不可能没有任何别的问题。

在依赖的微服务中会有很多不可控制的因素,依赖也有很多不可控问题,如网络连接缓慢、资源繁忙、暂不可用、服务脱机等。

在复杂的分布式框架的应用程序中有很多的依赖,如图 13.11 所示。在高并发下,都访问依赖 I,而依赖 I 处于不可使用状态,则引用依赖 I 的服务将会被阻塞。当请求越来越多时,将会占用更多的计算机资源,导致系统出现瓶颈,然后造成其他的应用不可用,最终使得系统崩溃,这就是前面说的雪崩效应。

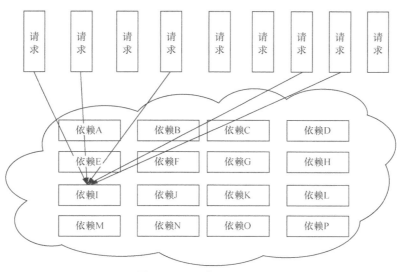

图 13.11 服务不可用图

微服务都会不可避免地在某些时候不可用。如果高并发的依赖不可用时没有采取隔离措施,当前应用服务就有被拖垮的风险。

13.2.2 Hystrix 实现原理

从上文可知，在微服务中影响稳定性可能是因为存在的雪崩效应，那么我们可以使用如下解决方式。

- 降级：在资源不足，或者超时时，进行降级。
- 熔断：在失败率达到设置的阈值时，进行熔断。
- 隔离：这里的隔离主要有线程隔离与信号量隔离，隔离服务的资源使用，使得服务不会被影响。
- 缓存：有请求缓存与请求合并机制。
- 监控，报警的支持。

下面主要对前三种方式进行介绍。

1. 降级

使用降级的目的是保证上游服务的稳定性。为了更好描述降级的原理，通过图 13.12 进行理解。

降级时，需要对下层依赖进行业务分级，把产生故障的丢掉，换一个轻量级的方法，这是退而求其次的方式。图中，如果在 Run 方法中出现了故障，则让请求跳转到 getFallback，然后将返回值返回到 HystrixCommand。注意的是，这里返回的是静态值。

还有一种就是级联模式，这种模式也可以参考一下，如图 13.13 所示。

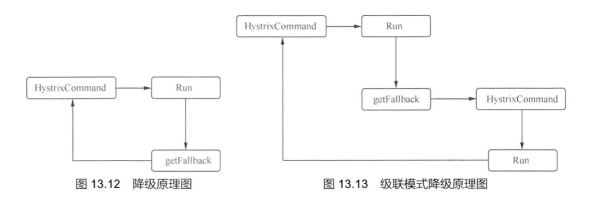

图 13.12　降级原理图　　　　　图 13.13　级联模式降级原理图

在图 13.13 中，如果第一个服务失败，则开始调用降级的服务，但是这次的降级服务不是静态的，我们可以重试或者访问数据库，尽量保证数据是希望返回的那个数据。但是这种方式，如果考虑得不充分还是达不到效果。

2. 熔断

对于 Hystrix 的熔断，主要分为三个状态。关闭状态（Closed）、熔断状态（Open）、半熔断状态（Half-Open），如图 13.14 所示。

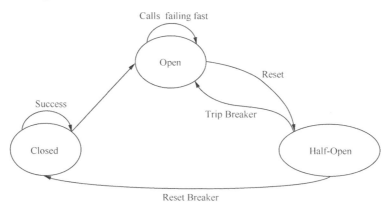

图 13.14　熔断原理图

在最开始时，程序处于关闭状态，如果程序出现异常，或者在调用依赖时超时，则程序进入到熔断状态。这时，如果外部有请求出现，都是拒绝状态。一段时间后，这个时间可以设置，然后会进入半熔断状态。这种状态下可以让请求进来尝试，失败则进入熔断状态，如果成功，则进入闭合状态，程序进入正常运行状态。

3. 隔离

在 Hystrix 中有两种隔离，即线程池隔离与信号量隔离。

线程池隔离：通过一个线程池存储请求，然后线程池对请求做一些处理，设置任务的返回处理超时时间，将请求堆积到线程池队列。这种隔离的好处是，每个请求都有自己的线程池，对于突发的流量，不会影响其他的请求。虽然申请线程池，将会消耗一定的资源，但相比较而言我们还是可以接受。

信号量隔离：这里说的信号量就是一个计数器，记录当前多少线程在运行。当请求进来时，先会判断当前的计数器值，如果请求进来时，超过了设置的最大线程数量，则将该请求丢弃；如果不超过，则可以执行，此时计数器值加一。这种方式，虽然可以防止出现雪崩效应，但是对于突发流量，如果超过计数器值，则请求不会请求依赖的服务。

13.3 Hystrix 的应用

这一小节将会比 13.2 节介绍得更加深入一些，然后讲解在程序中如何使用自定义容错功能。

13.3.1 Hystrix 工作流程

图 13.15 所示为 Hystrix 工作流程。这里只展示了一部分，具体可以去 GitHub 官网上查看。

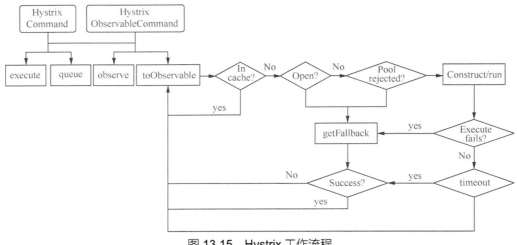

图 13.15　Hystrix 工作流程

下面将通过图 13.15 介绍使用 Hystrix 的依赖请求如何工作。

1. 构建对象

首先构建一个对象，可以是 HystrixCommand 或 HystrixObserverCommand 核心代理，对象只需要继承就可以了，这个对象代表一个依赖请求，负责向构造函数中传入依赖所需要的参数。

使用 HystrixCommand。只能向调用程序发送单条数据，依赖将会返回单个响应。这个逻辑命令写在 run 方法中，并在新创建的线程中执行。

使用 HystrixObservableCommand。逻辑命令写在 construct 中，并在调用程序的线程中执行，相对于前者，这里的一个实例可以顺序发送多条数据。

2. 执行命令

在上图中可以发现，有四种方式可以执行 Hystrix 命令，但具体的调用路线没画，可以参看官网原图。

execute：在调用 #queue 方法的基础上，调用 Future#get 方法，同步返回 #run 的执行结果。

queue：在调用 #toObservable 方法的基础上，调用 Observable#toBlocking 和 BlockingObservable#toFuture 返回 Future 对象。

observe：调用 #toObservable 方法，并向 Observable 注册发起订阅。

toObservable：未做订阅，只是返回一个 Observable。

```
K               value   = command.execute();
Future<K>       fValue  = command.queue();
Observable<K>   ohValue = command.observe();       //hot observable
Observable<K>   ocValue = command.toObservable();  //cold observable
```

同步调用 Execute 方法实际上就是调用 queue、get 方法，queue 方法调用的是 toObservable().toBlocking().toFuture()。也就是说，最终每一个 HystrixCommand 都是通过 to Observable 来实现的。

3. 响应是否缓存

在图中，我们可以发现如果缓存开启，则请求的响应去缓存中获取。

4. 回路器是否打开

当命令执行到回路器时，Hystrix 会检查回路器是否打开。如果回路器打开，那么 Hystrix 就不会再执行命令，而是直接路由获取 getFallback 方法，并执行 fallback 逻辑。

如果回路器关闭，那么检查是否有足够的容量来执行任务。如果没有，则进入 fallback 逻辑，如果有，则继续执行 Construct 或者 run 逻辑。

5. 总结

首先，每个请求调用创建一个 HystrixCommand 对象，把依赖调用封装在 run 中。然后，执行 execute 或 queue 方法进行同步或者异步调用。然后，判断熔断器状态，如果打开，则进行降级策略。否则，程序正常执行。最后，判断线程池或队列或信号量是否跑满，如果跑满进行降级。

调用 HystrixCommand 的 run 方法运行依赖逻辑，如果依赖逻辑调用超时，则降级；判断逻辑是否调用成功，如果是则返回成功调用结果，否则降级；计算熔断器状态，所有的运行状态上报给熔断器，用于统计从而判断熔断器状态。

13.3.2 自定义使用 Hystrix

Hystrix 是 Netfix 的一个开源容错系统，开发人员可以使用它处理容错性的程序，只需要继承 HystrixCommand 或者 HystrixObservableCommand，然后调用里面的 run 或者 construct 方法，最后，调用程序初始化，并执行四个方法即可。

目前的演示程序写在服务消费者应用中，暂时不需要考虑启动服务注册中心或者服务提供者的应用，所以可以使用测试类进行测试。程序结构图如图 13.16 所示。

图 13.16　程序结构

根据图 13.16 的程序结构，我们只要写两段程序就可以进行验证了。新建一个 hystrix 包用于存放 Hystrix 的逻辑程序，然后使用测试类 TestHystrix 进行测试。
HelloHystrixCommand 代码如下所示。

```
package com.cloudtest.eurekaconsumer.hystrix;
public class HelloHystrixCommand extends HystrixCommand {
    private final String name;
    public HelloHystrixCommand(String name) {
        super(HystrixCommandGroupKey.Factory.asKey("ExampleGroup"));
        this.name = name;
    }
    @Override
    protected String run() {
        return "Hello " + name;
    }
}
```

测试类的代码如下所示。

```
package com.cloudtest.eurekaconsumer;
public class TestHystrix {
    @Test
    public void test(){
        String result = new HelloHystrixCommand("CJ").execute().toString();
        System.out.println(result);
    }
}
```

然后进行测试，执行结果如图 13.17 所示。

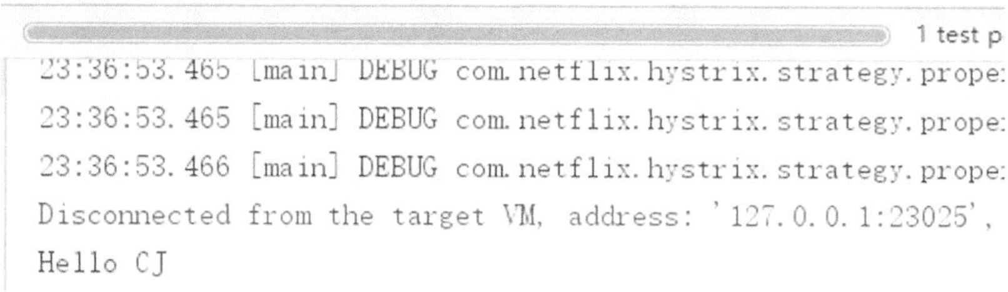

图 13.17　执行结果

13.4 Hystrix 的配置

本小节，会对属性的配置做一个系统的说明，然后详细地介绍 Command 属性。

13.4.1 属性配置说明

在上文介绍 Hystrix 时，也涉及属性的配置。在这一节则进行一个系统的归纳总结，让读者全面了解属性的问题。根据实现 HystrixCommand 的不同方式有两种不同的配置方法。

1. 继承的方式

这种方式在前面的程序实例中被使用过，我们可以通过 Setter 对象的方式对属性进行设置。在前面的 HelloHystrixCommand 代码上修改，代码如下所示。

```
package com.cloudtest.eurekaconsumer.hystrix;
public class HelloHystrixCommand extends HystrixCommand {
    private final String name;
    public HelloHystrixCommand(String name) {

super(Setter.withGroupKey(HystrixCommandGroupKey.Factory.asKey("ExampleGroup"))
            .andCommandPropertiesDefaults(HystrixCommandProperties.
Setter().withExecutionTimeoutInMilliseconds(2000)));
        this.name = name;
    }
    @Override
    protected String run() {
        return "Hello " + name;
    }
}
```

在上面的代码中，设置了超时时间。

2. 注解的方式

对于注解的方式我们在前面也说明过，只需要使用 @HystrixCommand 注解中的 commandProper-Ties 属性来设置即可。实例如下。

```
@HystrixCommand(commandProperties = {
        // 设置熔断
        @HystrixProperty(name="circuitBreaker.enabled",value = "true"),
  @HystrixProperty(name="circuitBreaker.requestVolumeThreshold",value = "10"),
  @HystrixProperty(name="circuitBreaker.sleepWindowInMilliseconds",value = "10000"),
  @HystrixProperty(name="circuitBreaker.errorThresholdPercentage",value = "10"),
})
@GetMapping("/consumer")
public String consumer(@RequestParam("number") Integer number){
// 省略
}
```

13.4.2 属性配置

在属性配置中,需要考虑优先级与属性的具体配置。

1. 优先级

Hystrix 不仅有上面的配置内容,还存在更加灵活的配置方式和方法。先说明属性配置的优先级。优先级从低到高,主要分为下面四个级别。

- 全局默认值:通过源码可以看到。
- 全局配置属性:可以通过配置文件定义全局属性。
- 实例默认值:为实例定义默认值。
- 实例配置属性:为实例定义配置属性。

2. 配置 application.properties

下面将分别介绍如何配置全局默认属性和实例配置属性。

全局默认属性使用 application.properties 进行配置,主要有两个步骤。

首先,配置 application.properties。需要写上 hystrix.command.default 前缀,代码如下所示。

```
hystrix.command.default.execution.isolation.thread.timeoutInMilliseconds=3000
```

然后，需要在方法上配置注解 @HystrixCommand。

实例配置属性：通过注解 @HystrixCommand 下的 hystrixKey 进入，我们可以看到如下的代码注解。

```
/**
 * Hystrix command key.
 * <p/>
 * default => the name of annotated method. for example:
 * <code>
 *     ...
 *     @HystrixCommand
 *     public User getUserById(...)
 *     ...
 *     the command name will be: 'getUserById'
 * </code>
 *
 * @return command key
 */
String commandKey() default " ";
```

在默认的全局中使用 default 即可，如果想单独为 getUserById 方法设置属性，则需要将 default 换成 getUserById。下面举例。

在服务消费者应用中有一个服务是"/consumer"，方法是 consumer，这时对其设置实例的熔断器。首先，添加一个注解 @HystrixCommand，然后修改 application.properties，代码如下所示。

```
hystrix.command.consumer.circuitBreaker.enabled=true
hystrix.command.consumer.circuitBreaker.requestVolumeThreshold=10
hystrix.command.consumer.circuitBreaker.sleepWindowInMilliseconds=10000
hystrix.command.consumer.circuitBreaker.errorThresholdPercentage=60
```

13.4.3 Command 属性

Command 属性主要用来控制 HystrixCommand 命令的行为，它主要分为五个类别，分别为 execution 配置、fallback 配置、circuitBreaker 配置、metrics 配置、requestContext 配置。这里介绍它们的属性配置。

1. execution 配置

用来控制 HystrixCommand.run() 的执行。

execution.isolation.strategy：该属性用来设置 HystrixCommand.run() 执行的隔离策略，如表 13.1 所示。

表 13.1 execution.isolation.strategy 的属性配置

属性级别	配置
全局配置	THREAD
全局属性配置	Hystrix.command.default.execution.isolation.strategy
实例默认值	HystrixCommandProperties.Setter().withExecutionIsolationStrategy(ExecutionIsolationStrategy.THREAD)；也可以使用注解 @HystrixProperty
实例配置属性	Hystrix.command.hystrixCommandKey.execution.isolation.strategy

THREAD：线程池隔离。

SEMAPHORE：信号量隔离。

execution.isolation.thread.timeoutInMilliseconds：该属性用来配置 HystrixCommand 执行的超时时间，单位为毫秒，默认为 1 000ms。

execution.timeout.enabled：该属性用来配置 HystrixCommand.run() 的执行是否启用超时时间。默认为 true，如果是 false，则设置的超时时间不再起作用。

execution.isolation.thread.interruptOnTimeout：该属性用来配置当 HystrixCommand.run() 执行超时的时候是否中断它。

execution.isolation.thread.interruptOnCancel：该属性用来配置当 HystrixCommand.run() 执行取消时是否中断它。

execution.isolation.semaphore.maxConcurrentRequests：当 HystrixCommand 命令的隔离策略使用信号量隔离时，该属性用来配置信号量的大小。当最大并发请求达到该设置值时，后续的请求将被拒绝。

2. Fallback 配置

用来控制 HystrixCommand.getFallback() 的执行。

fallback.isolation.semaphore.maxConcurrentRequests：该属性用来设置从调用线程中允许 HystrixCommand.getFallback() 方法执行的最大并发请求数。当达到最大并发请求时，后续的请求将会被拒绝并抛出异常。

fallback.enabled：该属性用来设置服务降级策略是否启用，默认是 true。如果设置为 false，当请求失败或者拒绝发生时，将不会调用 HystrixCommand.getFallback() 来执行服务降级策略。

3. CircuitBreaker 配置

用来控制 HystrixCircuitBreaker 的行为。

circuitBreaker.enabled：确定当服务请求命令失败时，是否使用断路器来跟踪其健康指标和熔断请求。默认为 true。

circuitBreaker.requestVolumeThreshold：用来设置在滚动时间窗中，断路器熔断的最小请求数。例如默认值为 20 时，如果滚动时间窗（默认 10s）内仅收到 19 个请求，即使这 19 个请求都失败了，断路器也不会打开。

circuitBreaker.sleepWindowInMilliseconds：用来设置当断路器打开之后的休眠时间窗。休眠时间窗结束之后，会将断路器设置为半开状态，尝试熔断的请求命令，如果失败就将断路器继续设置为打开状态，如果成功就设置为关闭状态。

circuitBreaker.errorThresholdPercentage：该属性用来设置断路器打开的错误百分比条件。默认值为 50，表示在滚动时间窗中，在请求值超过 requestVolumeThreshold 阈值的前提下，如果错误请求数百分比超过 50，就把断路器设置为打开状态，否则就设置为关闭状态。

circuitBreaker.forceOpen：该属性默认为 false。如果该属性设置为 true，断路器将强制进入打开状态，它会拒绝所有请求。该属性优于 forceClosed 属性。

circuitBreaker.forceClosed：该属性默认为 false。如果该属性设置为 true，断路器强制进入关闭状态，它会接收所有请求。如果 forceOpen 属性为 true，该属性不生效。

4. Metrics 配置

该属性与 HystrixCommand 和 HystrixObservableCommand 执行中捕获的指标相关。

metrics.rollingStats.timeInMilliseconds：该属性用来设置滚动时间窗的长度，单位为毫秒。该时间用于断路器判断健康度时需要收集指标信息的持续时间。断路器在收集指标信息时会根据设置的滚动时间窗长度拆分成多个"桶"来累计各度量值，每个"桶"记录了一段时间的采集指标。例如，当默认值为 10000ms 时，断路器默认将其分成 10 个"桶"，每个"桶"记录 1000ms 内的指标信息。

metrics.rollingStats.numBuckets：用来设置滚动时间窗统计指标信息时划分"桶"的数量，默认值为 10。

metrics.rollingPercentile.enabled：用来设置对命令执行延迟是否使用百分位数来跟踪和计算。默认为 true，如果设置为 false，那么所有的概要统计都将返回 -1。

metrics.rollingPercentile.timeInMilliseconds：用来设置百分位数统计的滚动时间窗口的持续时间，单位为毫秒。

metrics.rollingPercentile.numBuckets：用来设置百分位数统计滚动时间窗口中使用"桶"的数量。

metrics.rollingPercentile.bucketSize：用来设置每个"桶"中保留的最大执行数。

metrics.healthSnapshot.intervalInMilliseconds：用来设置采集影响断路器状态的健康快照的间隔等待时间。

5. RequestContext 配置

涉及 HystrixCommand 使用 HystrixRequestContext 设置。

requestCache.enabled：用来设置是否开启请求缓存。

requestLog.enabled：用来设置 HystrixCommand 的执行和事件是否输出到日志的 HystrixRequestLog。

第14章 配置中心 Spring Cloud Config

在我们的开发项目中，如果开发人员使用同一个配置文件，就会出现不少问题。首先，不方便维护，多个开发人员可能在线上需要测试不同的配置项，这样就会冲突不断，不能有效地维护；其次，配置的安全与权限也需要进行控制；最后，每次更新配置文件后都需要进行重启，这样就会带来很多不便。

Spring Cloud Config 是一个全新的项目，也是一个单独的微服务模块，存在服务端和客户端，主要为微服务框架提供了集中化的配置支持。其中，服务端一般被称作配置中心，用来连接配置仓库，并为客户端提供配置信息；客户端则是微服务框架中的各个微服务应用，可以指定使用配置中心管理配置内容，在启动的时候读取远程 Git 的配置加载到应用中，并将配置文件加载到本地文件系统。

在客户端，可以选择配置中心的不同名称的配置文件进行加载，启动自己的项目。如果有特殊需求，则可以在配置中心新建一个配置文件，在客户端使用。下面开始学习 Spring Cloud Config。

14.1 Config 的原理

本章大致介绍了 Spring Cloud Config 的优点。本小节将介绍 Config 是如何运行的，然后在下一节进行示例的演示。

Config 是一个单独的微服务模块，存在服务端和客户端。这些配置为了方便管理，都会放在 Git 上，这样版本控制起来会比较方便。图 14.1 是 Config 流程框架图。

在图 14.1 中，有几个重要的元素，远程 Git、Config-server、本地 Git 以及应用模块。下面对这几个元素进行简单的介绍。

远程 Git：用来存储配置文件，方便进行版本控制，而且 Config 默认远程仓库是 Git。

config-server：是 Config 的配置中心，里面包含了远程 Git 的地址、账号、密码等信息。

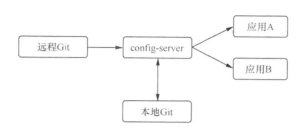

图 14.1　config 流程框架图

本地 Git：当 config-client 请求配置信息时，首先会从远程 Git 上获取最新的配置到本地 Git，然后从本地 Git 中读取并返回，如果远程 Git 不能使用，则直接读取本地 Git 的内容。

应用 A、应用 B：这些应用中包含 config-client，当应用启动时会去 config-server 中请求加载配置文件。

我们对整体的流程做一个总结。首先，将配置文件存放到远程 Git 上，方便进行版本控制。config-server 在启动时会将远程的配置文件保存一份在本地。

然后应用 A、应用 B 上都配置过 config-client，就是 Config 客户端，我们可以根据需要在 config-server 上取到需要的配置文件。

如果远程 Git 出现了问题，不会影响使用，因为 config-server 与本地 Git 是一个双向连接，不仅会将文件保存到本地，也会从本地上取需要的配置文件给应用 A 和应用 B 等 Config 客户端。

14.2　Config 的服务端使用

在介绍过 Config 的原理之后，我们应该了解到 Config 主要分为服务端与客户端。本小节将使用服务端搭建一个配置中心，并且本配置中心的模块是后面用于存放配置文件的模块。

14.2.1　搭建配置中心

在搭建配置中心时，按照步骤的先后顺序开始，下面是搭建的全部详细步骤。

1. 新建一个框架

首先，新建一个 Spring Boot 框架，如图 14.2 所示。

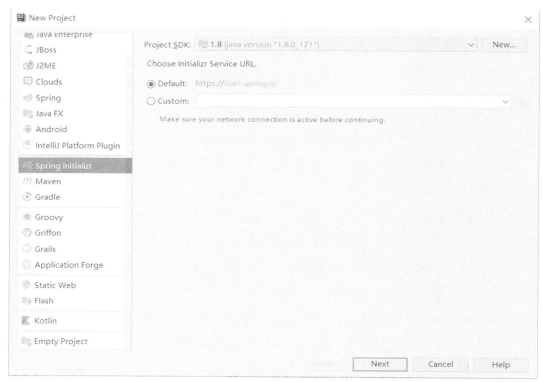

图 14.2　新建项目

然后，新建一个 config 项目，如图 14.3 所示。

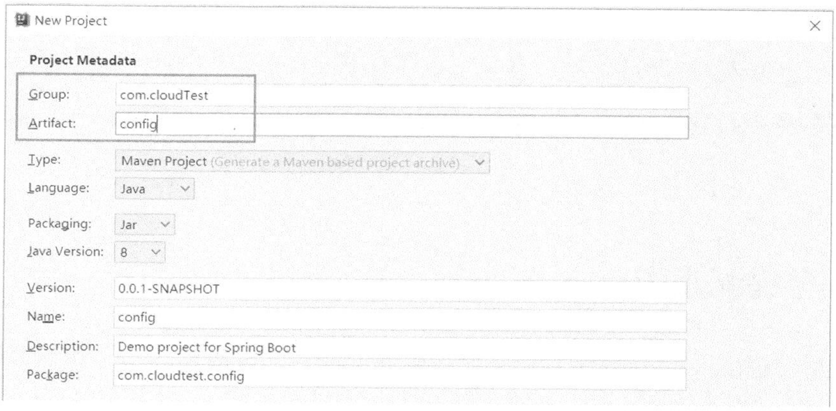

图 14.3　config 项目

然后，选择需要的依赖。本应用是一个微服务，需要选择 Eureka Discovery，同时，因为这是 Config 的注册中心，所以还需要选择 Config Server，如图 14.4 所示。

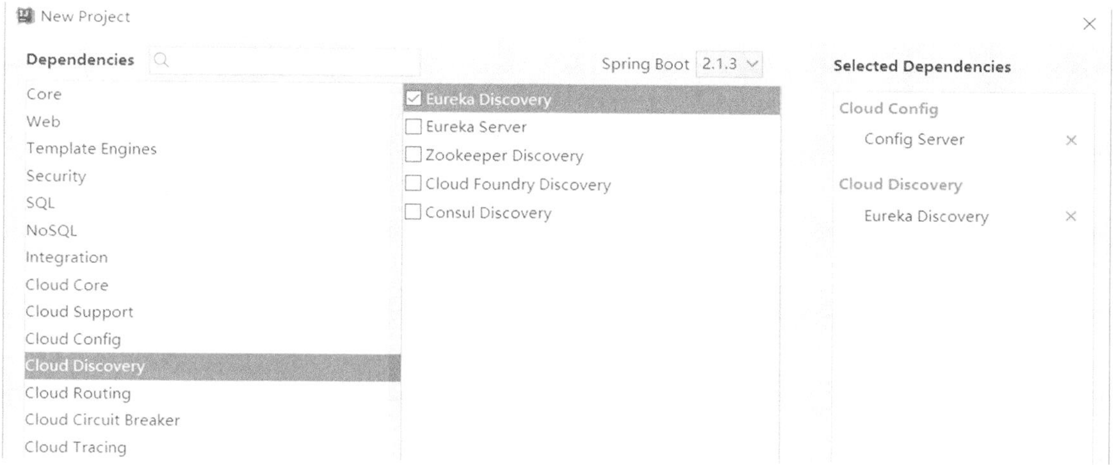

图 14.4　项目依赖

这时，项目已经新建完成。我们进入 pom.xml 文件中，可以看到下面的依赖，这个依赖是 config-server 的依赖。代码如下所示。

```xml
<dependency>
    <groupId>org.springframework.cloud</groupId>
    <artifactId>spring-cloud-config-server</artifactId>
</dependency>
```

2. 准备配置文件

进入码云上新建仓库，仓库名称为 config-repo，如图 14.5 所示。

然后，新建配置文件。如图 14.6 所示。

我们使用的是 consumer 中的配置文件，这里直接将配置文件复制到码云仓库中，如图 14.7 所示。

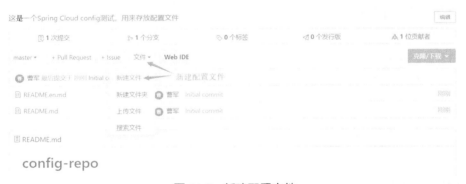

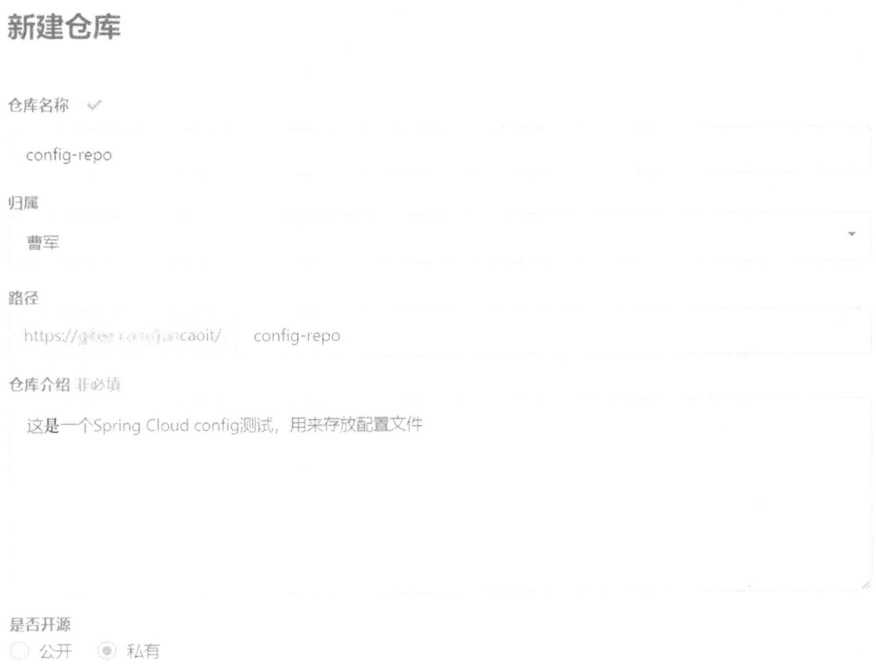
新建仓库
仓库名称
config-repo
归属
曹军
路径
config-repo
仓库介绍 非必填
这是一个Spring Cloud config测试，用来存放配置文件
是否开源
公开
私有

图 14.5　新建仓库

这是一个Spring Cloud config测试，用来存放配置文件
1 次提交
1 个分支
0 个标签
0 个发行版
1 位贡献者
master
+ Pull Request
+ Issue
文件
Web IDE
克隆/下载
新建文件
新建配置文件
README.en.md
新建文件夹
README.md
上传文件
搜索文件
README.md
config-repo

图 14.6　新建配置文件

config-repo /
consumerService.proper
master 分支
提示: 输入 / 可以将文件创建到新文件夹下
server.port=8070
spring.application.name=consumerService
eureka.client.service-url.defaultZone=http://localhost:8764/eureka/
hystrix.command.default.execution.isolation.thread.timeoutInMilliseconds=3000
hystrix.command.consumer.circuitBreaker.enabled=true
hystrix.command.consumer.circuitBreaker.requestVolumeThreshold=10
hystrix.command.consumer.circuitBreaker.sleepWindowInMilliseconds=10000
hystrix.command.consumer.circuitBreaker.errorThresholdPercentage=60

图 14.7　配置文件

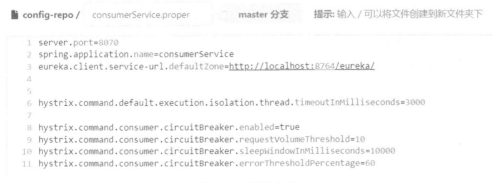

这样，我们就获取到了仓库的地址。

3. 继续搭建配置中心

首先，添加注解。启动类代码如下所示。

```
package com.cloudtest.config;
@SpringBootApplication
//Eureka 客户端注解
@EnableDiscoveryClient
// 配置中心注解
@EnableConfigServer
public class ConfigApplication {
    public static void main(String[] args) {
        SpringApplication.run(ConfigApplication.class, args);
    }
}
```

在上面的代码中，需要添加注解 @EnabeDiscoveryClient，这个注解保证这个微服务可以注册到 Eureka 服务注册中心；添加注解 @EnableConfigServer，这个注解的功能是使得应用成为配置中心。然后，修改 application.properties 文件，代码如下所示。

```
server.port=8096
spring.application.name=config
eureka.client.service-url.defaultZone=http://localhost:8764/eureka/
spring.cloud.config.server.git.uri=https://×××.com/×××
spring.cloud.config.server.git.username=13544
spring.cloud.config.server.git.password=xhfx88xxxx
```

其中，URI 是上文新建仓库的地址，这里用"×××"代替，username 是用户名，password 是密码。不过这里的用户名与密码被锁住了，读者使用自己的用户名和密码即可。

14.2.2　配置中心测试

首先，启动项目。

1. 测试 1

访问链接 http://localhost:8096/consumerService-a.properties，浏览器的效果如图 14.8 所示。

localhost:8096/consumerService-a.properties

```
eureka.client.service-url1.defaultZone: http://localhost:8764/eureka/
hystrix.command.consumer.circuitBreaker.enabled: true
hystrix.command.consumer.circuitBreaker.errorThresholdPercentage: 60
hystrix.command.consumer.circuitBreaker.requestVolumeThreshold: 10
hystrix.command.consumer.circuitBreaker.sleepWindowInMilliseconds: 10000
hystrix.command.default.execution.isolation.thread.timeoutInMilliseconds: 3000
server.port: 8070
spring.application.name: consumerService
```

图 14.8　访问效果

再访问链接 http://localhost:8096/consumerService-a.yml，会出现新的效果，如图 14.9 所示。

localhost:8096/consumerService-a.yml

```
eureka:
  client:
    service-url1:
      defaultZone: http://localhost:8764/eureka/
hystrix:
  command:
    consumer:
      circuitBreaker:
        enabled: 'true'
        errorThresholdPercentage: '60'
        requestVolumeThreshold: '10'
        sleepWindowInMilliseconds: '10000'
    default:
      execution:
        isolation:
          thread:
            timeoutInMilliseconds: '3000'
server:
  port: '8070'
spring:
  application:
    name: consumerService
```

图 14.9　访问效果

2. 测试 2

继续新建文件，consumerService-dev.properties 和 consumerService-test.properties。下

面列举其中一个的配置文件,在上文的配置文件中加上环境 env 配置。

```
server.port=8070
spring.application.name=consumerService
eureka.client.service-url.defaultZone=http://localhost:8764/eureka/
hystrix.command.default.execution.isolation.thread.timeoutInMilliseconds=3000
hystrix.command.consumer.circuitBreaker.enabled=true
hystrix.command.consumer.circuitBreaker.requestVolumeThreshold=10
hystrix.command.consumer.circuitBreaker.sleepWindowInMilliseconds=10000
hystrix.command.consumer.circuitBreaker.errorThresholdPercentage=60
env=test
```

然后,访问链接 http://localhost:8096/consumerService-dev.properties。效果如图 14.10 所示。

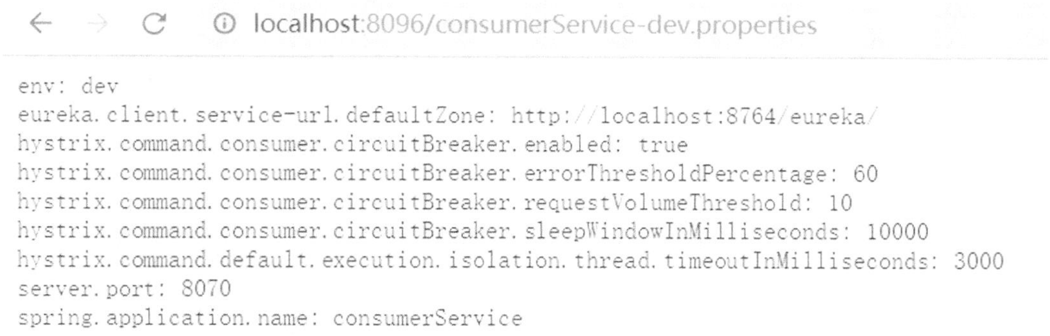

```
localhost:8096/consumerService-dev.properties

env: dev
eureka.client.service-url.defaultZone: http://localhost:8764/eureka/
hystrix.command.consumer.circuitBreaker.enabled: true
hystrix.command.consumer.circuitBreaker.errorThresholdPercentage: 60
hystrix.command.consumer.circuitBreaker.requestVolumeThreshold: 10
hystrix.command.consumer.circuitBreaker.sleepWindowInMilliseconds: 10000
hystrix.command.default.execution.isolation.thread.timeoutInMilliseconds: 3000
server.port: 8070
spring.application.name: consumerService
```

图 14.10　访问效果

3. 测试 3

再在 master 的基础上新建一个分支为 release,然后修改 consumerService-dev.properties,如下。

```
label: release
```

访问链接 http://localhost:8096/release/consumerService-dev.properties。效果如图 14.11 所示。

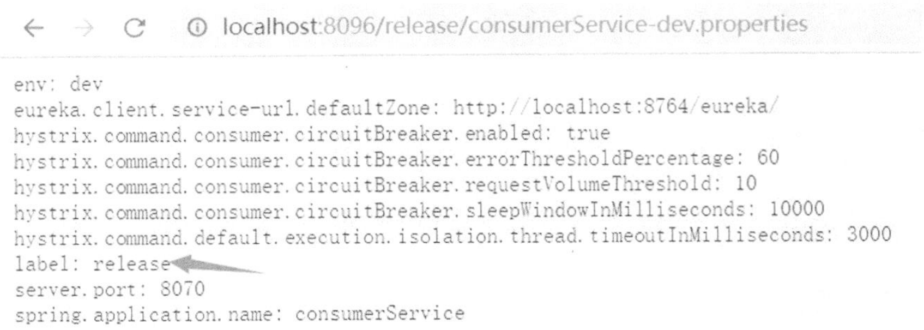

```
← → C  ① localhost:8096/release/consumerService-dev.properties
env: dev
eureka.client.service-url.defaultZone: http://localhost:8764/eureka/
hystrix.command.consumer.circuitBreaker.enabled: true
hystrix.command.consumer.circuitBreaker.errorThresholdPercentage: 60
hystrix.command.consumer.circuitBreaker.requestVolumeThreshold: 10
hystrix.command.consumer.circuitBreaker.sleepWindowInMilliseconds: 10000
hystrix.command.default.execution.isolation.thread.timeoutInMilliseconds: 3000
label: release
server.port: 8070
spring.application.name: consumerService
```

图 14.11　访问效果

14.2.3　本地 Git

根据上文的 Config 工作流程，远程 Git 上的配置文件将会被读取到本地 Git 中。那么这个配置文件在哪里？我们在启动新建项目 Config 时，可以看到控制台上有如下信息。

```
    2019-02-19 00:28:07.155  INFO 19884 --- [nio-8096-exec-3] .c.s.e.Mu
ltipleJGitEnvironmentRepository : Fetched for remote release and found
1 updates
    2019-02-19 00:28:08.686  INFO 19884 --- [nio-8096-exec-3] o.s.c.c.s.
e.NativeEnvironmentRepository   : Adding property source: file:/C:/Users/
MI/AppData/Local/Temp/config-repo-6907337960588296049/consumerService-
dev.properties
    2019-02-19 00:28:08.686  INFO 19884 --- [nio-8096-exec-3] o.s.c.c.s.e
.NativeEnvironmentRepository   : Adding property source: file:/C:/Users/MI/
AppData/Local/Temp/config-repo-6907337960588296049/consumerService.properties
```

按照控制台日志上的路径，在计算机本地可以找到 Git 上的配置文件，本地 Git 如图 14.12 所示。

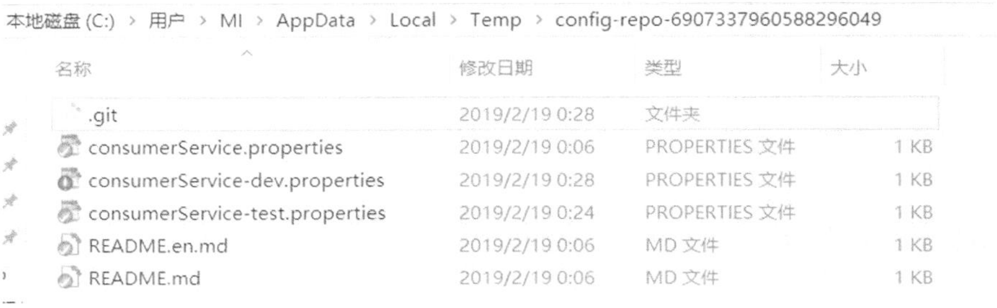

名称	修改日期	类型	大小
.git	2019/2/19 0:28	文件夹	
consumerService.properties	2019/2/19 0:06	PROPERTIES 文件	1 KB
consumerService-dev.properties	2019/2/19 0:28	PROPERTIES 文件	1 KB
consumerService-test.properties	2019/2/19 0:24	PROPERTIES 文件	1 KB
README.en.md	2019/2/19 0:06	MD 文件	1 KB
README.md	2019/2/19 0:06	MD 文件	1 KB

图 14.12　本地 Git

我们是否可以根据自己的需要修改 Git 存放的位置？在配置文件中，可以使用一个配置项，代码如下所示。

```
spring.cloud.config.server.git.basedir=D:/MySouGo/IDEA_Test/config/basedir
```

重新启动项目，我们会发现 Git 目录被创建。本地 Git 效果如图 14.13 所示。

图 14.13　本地 Git 效果

14.3　Config 的客户端使用

在 14.2 节中，我们已经搭建好一个配置中心，接下来就应该配置客户端 Client，让 Config 运行起来。因此，这一节，将会介绍如何使用 Config，并在最后介绍高可用。

14.3.1　配置客户端

使用以前搭建过的 consumerService 应用配置客户端。首先，需要添加依赖，依赖代码如下所示。

```
<dependency>
    //client 端的依赖
    <groupId>org.springframework.cloud</groupId>
    <artifactId>spring-cloud-config-client</artifactId>
</dependency>
```

然后，修改 application.properties 为 bootstrap.properties，代码如下所示。

```
spring.application.name=consumerService
eureka.client.service-url.defaultZone=http://localhost:8764/eureka/
spring.cloud.config.discovery.enabled=true
spring.cloud.config.discovery.service-id=CONFIG
spring.cloud.config.profile=dev
```

对上面的配置项做一些说明。首先，bootstrap 是启动项的意思，在启动文件中指明在启动之后再读取的文件。service-id 的意思是应用 ID，enabled 为启动发现启动，分支为 dev。

14.3.2 客户端测试

通过写控制类程序来进行测试，代码如下所示。

```
package com.cloudtest.eurekaconsumer.controller;
@RestController
public class ConfigTest {
    @Value("${env}")
    private String env;
    @GetMapping("/print")
    public String print(){
        return env;
    }
}
```

1. 测试 1

先将 bootstrap.properties 中的配置项设置为 dev，配置项如下所示。

```
spring.cloud.config.profile=dev
```

然后，访问链接 http://localhost:8070/print，如图 14.14 所示。

图 14.14　dev 效果

2. 测试 2

再将 bootstrap.properties 中的配置项设置为 test，配置项如下所示。

```
spring.cloud.config.profile=test
```

然后，访问链接 http://localhost:8070/print，如图 14.15 所示。

图 14.15　test 效果

通过两次测试，我们可以发现，只需要简单地切换就可以迅速地使用新的配置文件了，在程序开发中，简化了开发过程。

3. 测试 3

下面是刚刚测试 1 的配置项。

```
spring.application.name=consumerService
eureka.client.service-url.defaultZone=http://localhost:8764/eureka/
spring.cloud.config.discovery.enabled=true
spring.cloud.config.discovery.service-id=CONFIG
spring.cloud.config.profile=dev
```

在上面可以看到，有 defaultZone 配置，如果这个配置项不写，直接放在远程 Git 中，启动项目时会报错。

因为在启动时，需要连接 Eureka，然后获取在 Eureka 上的 service-id，读取环境和应用名才能获取配置文件上的内容。所以，如果这里不写 defaultZone 就会报错，项目不能启动。但是如果不写是否一定会报错呢？其实不是。下面是不带 defaultZone 时出现的日志。

```
Request execution error.
endpoint=DefaultEndpoint{ serviceUrl=http://localhost:8761/eureka/}
```

这里说明，将会默认加载 8761 端口。如果我们的 Eureka 是默认的 8761，则可以正确地访问到配置文件。

14.3.3　Config 的高可用性

这一小节本应该放到服务端来介绍的，但是考虑到需要在客户端进行验证，所以将 Config 的高可用放在这里进行介绍。这里的高可用部署起来比较方便。首先，将原本的应用进行复制，然后修改端口号，防止冲突，如图 14.16 所示。

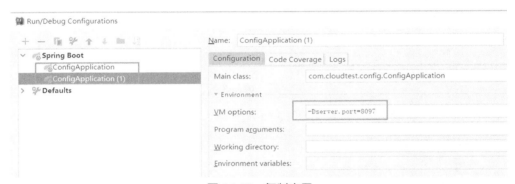

图 14.16　复制应用

在上图中，使用的应用端口号为 8097，原 Config 应用使用的端口号是 8096。然后，启动两个 Config 应用，如图 14.17 所示。

图 14.17　两个 config 应用

下面进行测试。启动 consumerService 的客户端（configclient 端），可以看到日志如下。

```
Fetching config from server at : http://192.168.220.1:8097/
```

停止应用，然后重新启动，可以看到日志如下。

```
Fetching config from server at : http://192.168.220.1:8096/
```

这说明 Config 的高可用也是负载均衡的。

14.4 Config 的知识点

通过前面 3 节的介绍，我们已经可以使用配置中心了，但是有些知识点仍然需要介绍，例如 Git 和动态刷新配置的知识点。

14.4.1 Config 的 Git 介绍

关于 Git 的介绍，主要有两个部分，一个是 Git 中的配置文件命名规则，另一个是如何配置 Git。

1. Config 配置文件命名规则

在前面的实例中，在 Git 上提交了几个配置文件，那么这几个配置文件的名字可以随意命名，还是有什么规则？这里就说明一下配置文件的命名规则，主要有三个关键字。

- application：应用的名称。
- profile：对应的环境，例如 dev 或者 test。
- label：分支，例如实例中使用过 master 或者 release。

访问配置文件信息的 URL 如下。

- /{application}/{profile}/{label}。
- /{application}-{profile}.yml。
- /{label}/{application}-{profile}.yml。
- /{application}-{profile}.properties。
- /{label}/{application}-{profile}.properties。

通过上面的几种形式，我们可以构建各种不同的 URL 来访问不同的配置文件。

2. 配置 Git

Config 默认的仓库是 Git。在 Config 服务端，采用的也是 Git，因为 Git 非常适用于存储配置文件，可以方便地使用第三方工具或者浏览器对内容进行管理更新和分支版本控制。Git 的版本控制是一些配置中心不具备的，使用 Git，则使得应用不同的部署，可以从 Git 上获取不同的配置文件版本。

由于 Config 默认采用的仓库是 Git，因此它的配置也非常简单，只需要在配置文件中添加三个配置项即可。

```
spring.cloud.config.server.git.uri=https://×××.com/×××
spring.cloud.config.server.git.username=13544408
spring.cloud.config.server.git.password=xhfx889cj
```

Config 除了支持 Git，也可以使用 SVN。首先，添加如下依赖。

```xml
<dependency>
    <groupId>org.tmatesoft.svnkit</groupId>
    <artifactId>svnkit</artifactId>
</dependency>
```

然后，在 application.properties 配置文件中添加属性控制，属性如下。

```
spring.cloud.config.server.svn.uri=https://×××.com/×××
spring.cloud.config.server.svn.username=13544408
spring.cloud.config.server.svn.password=xhfx889cj
```

14.4.2 动态刷新配置

在 Config 中，虽然我们解决了一些本章开始说的普通配置文件不足的问题，但最重要的部分，动态刷新配置没有说明，在这里进行说明。

我们需要修改 config-client 的配置项实现动态刷新，代码如下所示。

```xml
<dependency>
    <groupId>org.springframework.boot</groupId>
    <artifactId>spring-boot-starter-actuator</artifactId>
</dependency>
```

然后，访问 localhost:8093/refresh，就可以发现配置项被修改了。

第15章 网关 Spring Cloud Zuul

在 Spring Cloud 核心组件中我们介绍了很多模块，它们都是微服务框架中最基础的组件，使用这些组件完全可以搭建一个微服务项目。但是，服务如何对外提供？这一章就会介绍在 Spring Cloud 中如何处理对外服务的问题。

在 Spring Cloud 中提供了 Zuul 组件，通常它被我们称为边缘服务。从开发的角度看，为了确保对外服务的安全性，在服务端的服务接口处一般需要做一些安全校验。在开发中，很多服务都需要这个校验，因此就需要在每个服务中写一遍这样的安全校验。这样的结果是，随着业务服务规模的扩大，校验程序就会越来越多，如果这个时候需要对校验逻辑进行优化，就会发现需要在每个服务中进行优化，这就增加了负担。

从运维的角度看，请求通过 Nginx 等进行路由和负载均衡之后，到达各个对应的服务上。但是我们知道，这些都需要手动维护配置文件。当地址发生变动时，就需要重新维护配置文件；当规模增大时，任务就会变得更加复杂。

为了解决上面的问题，Zuul 网关出现了。这个网关就是所有服务的门面，外部请求都需要经过 Zuul。在 Zuul 的核心功能中，就存在智能路由和过滤，当然还有一些其他的高级功能。本章主要介绍 Zuul 网关。

15.1 Zuul 路由

按照老思路，我们先通过快速实例，感性认识 Zuul 网关的使用。然后深入理解 Zuul 的核心知识点，即路由与过滤。在本章节中，主要介绍 Zuul 的基本路由功能是如何使用的，以及如何自定义路由，最后，讲解 Cookie 的头信息控制的实例。

15.1.1 基本的网关功能

首先，搭建项目，了解 Zuul 具备的基本的网关功能。

1. 新建网关项目

我们需要新建一个 Zuul 项目——gateway，如图 15.1 所示。

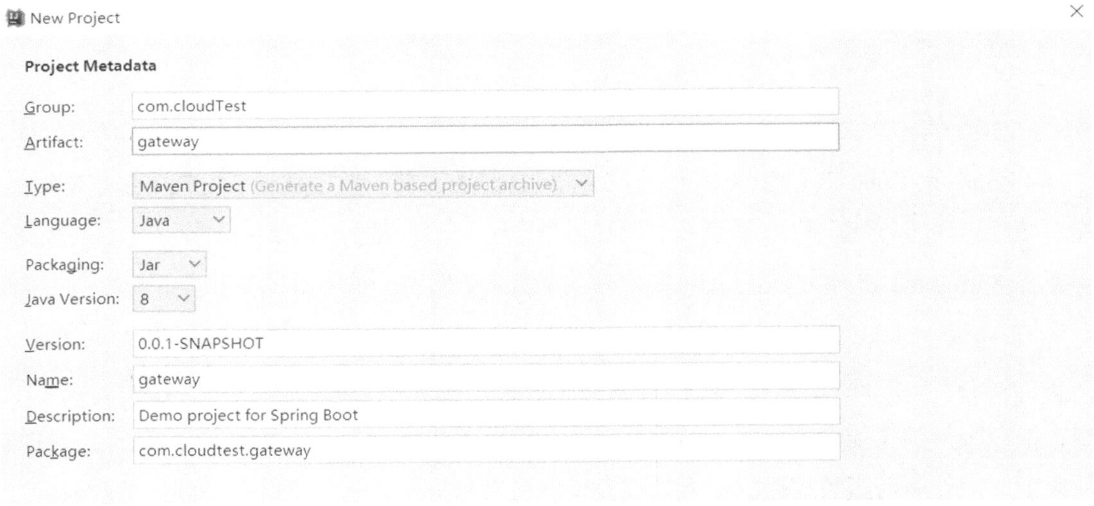

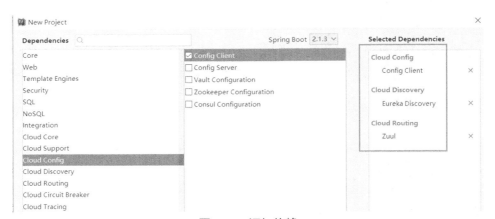

图 15.1　新建 gateway 项目

然后，选择组件，添加需要的依赖，如图 15.2 所示。

图 15.2　添加依赖

这时，进入生成的 pom 文件，可以看到下面的依赖，代码如下。

```
<dependencies>
    <dependency>
        <groupId>org.springframework.cloud</groupId>
```

```xml
        <artifactId>spring-cloud-starter-config</artifactId>
    </dependency>
    <dependency>
        <groupId>org.springframework.cloud</groupId>
        <artifactId>spring-cloud-starter-netflix-eureka-client</artifactId>
    </dependency>
    <dependency>
        <groupId>org.springframework.cloud</groupId>
        <artifactId>spring-cloud-starter-netflix-zuul</artifactId>
    </dependency>
    <dependency>
        <groupId>org.springframework.boot</groupId>
        <artifactId>spring-boot-starter-test</artifactId>
        <scope>test</scope>
    </dependency>
</dependencies>
```

在上面的程序中，因为需要使用 Zuul 组件，所以引入 Zuul 的依赖。至于 Eureka，因为需要进行路由智能，让 Zuul 与 Eureka 进行组合，所以也需要引入依赖。然后，修改配置文件 application.properties，代码如下所示。

```
server.port=8066
spring.application.name=gateWay
eureka.client.service-url.defaultZone=http://localhost:8764/eureka/
```

然后，启动项目，我们在 Eureka 服务注册中心中发现，服务已经被注册，如图 15.3 所示。

Instances currently registered with Eureka

Application	AMIs	Availability Zones
CONSUMERSERVICE	n/a (1)	(1)
GATEWAY	n/a (1)	(1)
HELLOSERVICE	n/a (1)	(1)

图 15.3 注册中心

2. 面向服务路由方式

在上面的项目中，还需要在启动主类上添加注解 @EnableZuulProxy，用于开启 Zuul 的网关服务功能，代码如下所示。

```
package com.cloudtest.gateway;
@SpringBootApplication
// 启动网关功能的注解
@EnableZuulProxy
public class GatewayApplication {
    public static void main(String[] args) {
        SpringApplication.run(GatewayApplication.class, args);
    }
}
```

重新启动项目。此时，我们就可以实现基本的路由功能。下面，我们开始进行验证 Zuul 如何做到路由转发。首先，在图 15.3 中发现服务注册中心有 CONSUMERSERVICE 应用服务，在这个应用中，有 Restful 服务接口 "/consumer"，直接使用这个接口进行测试，这段代码在前面章节介绍过，代码如下所示。

```
package com.cloudtest.eurekaconsumer.controller;
@RestController
@DefaultProperties(defaultFallback = "defaultFallback")
public class ConsumerController {
    @Autowired
    RestTemplate restTemplate;
    @Autowired
    LoadBalancerClient loadBalancerClient;
    @HystrixCommand(commandProperties = {
            // 设置熔断
            @HystrixProperty(name="circuitBreaker.enabled",value = "true"),
    @HystrixProperty(name="circuitBreaker.requestVolumeThreshold",value = "10"),
    @HystrixProperty(name="circuitBreaker.sleepWindowInMilliseconds",
value = "10000s"),
    @HystrixProperty(name="circuitBreaker.errorThresholdPercentage",
value = "10"),
    })
    @GetMapping("/consumer")
```

```
    public String consumer(@RequestParam("number") Integer number){
        //如果是偶数,则进行
        if (number%2==0){
            return "success";
        }
            return restTemplate.getForEntity("http://HELLOSERVICE/hello",String.class).getBody();
    }
    public String defaultFallback(){
        return "defaultFallback,请稍后再试! ";
    }
}
```

然后,直接对"/consumer"进行访问,观察返回效果。访问链接 http://localhost:8070/consumer?number=2,执行结果如图 15.4 所示。

图 15.4　执行结果

然后,使用路由地址访问链接 http://localhost:8066/consumerservice/consumer?number=2,执行结果如图 15.5 所示。

图 15.5　执行结果

现在,对上文的测试链接做一个解释。8066 是 gateway 项目对外访问的端口,说明我们对服务的访问进入接口是从网关项目进入的;consumerservice 是 consumerservice 的服务 ID,这个 ID 注册在服务注册中心;consumer 则是上文的服务。说到这里可以知道,通过网关项目,能路由到需要访问的服务。

3. 路由规则

上文的演示中,我们可以使用路由地址直接访问。其实默认是需要使用规则才能访问。

网关项目的"Ip+port:/service_id/"服务,意思是在访问具体的服务时,需要将对应的应用服务名写在要访问的服务之前。

15.1.2 自定义路由

在一些场景下,Zuul 自带的基本内置规则不能满足需求,需要考虑自定义路由。Zuul 对于自定义路由也是支持的。

1. 自定义路由

在上面的路由规则中,需要添加应用服务名称才能访问服务,那么如何使用自己定义的名称,Zuul 是否可以支持呢?修改配置文件即可,修改代码如下所示。

```
zuul.routes.aaa.path=/myconsumerService/**
zuul.routes.aaa.serviceId=consumerService
```

对于这里的写法,上面的"aaa",表示可以随意写。在上文的配置文件中,我们要访问 consumerService 中的服务,就不需要再写 consumerService,写自己定义的 myconsumerServcie 即可。访问链接 http://localhost:8066/myconsumerService/consumer?number=2,执行结果如图 15.6 所示。

图 15.6 执行结果

2. 简洁写法

规则为:zuul.routes.服务 ID= 自定义名称。配置文件的代码如下所示。

```
server.port=8066
spring.application.name=gateWay
eureka.client.service-url.defaultZone=http://localhost:8764/eureka/
```

```
# 自定义路由
zuul.routes.consumerService=/myconsumerService/**
```

在上文加粗的部分，就是简洁写法。

15.1.3 Cookie 头信息控制

在默认的情况下，Zuul 的路由，将会过滤 HTTP 头中的一些敏感信息，防止传递到下游的外部服务器。

但是，有时候使用 Spring Security 等安全框架构建应用时，由于 Cookie 无法传递，Web 应用将会无法实现登录，因此我们需要解决这个问题。首先，默认敏感信息通过 sensitiveHeaders 参数来控制。

```
private Set<String> sensitiveHeaders = new LinkedHashSet(
    Arrays.asList("Cookie", "Set-Cookie", "Authorization"));
```

在这里说明，Cookie、Set-Cookie、Authorization 是敏感信息。

1. 验证 Cookie 是否可以传递

修改服务 "/consumer"，主要是修改函数，添加 HttpServletRequest，方便断点获取 Cookie 信息。部分代码如下所示。

```
    @GetMapping("/consumer")
    public String consumer(@RequestParam("number") Integer number, HttpServletRequest request){
    ......
    }
```

先访问链接 http://localhost:8066/myconsumerService/consumer?number=2，观察 Cookie 信息，如图 15.7 所示。

图 15.7　Cookie 信息

然后，在后台的服务"/consumer"上断点调试，查看 Cookie 信息，Cookie 获取结果如图 15.8 所示。

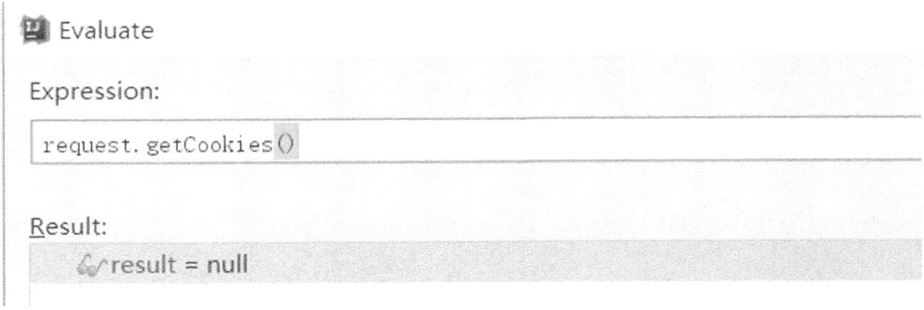

图 15.8　Cookie 获取结果

2. 处理方式

我们有两种处理方式，可以使得 Cookie 信息继续传递。第一种，修改配置文件，通过配置全局参数为空来覆盖默认值，代码如下所示。

```
zuul.routes.aaa.path=/myconsumerService/**
zuul.routes.aaa.serviceId=consumerService
zuul.routes.aaa.sensitive-headers=
```

然后，重新调试，如图 15.9 所示。

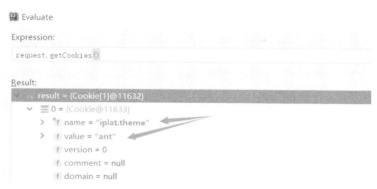

图 15.9　Cookie 获取成功

第二种，通过上面的方式可以看到，我们实现了 Cookie 信息的传递，但是也存在了新的问题，破坏了默认方式的用意。因为我们让 Cookie 信息传递了，然后让其他的敏感信息也被暴露出来。

此时对指定路由开启自定义敏感头 Zuul.routers.<router>.customSensitiveHeaders=true 即可解决。

15.2　Zuul 请求过滤

在介绍完 Zuul 的核心功能之一的路由之后，我再介绍另一个核心功能，请求过滤。在这个功能中，常见的使用场景是鉴权以及限流。本节会对鉴权与限流做一个介绍。

15.2.1　应用场景

在开始介绍请求过滤功能之前，首先需要清楚过滤器的结构，对过滤的流程有一个直观的理解，这样对于后面的过滤程序能更好地理解。

1. 过滤器结构

图 15.10 是 Zuul 过滤器结构，主要包含了 pre、post、route、error 类型的过滤器。

图 15.10　过滤器结构

2. 应用场景

下面是最常见的应用场景。

前置 pre：用于限流、鉴权、参数校验调整。

后置 post：用于统计、生成日志。

15.2.2　鉴权

为了验证 Zuul 的功能，我们还是通过示例进行说明。

1. pre 过滤实例

定义一个简单的过滤器，在请求被路由之前先检查 HttpServletRequest 中是否存在 token 参数。如果存在，则进行路由，否则拒绝访问，返回 401。首先，新建一个 filter 包，然后在包下新建一个类，代码如下所示。

```
package com.cloudtest.gateway.filter;
@Component
public class TokenFilter extends ZuulFilter {
    @Override
    public String filterType() {
        return PRE_TYPE;
    }
    @Override
    public int filterOrder() {
        return PRE_DECORATION_FILTER_ORDER-1;
    }
```

```
    @Override
    public boolean shouldFilter() {
        return true;
    }
    @Override
    public Object run() throws ZuulException {
        RequestContext requestContext=RequestContext.getCurrentContext();
        HttpServletRequest request=requestContext.getRequest();
        String token=request.getParameter("token");
        if(StringUtils.isEmpty(token)){
            requestContext.setSendZuulResponse(false);
            requestContext.setResponseStatusCode(401);
        }
        return null;
    }
}
```

在上面的代码中，需要继承 ZuulFilter 抽象类，并重写几个方法，下面对这几个方法进行说明。

- filterType：过滤的类型。这个方法决定过滤器存在请求的哪个生命周期。在这里，要在请求被路由之前，进行过滤，所以选择使用 pre。
- filterOrder：这个方法返回执行顺序的数字，这个数字越小，则过滤器越小。建议使用 FilterConstants 中的变量来减。
- shouldFilter：判断这个过滤器是否需要被执行，在这里明显需要设置为 true。
- run：这个方法是写逻辑的部分。

还有最后一点，这个过滤器 TokenFilter 写完不会生效，我们需要在类上添加注解 @Component，使得过滤器生效。

访问链接 http://localhost:8066/myconsumerService/consumer?number=2&token=22，这样才可以进行路由转发。

2. post 过滤实例

在 filter 包下，新建一个类，代码如下所示。

```
package com.cloudtest.gateway.filter;
```

```java
// 需要添加到 IOC 容器中
@Component
public class AddResponseFilter extends ZuulFilter {
    @Override
    public String filterType() {
        return POST_TYPE;
    }
    @Override
    public int filterOrder() {
        return SEND_RESPONSE_FILTER_ORDER-1;
    }
    @Override
    public boolean shouldFilter() {
        return true;
    }
    @Override
    public Object run() throws ZuulException {
        // 获取 RequestContext
        RequestContext requestContext=RequestContext.getCurrentContext();
        HttpServletResponse response=requestContext.getResponse();
        response.setHeader("X-Foo", UUID.randomUUID().toString());
        return null;
    }
}
```

上面的代码，使用的类型是 post。通过 RequestContext 获取 context，然后在里面再获取返回结果，最后在返回结果中添加 header。

访问链接 http://localhost:8066/myconsumerService/consumer?number=2&token=22，然后，观察结果，如图 15.11 所示。

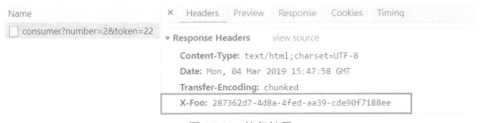

图 15.11　执行结果

15.2.3 限流

因为每个服务请求都会经过网关，所以比较适合做限流保护，防止网络攻击。这个限流也是在前置过滤器中，具体来说是在请求被转发之前被调用，而且限流还应该早于鉴权过滤器。

使用的算法是令牌桶算法。继续在 filter 包下新建类，代码如下所示。

```
package com.cloudtest.gateway.filter;
public class RateFilter extends ZuulFilter {
    private static final RateLimiter RATE_LIMITER=RateLimiter.create(100);
@Override
// 过滤器类型
    public String filterType() {
        return PRE_TYPE;
    }
@Override
// 过滤器执行顺序
    public int filterOrder() {
        return SERVLET_DETECTION_FILTER_ORDER-1;
    }
@Override
// 是否执行
    public boolean shouldFilter() {
        return true;
    }
@Override
// 逻辑运行方法
    public Object run() throws ZuulException {
        // 没有拿到
        if(!RATE_LIMITER.tryAcquire()){
            throw new RuntimeException();
        }
        return null;
    }
}
```

这里对上面的代码做一个解释说明。限流的算法由 Google 的 RateLimiter 类提供，然后在 run 的逻辑中使用 tryAcquire 方法判断是否获取令牌。如果没有获取令牌，则抛出异常即可。我们在上面使用了 pre 前置过滤器，但是需要特别注意的是确定执行顺序，在这里需要选默认执行时间最早的值然后减一，做到最早执行。

15.3 Zuul 其他知识点

最后，对于 Zuul 的其他知识点也需要进行介绍，例如四种过滤器，以及在分布式中，最需要考虑的高可用问题。

15.3.1 过滤器

Zuul 的核心功能是路由与过滤，在这里对过滤器进行介绍。在前面的实例中我们可以看到，继承了 ZuulFilter，Zuul 中的过滤器包含四个方面的特性：过滤器类型、执行顺序、是否可以执行、具体的过滤逻辑。

这里需要说明的内容就是过滤器类型。前面的过滤器结构图，没有仔细说明过滤类型。在 Zuul 中，默认有以下四种过滤器。

- pre：可以在请求被路由之前进行过滤。
- route：在路由请求时被调用。
- error：处理请求发生错误时调用。
- post：在 route 和 error 过滤之后，再被调用。

15.3.2 高可用

Zuul 的高可用非常关键，因为从外部请求到后端服务的流量都会经过 Zuul。故而在应用场景中一般都需要部署高可用的 Zuul 以避免单点故障。虽然，部署起来比较简单，但在这里还是需要单独说明使用方式。

当多个 Zuul 注册到 Eureka Server 上时，只需将多个 Zuul 节点注册到 EurekaServer 上，就可实现 Zuul 的高可用。此时 Zuul 的高可用与其他微服务的高可用没什么区别。

当 Zuul 客户端也注册到 EurekaServer 上时，只需部署多个 Zuul 节点即可实现其高可用。Zuul 客户端会自动从 EurekaServer 中查询 ZuulServer 的列表，并使用 Ribbon 负载均衡地向 Zuul 集群发出请求。

第4篇 微服务开发实战

第16章 点餐管理系统实战

本书第 1 篇主要介绍微服务框架的基础，第 2 篇介绍 Spring Boot，第 3 篇介绍 Spring Cloud。介绍完成之后，相信读者对微服务中的组件有了足够的理解。

本章将会继前文的知识点进行实战。本章有两个案例，在每个案例中，都分别使用前面的一部分知识点进行开发。例如，在点餐管理系统中，对持久层的操作只使用 MyBatis。在每个案例中，我们会对使用的知识点进行回顾，然后对业务功能进行开发。通过案例讲解，希望读者可以迅速搭建微服务框架，理解使用的知识点，并快速地进行开发。

16.1 点餐管理系统框架说明

根据业务的划分点餐管理系统适合搭建成微服务框架，所以我们可以基于 Spring Cloud 搭建一个业务系统。本节先对系统的整体框架进行介绍，主要包括系统的搭建，系统的功能模块，系统使用的技术。

16.1.1 系统使用的技术

首先，我们的系统基于 Spring Cloud 框架进行搭建，搭建过程中将会使用第三篇介绍的许多组件，然后在代码中，将会使用 Spring Boot 的基础知识进行开发。在本案例中，不会使用 Spring Cloud 的所有组件，不过，有些没有使用的组件将会在第 17 章的案例中使用。下面说明系统使用的主要技术。

软件 IDEA：在第 2 章讲解的微服务框架的搭建中，使用了 STS 与 IDEA 两种开发软件演示，在本案例中，将会使用 IDEA 进行演示。

Spring Cloud：在点餐管理系统中，我们需要搭建分布式系统，具体一点，是微服务框架的业务系统。通过第 1 章，我们知道有许多框架可以选择，以此作为一个微服务框架的结构。按照前面对微服务框架的介绍，我们使用 Spring 生态圈中的 Spring Cloud 为主要框架进行搭建。因为，在前面第 3 篇的介绍中，可以体会到 Spring Cloud 在微服务框架开发中的快捷、方便、高效，同时，Spring Cloud 的强大功能，让我们选择使用这个框架。

服务治理 Eureka：在 Spring Cloud 的基础框架中，不可忽略的就是服务治理，可以说它是最基础的组件。在 Eureka 中，主要是负责微服务框架中的服务发现，服务治理功能。

声明式服务调用 Feign：Feign 是基于 Netfix Feign，主要整合了 Ribbon 与 Hystrix，同时提供一种声明式调用的方式。服务之间的调用，最先使用 RestTemplate 进行请求，RestTemplate 对 HTTP 请求进行了封装，形成了模板化的接口调用。Feign 在此基础上，做了一些封装。只要在创建接口时，使用注解进行配置，就可以与服务提供者绑定。Feign 的声明式调用，可以帮助我们更加快捷地调用 HTTP API。因此使用 Feign 进行服务间的调用。

分布式配置中心 Config：项目开发中，如果开发人员使用同一个配置文件，就会出现不少问题。首先，不方便维护，多个开发人员可能在线上需要测试不同的配置项，这样就会冲突不断，不能有效地维护；其次，配置的安全与权限也需要进行控制；最后，每次更新配置文件后都需要进行重启，这样会带来很多不便。

第 14 章说过，Spring Cloud Config 是一个全新的项目，也是一个单独的微服务模块，存在服务端和客户端，主要为微服务框架提供了集中化的配置支持。其中，服务端一般被称作配置中心，用来连接配置仓库，并为客户端提供配置信息；客户端则是微服务框架中的各个微服务应用，可以指定使用配置中心管理配置内容，在启动的时候读取远程 Git 的配置文件加载到应用中，并将配置文件加载到本地文件系统。因此，在实际场景中，Config 使用特别广泛，所以，本案例将使用 Config。

数据源访问 MyBatis：在第 6 章中，介绍 Spring Boot 操作数据源的时候，介绍过三种对数据源操作的方式，其中的 MyBatis 与 JPA 各有优缺点。MyBatis 是一款优秀的持久层框架，而且越来越多的互联网企业开始使用这个框架，其优秀的特性主要体现在，支持定制化的 SQL、存储过程和高级映射。因此，在本案例使用 MyBatis 操作数据源。

RestFul 风格接口：第 3 章说明过，Spring 的微服务是基于 Restful 的风格搭建的框架，因此，在本案例中，均采用 Restful 风格的接口。

数据库 MySQL：选择 MySQL 作为数据库。

16.1.2 系统功能模块

回顾 16.1.1 节的知识点，可以在上面的基础上搭建系统功能模块，为了方便讲解，本案例没有搭建成高可用模块，有兴趣的读者可以将模块搭建成高可用。功能模块如图 16.1 所示。

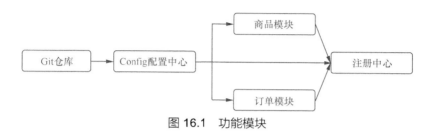

图 16.1 功能模块

在图 16.1 中，主要可以分为五个部分，下面对每个模块进行说明：

Git 仓库：考虑到使用 Config，因此需要使用 Git，这里选择第 14 章使用过的本地仓库。

Config 配置中心：这个模块用来做服务端，将客户端需要的功能配置文件写在这个模块引用的远程 Git 中。

商品模块：对于本案例，根据业务分为两个模块，其中一个为商品模块，主要负责对商品的操作。这个模块主要用来实现店家对商品的维护，同时，在下订单时对商品进行消费。

订单模块：本模块主要用于用户下订单。此模块主要是对用户进行开放，在订单的操作中，必会操作商品模块，这时的服务间信息操作使用 Feign。

注册中心：配置中心、商品模块、订单模块三个模块的应用的注册都将注册到注册中心。

16.1.3 系统搭建

具体的搭建，我们需要根据图 16.1 中的功能模块进行搭建。为了可以一边搭建一边测试。搭建顺序是注册中心，配置中心，商品中心，订单中心。下面，按照顺序对各个模块进行搭建。

1. 注册中心搭建

首先，新建项目，选择 Spring Initializr 标签，如图 16.2 所示。

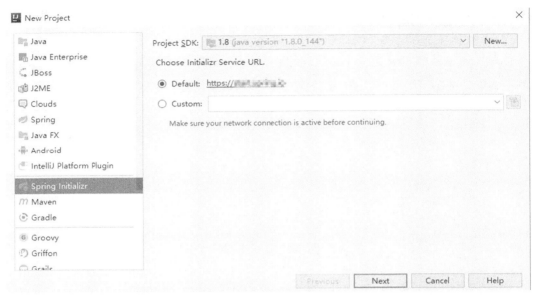

图 16.2 新建 Spring 项目

然后，定义项目名称为 center，意思为注册中心，其中项目类型是 Maven Project，如图 16.3 所示。

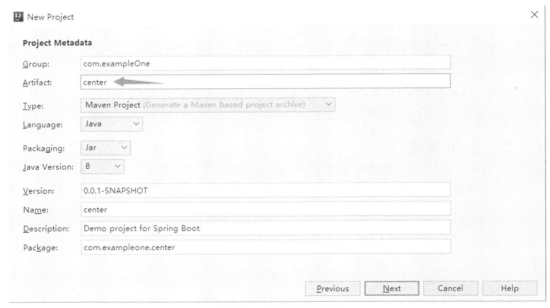

图 16.3 给项目定义名称

然后，为项目添加依赖，在项目中，主要添加 Web、Aspects 以及 Eureka Server 依赖，如图 16.4 所示。

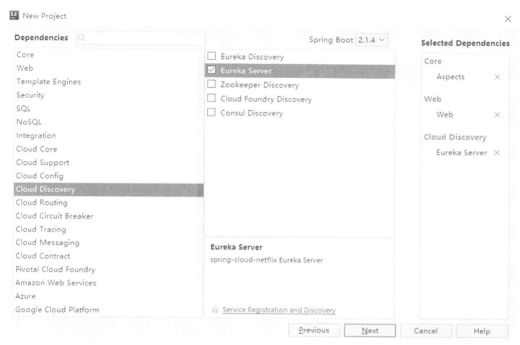

图 16.4 添加依赖

修改启动类，在启动类上添加注解 @EnableEurekaServer，代码如下所示。

```
package com.exampleone.center;
@SpringBootApplication
@EnableEurekaServer
public class CenterApplication {
    public static void main(String[] args) {
        SpringApplication.run(CenterApplication.class, args);
    }
}
```

然后，修改配置文件，配置文件在第 10 章有详细说明，代码如下所示。

```
server.port=8764
eureka.client.service-url.defaultZone=http://localhost:8764/eureka/
eureka.client.register-with-eureka=false
eureka.server.enable-self-preservation=false
```

最后，进行启动。访问链接 http://localhost:8764/。如果在浏览器上可以正常访问，则表示注册中心已经搭建完成。注册中心启动效果如图 16.5 所示。

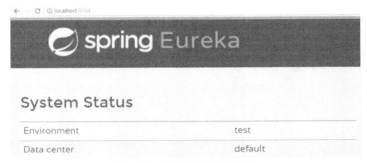

图 16.5　注册中心启动效果

此时，注册中心搭建完成。

2. 配置中心搭建

首先，新建 Spring 项目，同注册中心的搭建方式相同。然后，定义项目，其中名称为 configcenter，如图 16.6 所示。

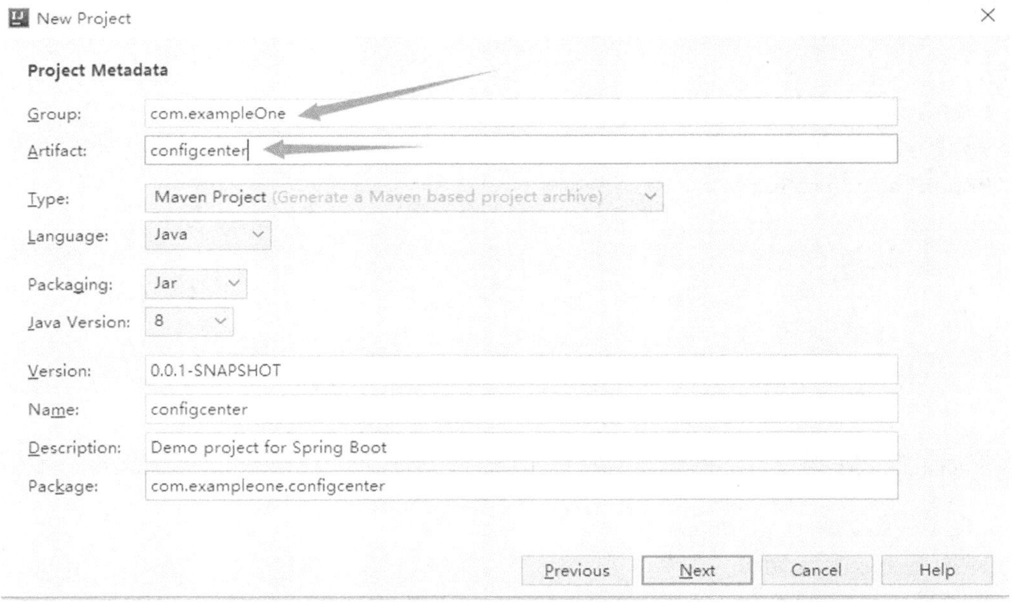

图 16.6　新建 configcenter 项目

然后，为项目添加依赖，主要添加 Config Server 与 Eureka Discovery 依赖，如图 16.7 所示。

图 16.7　添加依赖

然后，对启动类添加 Eureka 客户端注解 @EnableDiscoveryClient 和配置中心服务端注解 @EnableConfigServer，代码如下所示。

```
package com.exampleone.configcenter;
@SpringBootApplication
@EnableDiscoveryClient
//配置中心注解
@EnableConfigServer
public class ConfigcenterApplication {
    public static void main(String[] args) {
        SpringApplication.run(ConfigcenterApplication.class, args);
    }
}
```

然后，修改 application.properties 文件，代码如下所示。

```
server.port=8096
spring.application.name=configCenter
eureka.client.service-url.defaultZone=http://localhost:8764/eureka/
spring.cloud.config.server.git.uri=https://×××.com/×××
spring.cloud.config.server.git.username=1354440850@qq.com
spring.cloud.config.server.git.password=xhfx88
```

然后，使用远程 Git。在 Git 上，先新建一个新的仓库，仓库如图 16.8 所示。

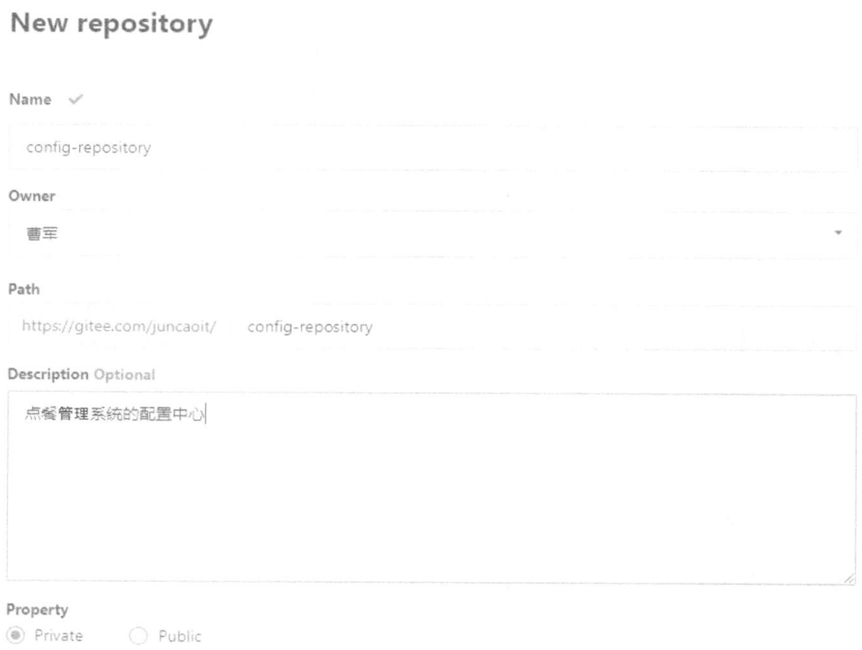

图 16.8　新建仓库

然后，在远程 Git 中的 config-repository 项目中新建一个配置项。为了方便验证，随便给配置文件起一个名称 consumerService-dev.properties，在后续具体使用时，再继续添加。其中配置文件中的配置项代码如下所示。

```
server.port=8070
spring.application.name=consumerService
eureka.client.service-url.defaultZone=http://localhost:8764/eureka/
hystrix.command.default.execution.isolation.thread.timeoutInMilliseconds=3000
hystrix.command.consumer.circuitBreaker.enabled=true
hystrix.command.consumer.circuitBreaker.requestVolumeThreshold=10
hystrix.command.consumer.circuitBreaker.sleepWindowInMilliseconds=10000
hystrix.command.consumer.circuitBreaker.errorThresholdPercentage=60
env=dev
```

最后，启动应用，验证模块是否可用。访问链接 http://localhost:8096/consumerService-dev.yml，验证效果如图 16.9 所示。

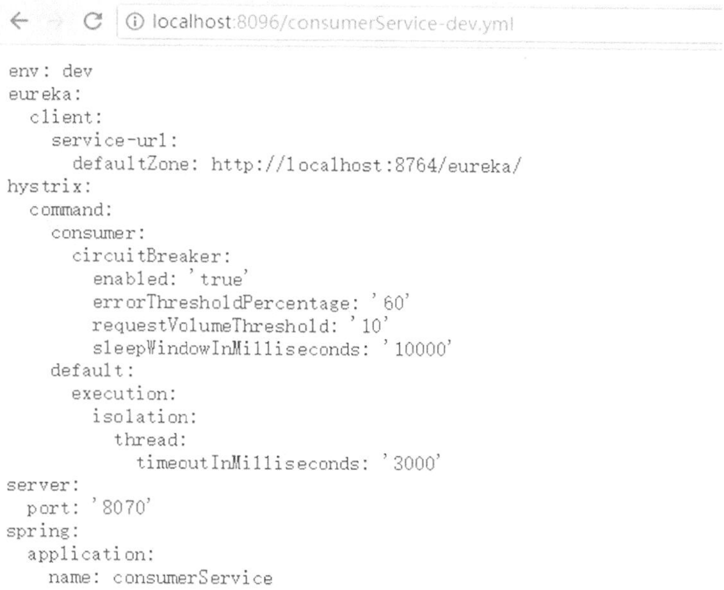
localhost:8096/consumerService-dev.yml
env: dev
eureka:
  client:
    service-url:
      defaultZone: http://localhost:8764/eureka/
hystrix:
  command:
    consumer:
      circuitBreaker:
        enabled: 'true'
        errorThresholdPercentage: '60'
        requestVolumeThreshold: '10'
        sleepWindowInMilliseconds: '10000'
    default:
      execution:
        isolation:
          thread:
            timeoutInMilliseconds: '3000'
server:
  port: '8070'
spring:
  application:
    name: consumerService

图 16.9 验证效果

此时，Config 的配置中心模块搭建完成。

3. 商品模块搭建

首先，新建 Spring 项目，同注册中心的搭建方式相同。然后，定义项目，名称为 product，如图 16.10 所示。

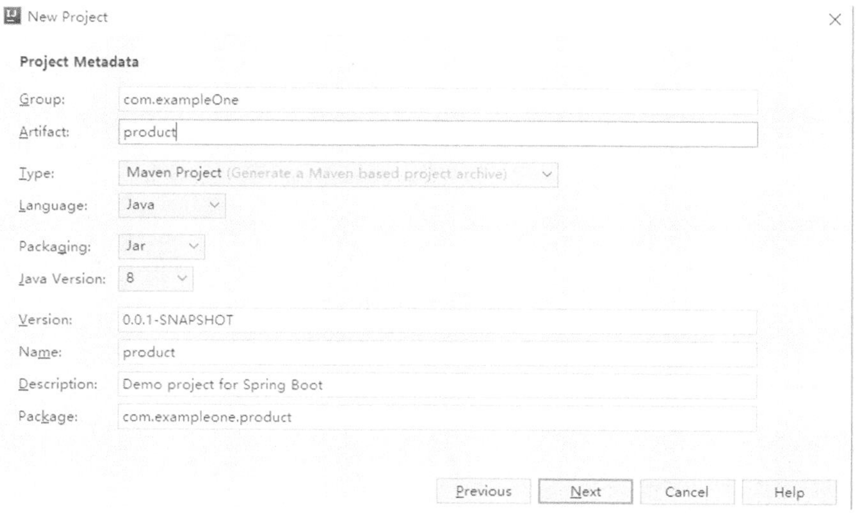
New Project
Project Metadata
Group: com.exampleOne
Artifact: product
Type: Maven Project (Generate a Maven based project archive)
Language: Java
Packaging: Jar
Java Version: 8
Version: 0.0.1-SNAPSHOT
Name: product
Description: Demo project for Spring Boot
Package: com.exampleone.product
Previous
Next
Cancel
Help

图 16.10 新建 Spring 项目

然后添加依赖，如图 16.11 所示，主要添加的依赖有 Aspects、Web、Config Client 和 Eureka Discovery。

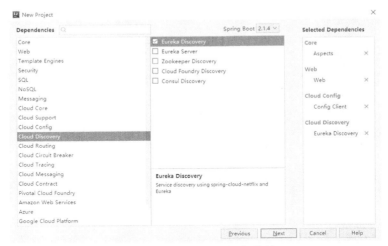

图 16.11　给 product 添加依赖

给启动类添加注解，代码如下所示。

```
package com.exampleone.product;
@SpringBootApplication
@EnableEurekaClient
public class ProductApplication {
    public static void main(String[] args) {
        SpringApplication.run(ProductApplication.class, args);
    }
}
```

然后，修改 application.properties 为 bootstrap.properties，代码如下所示。

```
spring.application.name=productService
eureka.client.service-url.defaultZone=http://localhost:8764/eureka/
spring.cloud.config.discovery.enabled=true
spring.cloud.config.discovery.service-id=CONFIGCENTER
spring.cloud.config.profile=dev
```

然后，在 Git 上添加一个新的文件，这个文件用于添加 product 中需要使用的配置项，配置项的名称为 productService-dev.properties，主要配置项代码如下所示。

```
server.port=8070
spring.application.name=productService
hystrix.command.default.execution.isolation.thread.timeoutInMilliseconds=3000
hystrix.command.consumer.circuitBreaker.enabled=true
hystrix.command.consumer.circuitBreaker.requestVolumeThreshold=10
hystrix.command.consumer.circuitBreaker.sleepWindowInMilliseconds=10000
hystrix.command.consumer.circuitBreaker.errorThresholdPercentage=60
env=dev
```

然后测试 product 应用程序，观察应用是否正常。主要观察两个方面，一个是应用是否可以被注册到注册中心，另一个是应用是否可以读取 Config 配置中心的配置文件。写一个 Restful 接口用于测试，接口代码如下所示。

```
package com.exampleone.product.controller;
@RestController
public class ConfigTest {
    @Value("${env}")
    private String env;
    @GetMapping("/print")
    public String print(){
        return env;
    }
}
```

最后，启动应用，然后访问链接 http://localhost:8070/print，效果如图 16.12 所示。

图 16.12　效果图

在图 16.12 中，可以发现 product 模块运行正常。

4. 订单模块搭建

首先，新建 Spring 项目，同注册中心的搭建方式相同。然后，定义项目，名称为 order，如图 16.13 所示。

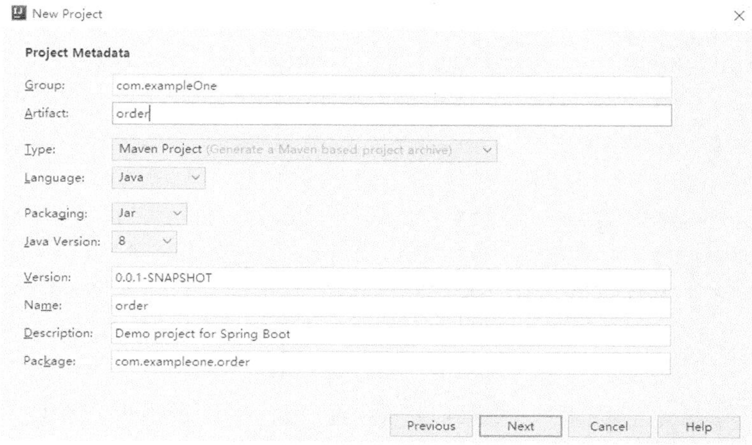

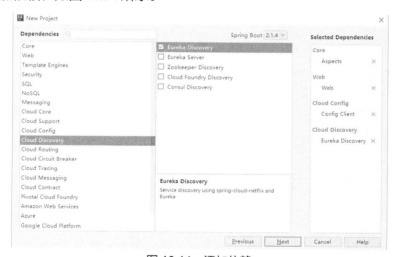

图 16.13　新建 order 项目

然后添加依赖，如图 16.14 所示。

图 16.14　添加依赖

然后，修改启动类，代码如下所示。

```
package com.exampleone.order;
@SpringBootApplication
@EnableEurekaClient
public class OrderApplication {
    public static void main(String[] args) {
        SpringApplication.run(OrderApplication.class, args);
    }
}
```

然后，修改 application.properties 为 bootstrap.properties，代码如下所示。

```
spring.application.name=orderService
eureka.client.service-url.defaultZone=http://localhost:8764/eureka/
spring.cloud.config.discovery.enabled=true
spring.cloud.config.discovery.service-id=CONFIGCENTER
spring.cloud.config.profile=dev
```

然后，在 Git 上添加一个新的文件，这个文件用于添加 product 中需要使用的配置项，配置项的名称为 orderService-dev.properties，主要配置项代码如下所示。

```
server.port=8071
spring.application.name=orderService
hystrix.command.default.execution.isolation.thread.timeoutInMilliseconds=3000
hystrix.command.consumer.circuitBreaker.enabled=true
hystrix.command.consumer.circuitBreaker.requestVolumeThreshold=10
env=dev
```

最后，写一个测试类，代码如下所示。

```
package com.exampleone.order.controller;
@RestController
public class ConfigTest {
    @Value("${env}")
    private String env;
    @GetMapping("/print2")
    public String print(){
        return env;
    }
}
```

启动应用，访问链接 http://localhost:8071/print2，效果如图 16.15 所示。

图 16.15　效果图

到目前为止，我们已经将系统的框架搭建好了。

16.2 点餐管理系统框架设计

系统的框架已经搭建完成，在具体写程序之前，我们需要对需求做一些分析，以便决定在程序中我们需要写哪些东西。首先，我们需要设计系统提供哪些功能，然后，讨论细节。这里主要讨论，需要哪些数据字段，这些字段之间的关系是什么样的。在设计中，还有一个部分需要考虑，就是我们需要对外提供哪些接口，接口的名称，接口的输入以及接口的输出参数。

16.2.1 具体需求分析

主要分成两个部分的需求，首先站在用户的角度上来谈需求。

其一，商品端。店家可以有自己的后台，可以查看自己所有的商品；可以查看自己某件商品的信息，例如库存；可以在进货之后，修改商品信息；可以在缺货时，删除一些商品信息。

其二，订单端。用户可以对商品下单，可以查看自己订单的详情，以及取消订单。

然后，站在应用的角度，对上面的需求，进行分析。

其一，商品端。应用的主要功能是店家自己对商品的管理，即对商品的增删改查操作，所以，需要写五个接口。当然，在下订单的时候，就会操作某个商品的数量，这里使用一个对特定商品查询的接口即可。所以，在商品端，需要提供五个对商品操作的接口。

其二，订单端。这个应用的主要功能有三个：下订单、查看订单以及删除订单。

16.2.2 数据库设计

为了方便演示，实际的数据表简化了很多，只存在两张表，分别是 product 表与 orderTable 表。

1. 商品表

表名：product 表信息。需要的字段、类型、字段长度如表 16.1 所示。

表 16.1 product 表信息

字段	类型	长度	描述
Product_id	Int	32	商品 ID
Product_ename	Varchar	32	商品的英文名称
Product_cname	Varchar	32	商品的中文名称
Product_quantity	Int	16	商品的数量

主键：product_id。

2. 订单表

文中简化了实际的案例，所以没有使用 Spring Security 组件，也就不存在认证等功能，所以不存在用户。因此，在订单表中就缺少了一个重要的用户字段 user_id，这里演示不需要，我们可以假设一直是一个用户在操作。如果在实际操作中，再新建一个用户表 user，然后添加用户的信息字段即可。

表名：orderTable 表信息需要的字段、类型、字段长度如表 16.2 所示。

表 16.2 orderTable 表信息

字段	类型	长度	描述
Order_id	Int	32	订单 ID
Order_number	Int	32	订单数量
Product_id	Int	32	商品 ID

主键：order_id。

16.2.3 对外接口设计

对外接口，主要有两部分。

（1）商品端

- /product/ queryAllProduct。
- /product/ queryProductByProductid。
- /product/ insertProduct。
- /product/ updateProduct。
- /product/ deleteProduct。

（2）订单端
- /order/insertOrder。
- /order/queryOrderByOrderid。

16.3 商品模块开发

在这个模块中，有一些地方需要详细说明，不仅是接口的开发，还有数据的添加，配置项的添加等。所以，分几个小节进行描述。

16.3.1 基本的准备工作

准备工作有几个方面，包括添加依赖、添加配置项、新建表以及添加数据。

1. 添加依赖

在下面的依赖中，添加了 MySQL 的依赖，MySQL 驱动的依赖，以及 MyBatis 的依赖。在本案例中，数据库是 MySQL，对数据源的操作使用的是 MyBatis。源码如下所示。

```xml
<!--MyBatis-->
<dependency>
<groupId>org.mybatis.spring.boot</groupId>
<artifactId>mybatis-spring-boot-starter</artifactId>
<version>1.3.1</version>
</dependency>
<!--Mysql 连接驱动的依赖 -->
<dependency>
    <groupId>mysql</groupId>
    <artifactId>mysql-connector-java</artifactId>
</dependency>
<!--Mysql 的依赖 -->
<dependency>
     <groupId>org.springframework.boot</groupId>
     <artifactId>spring-boot-starter-jdbc</artifactId>
</dependency>
```

2. 添加配置项

在案例中，使用的是 Config 模块，所以 product 使用的配置项直接添加到 Config 中。因此，下面的配置项，MySQL 的连接信息，MyBatis 读取 SQL 的配置信息，以及数据库连接池的配置项都会放在远程 Git 中。

配置项放在 config-repository/productService-dev.properties 中，下面是配置信息。

```
spring.datasource.driver-class-name=com.mysql.jdbc.Driver
spring.datasource.url=jdbc:mysql://127.0.0.1:3308/test?serverTimezone=UTC&useUnicode=true&characterEncoding=utf8&useSSL=false
spring.datasource.username=root
spring.datasource.password=123456
spring.datasource.type=com.zaxxer.hikari.HikariDataSource
spring.datasource.hikari.minimum-idle=5
spring.datasource.hikari.maximum-pool-size=15
spring.datasource.hikari.auto-commit=true
spring.datasource.hikari.idle-timeout=30000
spring.datasource.hikari.pool-name=DatebookHikariCP
spring.datasource.hikari.max-lifetime=1800000
spring.datasource.hikari.connection-timeout=30000
spring.datasource.hikari.connection-test-query=SELECT 1
mybatis.mapper-locations=classpath:mapper/*.xml
```

3. 新建表，以及添加数据

对于表，使用 SQL 可以重现，SQL 代码如下所示。

```
create table product(
    product_id int(32) not null,
    product_ename VARCHAR(32) default null,
    product_cname VARCHAR(32) default null,
    product_quantity int(32) default null,
    primary key(product_id)
)engine=INNODB DEFAULT CHARSET=utf8;
```

给表添加一条记录，方便用于写第一个查询接口，可以查询到基础数据，SQL 代码如下所示。

```
-- 插入一条商品记录
insert product(product_id,product_ename,product_cname,product_quantity) values (1,"java","代码大全",50);
-- 检验数据是否正确
select * from product;
```

目前为止，基本的准备工作都做好了。

16.3.2 接口开发

关于需求的几个接口，将会在最后进行说明，因此这里还是按照项目的先后顺序展开，方便读者可以重现代码。

首先，在项目下，新建一个 entity 包，然后在包下新建 Product 类，代码如下所示。

```
package com.exampleone.product.entity;
public class Product {
    // 商品 ID
    private int productId;
    // 商品的英文名称
    private String productEname;
    // 商品的中文名称
    private String productCname;
    // 商品的数量
    private int productQuantity;
    // 下面是 SET 和 GET 以及 toString 方法，此处忽略 \
    //……
}
```

然后，新建一个 mapper 包，在包下新建一个接口，代码如下所示。

```
package com.exampleone.product.mapper;
@Mapper
public interface ProductMapper {
    // 查询所有的 product
```

```
    public List<Product> queryAllProduct();
    // 通过 productId 查询 product
    List<Product> queryProductByProductid(int productId);
    // 插入 product
    public int insertProduct(Product product);
    // 更新 product
    public int updateProduct(Product product);
    // 删除 product
    public int deleteProduct(int productId);
}
```

这是一个接口,并且在接口上有一个 @Mapper 注解。在 sqlSession 对象中 GET 将会是一个实现类,后面的程序中没有手动写实现类,是通过 MyBatis JDK 动态代理在加载配置文件时,根据 mapper 的 XML 生成,节省了很多时间,这就是这个注解的作用。

然后,为了合乎开发规范,再写一层 service,使得服务层与数据库访问层分离。写 service 时,直接使用接口 ProductMapper 中的方法即可,我们可以理解为使用接口的实现类中的方法。首先新建 service 包,再在包下新建 ProductService 类,代码如下所示。

```
package com.exampleone.product.service;
@Service
public class ProductService {
    @Autowired
    private ProductMapper productMapper;
    // 查询所有的 product
    public List<Product> queryAllProduct(){
        return productMapper.queryAllProduct();
    }
    // 通过 productId 查询 product
    public List<Product> queryProductByProductid(int productId){
        return productMapper.queryProductByProductid(productId);
    }
    // 插入 product
    public Product insertProduct(Product product){
        productMapper.insertProduct(product);
        return product;
    }
    // 更新 product
    public int updateProduct(Product product){
```

```java
        return productMapper.updateProduct(product);
    }
    // 删除product
    public int deleteProduct(int productId){
        return productMapper.deleteProduct(productId);
    }
}
```

然后，新建 XML 的映射文件。在 Config 中，已经指定 xml 的读取路径是 mapper/**，所以，在 resources 下面新建一个 mapper 目录，然后新建 XML 文件，代码如下所示。

```xml
<?xml version = "1.0" encoding = "UTF-8"?>
<!DOCTYPE mapper PUBLIC "-//mybatis.org//DTD com.example.Mapper 3.0//EN" "http://mybatis.org/dtd/mybatis-3-mapper.dtd">
<mapper namespace="com.exampleone.product.mapper.ProductMapper">
    <resultMap id="result" type="com.exampleone.product.entity.Product">
        <result property="productId" column="product_id"/>
        <result property="productEname" column="product_ename"/>
        <result property="productCname" column="product_cname"/>
        <result property="productQuantity" column="product_quantity"/>
    </resultMap>
    <select id="queryAllProduct" resultMap="result">
        SELECT * FROM  product;
    </select>
    <select id="queryProductByProductid" resultMap="result">
        SELECT * FROM product where product_id=#{productId};
    </select>
    <insert id="insertProduct"
parameterType="com.exampleone.product.entity.Product"
            keyProperty="productId" useGeneratedKeys="true">
        INSERT INTO
user(product_id,product_ename,product_cname,product_quantity)
        VALUES (#{productId},#{productEname, jdbcType=VARCHAR},#{productCname, jdbcType=VARCHAR},#{productQuantity});
    </insert>
    <delete id=" deleteProduct " parameterType="int">
      delete from product where product_id=#{productId};
     </delete>
    <update id=" updateProduct " parameterType="com.exampleone.
```

```
product.entity.Product">
            update product set
  product.product_ename=#{productEname},product.product_cname=#
{productCname},product.product_quantity=#{productQuantity} where
product.product_id=#{productId};
        </update>
</mapper>
```

在上面的 XML 中，对应了五个接口所有的 XML，即是上面 mapper 接口中的方法。

16.3.3 封装 Restful 接口

首先，对外提供的接口，我们需要单独放在一个目录下。新建 controller 包，在包下新建一个 productController 类。

查询所有商品接口，这里是完成的第一个接口，用于店家在后台进行操作，代码如下所示。

```
package com.exampleone.product.controller;
@RestController
//添加一个父 url 路径
@RequestMapping(value = "/product", method = { RequestMethod.GET,
RequestMethod.POST })
public class ProductController {
    @Autowired
    private ProductService productService;
    @RequestMapping("/queryAllProduct")
    public List<Product> queryAllProduct(){
        return productService.queryAllProduct();
    }
}
```

本接口在 16.3.4 节进行详细的测试，可以参看下面的章节。

根据条件查询某个商品的具体信息接口。

```
@RequestMapping("/queryProductByProductid")
@ResponseBody
public List<Product> queryProductByProductid(int productId){
```

```
        return productService.queryProductByProductid(productId);
    }
```

本接口在 16.3.4 节进行详细的测试，可以参看下面的章节。

添加商品接口。

```
@RequestMapping(value = "/insertProduct",method = RequestMethod.POST)
public Product insertProduct(@RequestBody Product product){
    return productService.insertProduct(product);
}
```

本接口在 16.3.4 节进行详细的测试，可以参看下面的章节。

更新商品信息接口。

```
@RequestMapping(value = "/updateProduct",method = RequestMethod.PUT)
public int updateProduct(@RequestBody Product product){
    return productService.updateProduct(product);
}
```

本接口在 16.3.4 节进行详细的测试，可以参看下面的章节。

删除商品接口。

```
@RequestMapping(value = "/deleteProduct",method = RequestMethod.DELETE)
public int deleteProduct(int productId){
    return productService.deleteProduct(productId);
}
```

16.3.4　Restful 接口测试

对于上面 16.3.3 节中写的商品接口，都需要进行测试，确保对外提供的接口可以使用。

查询所有的 product。启动应用，因为这个接口是一个普通的 GET 请求方式，所以我们可以直接使用浏览器进行访问。访问链接 http://localhost:8070/product/queryAllUser，浏览器上的结果如图 16.16 所示。

[{"productId":1,"productEname":"java","productCname":"代码大全","productQuantity":50}]

图 16.16　查询所有的商品信息

查询某个商品的具体信息。考虑到只有一个商品，测试起来也不知道查询的效果是不是上次的结果，所以，在数据库中再添加一条数据，SQL 代码如下所示。

```sql
-- 插入一条商品记录
insert product(product_id,product_ename,product_cname,product_quantity)
values (2,"python","python 快乐学习 ",60);
-- 检验数据是否正确
select * from product;
```

这样，在数据库中就存在两条数据了。

这个接口也是 GET 的请求方式，所以继续使用浏览器进行测试。访问链接：http://localhost:8070/product/queryProductByProductid?productId=2。运行效果如图 16.17 所示。

[{"productId":2,"productEname":"python","productCname":"python快乐学习","productQuantity":60}]

图 16.17　运行效果

添加商品信息。对于 POST 接口，可以使用 Mock 服务进行测试，也可以使用 Postman 工具进行测试，这里使用 Postman 工具进行测试。

使用链接为 http://localhost:8070/product/insertProduct，使用格式为 Json、Body 体，如图 16.18 所示。

图 16.18　使用 Postman 工具进行测试（一）

更新商品信息。对于 PUT 的请求方式，继续使用 Postman 工具进行测试。请求参数以及请求链接如图 16.19 所示。

图 16.19　使用 Postman 工具进行测试（二）

删除商品信息。对于 DELETE 的请求方式，使用 Postman 工具进行测试，访问链接 http://localhost:8070/product/deleteProduct?productId=3，则可以删除数据库中的数据。

16.4　订单模块开发

相对于 16.3 节，这个章节不仅是重复的四种方式的请求方式的 Restful 接口，而且涉及应用模块服务之间的通信。举个例子，在下订单的时候，我们需要修改订单信息，同时需要在商品模块中修改商品列表，对其中库存减少数量，此时就会涉及服务之间的通信。本节依旧按照开发的先后顺序展开。

16.4.1　基本的准备工作

我们的准备工作有几个方面，包括添加依赖，添加配置项的引入，新建表以及添加数据的插入。

添加依赖，代码如下所示。

```xml
<!--Mybatis-->
<dependency>
    <groupId>org.mybatis.spring.boot</groupId>
    <artifactId>mybatis-spring-boot-starter</artifactId>
    <version>1.3.1</version>
</dependency>
<dependency>
    <groupId>mysql</groupId>
    <artifactId>mysql-connector-java</artifactId>
</dependency>
```

```xml
<dependency>
    <groupId>org.springframework.boot</groupId>
    <artifactId>spring-boot-starter-jdbc</artifactId>
</dependency>
<dependency>
    <groupId>org.springframework.cloud</groupId>
    <artifactId>spring-cloud-starter-feign</artifactId>
    <version>1.4.6.RELEASE</version>
</dependency>
```

通过查看依赖，可以发现除了添加与商品模块相同的 JDBC 需要的依赖之外，还多了一个依赖，这个依赖就是 Feign 的客户端。

添加配置项。在案例中，使用的是 Config 模块，所以，order 使用的配置项直接添加到 Config 中。因此，下面的配置项，MySQL 的连接信息、MyBatis 读取 SQL 的配置信息、以及数据库连接池的配置项都会放在远程 Git 中。

配置项放在 config-repository/orderService-dev.properties 中，下面是配置信息。

```
spring.datasource.driver-class-name=com.mysql.jdbc.Driver
spring.datasource.url=jdbc:mysql://127.0.0.1:3308/test?serverTimezone=UTC&useUnicode=true&characterEncoding=utf8&useSSL=false
spring.datasource.username=root
spring.datasource.password=123456
spring.datasource.type=com.zaxxer.hikari.HikariDataSource
spring.datasource.hikari.minimum-idle=5
spring.datasource.hikari.maximum-pool-size=15
spring.datasource.hikari.auto-commit=true
spring.datasource.hikari.idle-timeout=30000
spring.datasource.hikari.pool-name=DatebookHikariCP
spring.datasource.hikari.max-lifetime=1800000
spring.datasource.hikari.connection-timeout=30000
spring.datasource.hikari.connection-test-query=SELECT 1
mybatis.mapper-locations=classpath:mapper/*.xml
```

新建表，以及添加数据。对于表，使用 SQL 可以重现，SQL 代码如下所示。

```
create table orderTable(
    order_id int(32) not null,
```

```
    order_number int(32) default null,
    product_id int(32) not null,
    primary key(product_id)
)engine=INNODB DEFAULT CHARSET=utf8;
insert into orderTable value(001,1,1);
insert into orderTable value(002,1,2);
```

在上面添加了两条数据,方便后续进行测试接口。

16.4.2 接口开发

关于需求的几个接口,将会在最后进行说明,因此这里还是按照项目的先后顺序展开,方便读者重现代码。

新建实体和新建 mapper 接口。首先,在项目下新建一个 entity 包,然后在包下新建 OrderTable 类,代码如下所示。

```
package com.exampleone.order.entity;
public class OrderTable {
    private int orderId;
    private int orderNumber;
    private int productId;
//SET 和 GET 方法
}
```

然后,在项目下新建一个 mapper 包,在包下新建一个接口,代码如下所示。

```
package com.exampleone.order.mapper;
@Mapper
public interface OrderTableMapper {
    // 根据 orderId 查询订单信息
    public List<OrderTable> queryOrderByOrderid(int orderId);
    // 下订单
    public int insertOrder(OrderTable orderTable);
}
```

然后,写一层 service,使得服务层与数据库访问层分离。写 service 时,直接使用接口 OrderTableMapper 中的方法。先新建 service 包，再在包下新建 OrderTableService 类，代码如下所示。

```java
package com.exampleone.order.service;
@Service
public class OrderTableService {
    @Autowired
    private OrderTableMapper orderTableMapper;
    // 根据orderId查询订单信息
    public List<OrderTable> queryOrderByOrderid(int orderId){
        return orderTableMapper.queryOrderByOrderid(orderId);
    }
    // 下订单
    public OrderTable insertOrder(OrderTable orderTable){
        orderTableMapper.insertOrder(orderTable);
        return orderTable;
    }
}
```

然后，新建 XML 的映射文件。在 Config 中，已经指定 XML 的读取路径是 mapper/**，所以，在 resources 下面新建一个 mapper 目录，然后新建 XML 文件，代码如下所示。

```xml
<?xml version = "1.0" encoding = "UTF-8"?>
<!DOCTYPE mapper PUBLIC "-//mybatis.org//DTD com.example.Mapper 3.0//EN" "http://mybatis.org/dtd/mybatis-3-mapper.dtd">
<mapper namespace="com.exampleone.order.mapper.OrderTableMapper">
    <resultMap id="result" type="com.exampleone.order.entity.OrderTable">
        <result property="orderId" column="order_id"/>
        <result property="orderNumber" column="order_number"/>
        <result property="productId" column="product_id"/>
    </resultMap>
    <select id="queryOrderByOrderid" resultMap="result">
        SELECT * FROM orderTable where order_id=#{orderId};
    </select>
    <insert id="insertOrder"
parameterType="com.exampleone.order.entity.OrderTable"
            keyProperty="orderId" useGeneratedKeys="true">
```

```
            INSERT INTO orderTable(order_id,order_number,product_id)
            VALUES (#{orderId},#{orderNumber},#{productId});
    </insert>
</mapper>
```

16.4.3 封装 Restful 接口

首先，对外提供的接口需要单独放在一个目录下。新建 controller 包，在包下新建一个 OrderTableController 类。根据条件查询某个订单的具体信息接口如下。

```
package com.exampleone.order.controller;
@RestController
@RequestMapping("/order")
public class OrderTableController {
    @Autowired
    private OrderTableService orderTableService;
    // 根据orderId查询订单信息
    @RequestMapping("/queryOrderByOrderid")
    public List<OrderTable> queryOrderByOrderid(int orderId){
        return orderTableService.queryOrderByOrderid(orderId);
    }
}
```

16.4.4 Restful 接口测试

对于 16.4.3 节中写的订单接口，都需要进行测试，确保对外提供的接口可以使用。根据条件查询某个订单的具体信息接口进行测试。这个接口使用的是 GET 请求方式，所以，我们直接使用浏览器进行测试。访问链接 http://localhost:8071/order/queryOrderByOrderid?orderId=001，执行效果如图 16.20 所示。

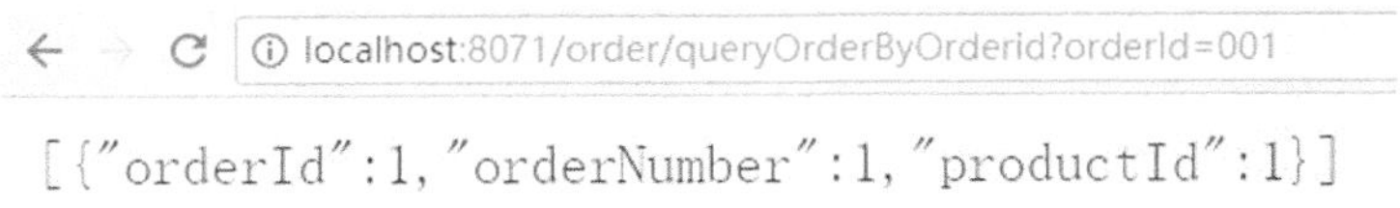

图 16.20 执行效果

第17章 图书管理系统实战

在第 16 章中，我们使用了以前的一些知识点搭建了一个简单的点餐管理系统。本章将会再介绍一个案例，搭建图书管理系统。同样的是，这里也使用微服务框架，并使用以前介绍过的许多组件进行开发。

在这一章中，不仅可以巩固以前的知识点，还可以使用区别于第 16 章的方法进行开发。

17.1 图书管理系统框架说明

图书管理系统继续使用微服务框架，使用的技术也将是 Spring 生态圈中的技术。

17.1.1 需求分析

首先，需要知道，在这个图书管理系统中，有哪些功能，为什么要提供这些功能。

对于图书管理系统，存在两个部分，在业务上区分得特别明显。第一个是图书管理员使用的部分，因为图书管理员不能直接操作数据库，可以操作的只能是提供好的应用系统，所以，这个部分是必须存在的，用于管理图书资源。第二个是学生使用的部分，学生存在借阅图书，然后是归还图书，同时还应该存在一种业务，就是延长借书的时间。

然后，我们进行分析。根据上面的描述，可以分成两个模块进行开发。第一个模块，用于图书资源的管理，主要是资源的增删改查。因为在第 16 章的商品模块开发中详细介绍过，所以在本案例中，将不会对这一个部分进行说明。

对于第二个模块，其实我们依旧可以使用第 16 章的技术。但是，在本案例中，还有一些其他的技术可以使用，因此，本章节重点是讲解这个部分。

17.1.2 技术说明

Spring Cloud：在系统中，我们需要搭建分布式系统，这里仍然选择使用 Spring 生态圈中的 Spring Cloud 为主要框架进行搭建。

服务治理 Eureka：在 Spring Cloud 的基础框架中，不可忽略的就是服务治理，可以说是最基础的组件。在 Eureka 中，主要是负责微服务框架中的服务发现、服务治理功能。

数据源访问 JPA：在第 6 章介绍 Spring Boot 操作数据源的时候，讲过三种对数据源操作的方式，其中的 MyBatis 与 JPA 各有优缺点。MyBatis 是一款优秀的持久层框架，而且越来越多的互联网企业开始使用这个框架。但是在企业中，有时候使用 JPA 会让程序看起来更加语义化，同时，在项目中，看不到 XML 文件的使用。因此，在本案例中，不再使用 MyBatis 操作数据源，而是使用 JPA。

RestFul 风格接口：与上一章相同，Spring Cloud 的服务框架是基于 Restful 接口的，在本案例中，均采用 Restful 风格的接口。

数据库 MySQL：选择 MySQL 作为数据库。

17.2 图书管理系统框架设计

了解了图书管理系统需求之后，针对系统需求分析，我们需要对系统进行设计。具体的有数据库设计，指定在系统中使用的字段；接口设计，指定接口访问路径。

在本章节中，将会针对系统需求分析，进行系统设计，并搭建框架，为系统开发准备好环境。

17.2.1 数据库设计

同样的是，我们使用一个简化的数据表来介绍功能。首先，需要书籍 ID、书籍的英文名称、书籍的中文名称、借阅书籍的数量、借阅的开始时间（这个用于借阅时间的延期）等字段。

表名：broowing 表信息。需要的字段、类型、字段长度如表 17.1 所示。

表 17.1 broowing 表信息

字段	类型	长度	描述
uuid	Int	32	图书 ID
book_ename	Varchar	32	图书的英文名称
book_cname	Varchar	32	图书的中文名称
book_quantity	Int	32	借阅图书的数量
start_time	data	16	借阅的开始时间
end_time	data	16	应该还书的时间

主键：uuid。SQL 语句如下。

```
create table broowing(
    uuid int(32) not null,
    book_ename VARCHAR(32),
    book_cname VARCHAR(32),
    book_quantity VARCHAR(32),
    start_time DATE,
    end_time DATE,
    primary key(uuid)
)engine=INNODB DEFAULT CHARSET=utf8;
```

17.2.2 接口设计

通过前面的需求分析，系统存在下面几个接口。

（1）查看借阅的图书接口

/book/queryAllBook。

/book/queryOne。

（2）借阅图书

在写接口时，需要存在两个接口做辅助，第一个接口可以查询到所有的图书，第二个接口可以根据条件查询特殊的图书。然后，对选择的图书进行借阅。

- /broow/brrowBook。

这里考虑后者，因此只用写最后一个接口。

（3）归还图书

- /broow/returnBook。

（4）图书续借

- /broow/renewBook。

17.2.3　环境搭建

在本案例中，只讲学生端的借阅。因此，我们只需要搭建两个模块即可，其一是注册中心，其二是借阅模块。

（1）模块说明

在本案例中，没有采用配置中心，在第 16 章中使用过，这里不再重复介绍；关于高可用，可以在配置的时候修改一下配置项，使得系统高可用；同时，关于路由或者负载均衡，可以选择性地添加组件。因此，模块部署如图 17.1 所示。

图 17.1　模块部署

（2）注册中心的搭建

首先，我们新建一个名称为 libaray Center 的项目，如图 17.2 所示。

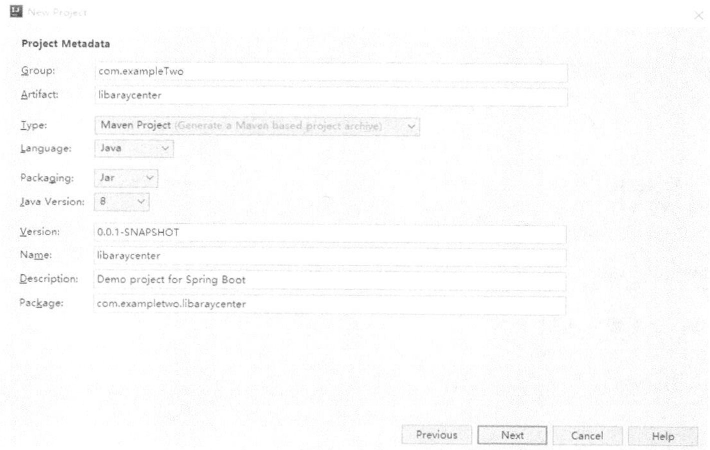

图 17.2　新建 libaray Center 项目

在 pom 文件中添加依赖，代码如下所示。

```xml
<parent>
    <groupId>org.springframework.boot</groupId>
    <artifactId>spring-boot-starter-parent</artifactId>
    <version>2.1.4.RELEASE</version>
    <relativePath/><!-- lookup parent from repository -->
```

```xml
</parent>
<properties>
    <java.version>1.8</java.version>
    <spring-cloud.version>Greenwich.SR1</spring-cloud.version>
</properties>
<dependencies>
    <dependency>
        <groupId>org.springframework.boot</groupId>
        <artifactId>spring-boot-starter-aop</artifactId>
    </dependency>
    <dependency>
        <groupId>org.springframework.boot</groupId>
        <artifactId>spring-boot-starter-web</artifactId>
    </dependency>
    <dependency>
        <groupId>org.springframework.cloud</groupId>
        <artifactId>spring-cloud-starter-netflix-eureka-server</artifactId>
    </dependency>
    <dependency>
        <groupId>org.springframework.boot</groupId>
        <artifactId>spring-boot-starter-test</artifactId>
        <scope>test</scope>
    </dependency>
</dependencies>
```

配置文件的代码如下所示。

```
server.port=8764
eureka.client.service-url.defaultZone=http://localhost:8764/eureka/
eureka.client.register-with-eureka=false
eureka.server.enable-self-preservation=false
```

最后，启动应用，效果如图17.3所示。

图 17.3　启动应用

（3）借阅模块的搭建

新建一个名称为 brrow 的项目，用于学生借阅图书的模块，如图 17.4 所示。

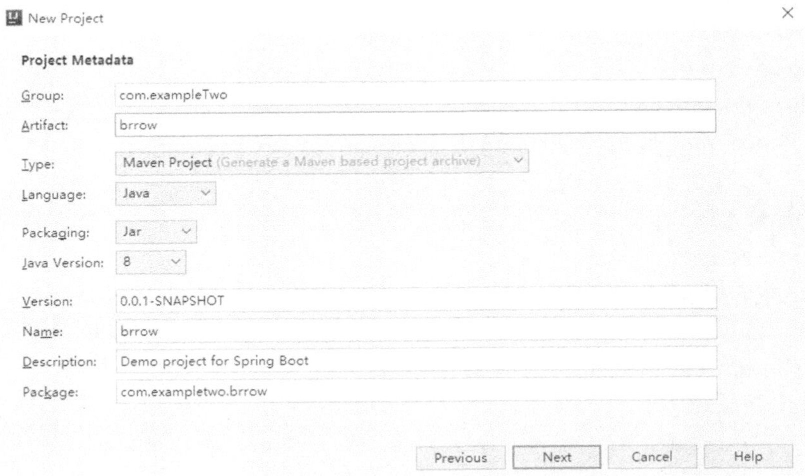

图 17.4　新建 brrow 项目

添加依赖，代码如下所示。

```xml
<dependencies>
    <dependency>
        <groupId>org.springframework.boot</groupId>
        <artifactId>spring-boot-starter-aop</artifactId>
    </dependency>
    <dependency>
        <groupId>org.springframework.boot</groupId>
        <artifactId>spring-boot-starter-web</artifactId>
    </dependency>
    <dependency>
        <groupId>org.springframework.cloud</groupId>
        <artifactId>spring-cloud-starter-netflix-eureka-client</artifactId>
    </dependency>
    <dependency>
        <groupId>org.springframework.boot</groupId>
        <artifactId>spring-boot-starter-test</artifactId>
        <scope>test</scope>
    </dependency>
    <dependency>
        <groupId>mysql</groupId>
```

```xml
        <artifactId>mysql-connector-java</artifactId>
    </dependency>
    <dependency>
        <groupId>org.springframework.boot</groupId>
        <artifactId>spring-boot-starter-data-jpa</artifactId>
    </dependency>
</dependencies>
```

然后，添加配置文件，代码如下所示。

```
server.port=8091
spring.application.name=brrowService
eureka.client.service-url.defaultZone=http://localhost:8764/eureka/

spring.datasource.driver-class-name=com.mysql.jdbc.Driver
spring.datasource.url=jdbc:mysql://127.0.0.1:3308/test?serverTimezone=UTC&useUnicode=true&characterEncoding=utf8&useSSL=false
spring.datasource.username=root
spring.datasource.password=123456
spring.datasource.type=com.zaxxer.hikari.HikariDataSource
spring.datasource.hikari.minimum-idle=5
spring.datasource.hikari.maximum-pool-size=15
spring.datasource.hikari.auto-commit=true
spring.datasource.hikari.idle-timeout=30000
spring.datasource.hikari.pool-name=DatebookHikariCP
spring.datasource.hikari.max-lifetime=1800000
spring.datasource.hikari.connection-timeout=30000
spring.jpa.hibernate.ddl-auto=update
spring.jpa.show-sql=true
spring.jmx.enable=false
```

17.3 借阅模块开发

本章节主要完成功能接口的实现，相比于第 16 章的开发，因为这里使用的数据持久层框架不同，所以程序的实现也是不同的。通过本小节的学习将会发现，在项目中，不同的框架，开发效率也不同。

17.3.1 实体类

在实体类中,因为不存在类似于 MyBatis 的 XML 映射文件,所以我们需要按照 JPA 的需求写实体类,代码如下所示。

```
package com.exampletwo.brrow.entity;
@Entity
@Table(name = "broowing")
public class Broowing {
    @Id
    @GeneratedValue(strategy = GenerationType.IDENTITY)
    private int uuid;
    @Column(name="book_ename",length = 32)
    private String bookEname;
    @Column(name="book_cname",length = 32)
    private String bookCname;
    @Column(name="book_quantity",length = 32)
    private int bookQuantity;
    @Column(name="start_time")
    private Date startTime;
    @Column(name="end_time")
    private Date endTime;
//SET 和 GET 方法省略
}
```

17.3.2 Repository 接口

在 JPA 中,需要写对应的接口。查询所有接口如下。

```
package com.exampletwo.brrow.dao;
public interface BrrowRepository extends JpaRepository<Broowing,Integer> {
    // 查询所有对象
    public List<Broowing> findAll();
}
```

17.3.3 Service 层

按照业务开发的需求,添加 Service 层,以便对数据进行部分操作。查询所有数据的 Service 层如下。

```
package com.exampletwo.brrow.service;
@Service
public class BroowingService {
    @Autowired
    private BrrowRepository brrowRepository;
    // 查询所有对象
    public List<Broowing> findAll(){
        return brrowRepository.findAll();
    }
}
```

17.3.4 Controller 层

对于 Controller 层,是前台页面与后台进行交互的接口,是 Restful 接口。查询所有图书接口如下。

```
package com.exampletwo.brrow.controller;
@RestController
public class BrrowController {
    @Autowired
    private BroowingService broowingService;
    // 查询所有对象
    @RequestMapping("/book/queryAllBook")
    public List<Broowing> findAll(){
        return broowingService.findAll();
    }
}
```

17.3.5 接口测试

目前的数据库数据如图 17.5 所示。

图 17.5　数据库数据

对所有图书接口进行测试，访问链接 http://localhost:8091/book/queryAllBook，测试结果如图 17.6 所示。

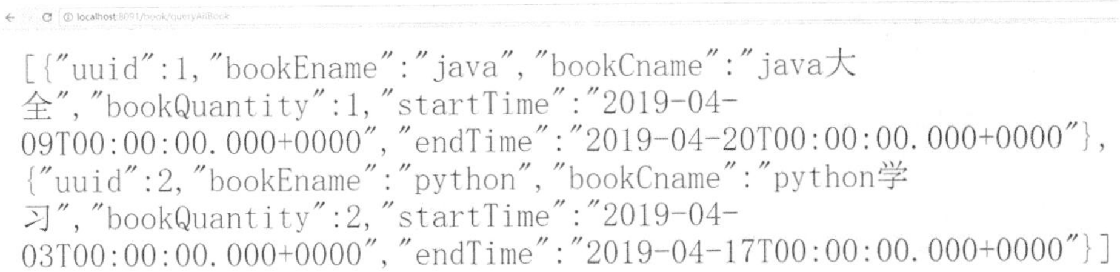

[{"uuid":1,"bookEname":"java","bookCname":"java大全","bookQuantity":1,"startTime":"2019-04-09T00:00:00.000+0000","endTime":"2019-04-20T00:00:00.000+0000"},{"uuid":2,"bookEname":"python","bookCname":"python学习","bookQuantity":2,"startTime":"2019-04-03T00:00:00.000+0000","endTime":"2019-04-17T00:00:00.000+0000"}]

图 17.6　测试结果

第三章 调制波的数字调制

集大小为 N,称之为 $N-QAM$。常见的 QAM 形式有 16-QAM、64-QAM、256-QAM 等。

(二) 正交幅度调制的工作原理

正交调幅信号有两个相同频率的载波,两个载波之间相位相差 90°,一个信号称作 I 信号,另一个信号称作 Q 信号。从数学角度将一个信号表示为正弦 $\sin\omega_c(t)$,另一个信号表示为余弦 $\cos\omega_c(t)$,两种载波被调制后进入加法器进行混合发射。到达接收端后,载波被分离,数据被分别提取后和原始调制信息相混合。也就是说,用两路独立的基带信号对两个相互正交的同频载波进行抑制载波双边带调幅,利用这种已调信号的频谱在同一带宽内的正交性,实现两路并行的数字信息的传输。该调制方式通常有二进制 QAM(4QAM)、四进制 QAM(16QAM)、八进制 QAM(64QAM)……对应的空间信号矢量端点分布图称为星座图,在星座图中二进制 QAM(4QAM)、四进制 QAM(16QAM)、八进制 QAM(64QAM)分别有 4,16,64 个矢量端点。电平数 m 和信号状态 M 之间的关系是对于 4QAM,当两路信号幅度相等时,其调制波的产生、解调、性能及相位矢量均与 4PSK 相同。

当对数据传输速率的要求高过 8PSK 能提供的上限时,一般采用 QAM 的调制方式。因为 QAM 的星座点比 PSK 的星座点更分散,星座点之间的距离更大,所以能提供更好的传输性能。但是 QAM 星座点的幅度不是完全相同的,所以它的解调器需要能同时正确检测相位和幅度,不像 PSK 解调只需要检测相位,这增加了 QAM 解调器的复杂性。

在正交幅度调制中,数据信号由相互正交的两个载波的幅度变化表示。模拟信号的相位调制和数字信号的相移键控(PSK)调制可以被认为是幅度不变、仅有相位变化的特殊正交幅度调制。因此,模拟信号的相位调制和数字信号的相移键控调制也可以被认为是正交幅度调制的特例,因为它们本质上就是相位调制。本部分主要分析数字信号的正交幅度调制,虽然模拟信号的正交幅度调制也有很多应用,如 NTSC 和 PAL 制式的电视系统就是利用正交的载波传输不同颜色的分量,其不同进制的正交幅度调制的星座图如图 3-34 所示。

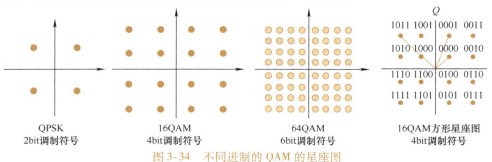

图 3-34　不同进制的 QAM 的星座图